摄影测量与遥感

主　编　王启春
副主编　李　建　王瑞祥
　　　　李　玲　孙宝明

重庆大学出版社

内容提要

本书结合高等职业教育和测绘生产实际,注重理论联系实际及教材内容的适用性,以培养学生职业岗位能力为目标;精选教学内容、叙述简洁,注重技术应用;删除陈旧的内容,对传统模拟摄影测量、立体测图作了较大的删减;增加了无人机摄影测量的信息获取及数据处理、数字摄影测 4D 产品生产方法、遥感原理及应用;同时本书每章后有小结及习题,既便于教师组织教学又便于学生自学。本书系统讲述了摄影测量与遥感的基本原理和作业过程,主要内容包括绪论、航空摄影测量与遥感影像的信息获取、航空摄影测量的基本知识、立体观察与立体量测、解析空中三角测量、数字摄影测量基础、数字摄影测量 4D 产品生产过程、摄影测量外业工作、遥感技术基础知识及遥感技术的应用。

图书在版编目(CIP)数据

摄影测量与遥感 / 王启春主编. --重庆:重庆大学出版社,2019.7(2023.7 重印)
高职高专工程测量技术专业及专业群教材
ISBN 978-7-5689-1661-5

Ⅰ.①摄… Ⅱ.①王… Ⅲ.①摄影测量—高等职业教育—教材②遥感技术—高等职业教育—教材 Ⅳ.①P23
②TP7

中国版本图书馆 CIP 数据核字(2019)第 144561 号

摄影测量与遥感

主　编　王启春
副主编　李　建　王瑞祥
　　　　李　玲　孙宝明
策划编辑:周　立

责任编辑:陈　力　　版式设计:周　立
责任校对:关德强　　责任印制:张　策

*

重庆大学出版社出版发行
出版人:饶帮华
社址:重庆市沙坪坝区大学城西路 21 号
邮编:401331
电话:(023) 88617190　88617185(中小学)
传真:(023) 88617186　88617166
网址:http://www.cqup.com.cn
邮箱:fxk@ cqup.com.cn(营销中心)
全国新华书店经销
重庆长虹印务有限公司印刷

*

开本:787mm×1092mm　1/16　印张:15.75　字数:395 千
2019 年 8 月第 1 版　　2023 年 7 月第 3 次印刷
印数:5 001—6 000
ISBN 978-7-5689-1661-5　定价:45.00 元

前 言

随着摄影测量与遥感技术日新月异,摄影测量与遥感课程教材需要及时的更新现阶段新方法和新技术,缩减和淘汰陈旧的方法和技术。本书系统讲述了摄影测量与遥感的基本原理和作业过程,主要内容包括绪论、航空摄影测量与遥感影像的信息获取、航空摄影测量的基本知识、立体观测与立体量测、解析空中三角测量、数字摄影测量基础、数字摄影测量 4D 产品生产方法、摄影测量外业工作、遥感技术基础知识及遥感技术应用。

本书在习近平新时代中国特色社会主义思想指导下,落实"新工科"建设新要求,结合高等职业教育和测绘生产实际,注重理论联系实际及教材内容的适用性,以培养学生职业岗位能力为目标;精选教学内容、叙述简洁,注重技术应用;删除陈旧的内容,对传统模拟摄影测量、立体量测作了较大的删减;增加了无人机航空影像获取及数据处理、数字摄影测 4D 产品的制作;同时为了更方便学生自学,编制形成新形态教材,书中重要的知识点处配有二维码,学生通过扫描二维码可以反复观看和学习本知识点内容。本书共链接慕课视频 31 个和对应的课件资源 27 个。以上数字化教学资源全部上传到出版社数字资源平台,教师和学生可以通过扫描教材封底二维码或者登录重庆大学出版社教材平台,使用手机、电脑、ipad 等移动终端,进行资源的在线观看、浏览,教师可以在线备课,学生可根据实际需求进行线上和线下学习。

本书由王启春任主编,李建、王瑞祥、李玲、孙宝明任副主编。具体分工如下:第 1 章、第 6 章由王启春(重庆工程职业技术学院)编写;第 2 章由周小莉(四川水利职业技术学院);第 3 章由王克晓(重庆能源职业学院)编写;第 4 章、第 7 章由王瑞祥(云南能源职业技术学院)编写;第 4 章、第 8 章由李建(重庆工程职业技术学院)编写;第 9 章、第 10 章由韩立(四川水利职业技术学院)编写。王启春、李建对本书稿进行了统校工作,同时王启春、李玲、孙宝明制作了与教材对应的慕课视频和课件资源。

在本书的编写过程中,中国矿业大学杨化超教授和重庆工程职业技术学院李玲副教授、孙宝明老师对本书进行了认真审阅,从内容到框架提出了许多宝贵性的意见和建议,对本书的质量提高起到促进作用;同时编者在编写过程中,参阅了大量的文献,引用了同类书刊的部分资料。在此,谨向以上同志和有关文献作者表示衷心的感谢!

由于编者水平有限,在本书编写过程中,虽然编者做了很大努力,书中难免有谬误和错漏之处,敬请广大读者批评指正。

编　者

2020 年 1 月

目录

1

绪 论

1.1 摄影测量与遥感的定义和任务

摄影测量与遥感是影像信息获取、处理、提取和成果表达的一门信息科学。

传统的摄影测量学是利用光学摄影机摄取的像片,确定和研究被摄物体的形状、大小、位置、性质及其相互关系的一门科学和技术。它包括的内容有:获取被摄物体的影像,研究单张和多张像片影像处理的理论、方法、设备和技术,以及将所测得的成果如何以图解形式或数字形式表示出来。

课程概述

摄影测量与遥感的主要任务是测制各种比例尺地形图、建立地形数据库,并为各种地理信息系统和土地信息系统提供基础数据。因此,摄影测量在理论、方法和仪器设备方面的发展都受到地形测量、地图制图、数字测图、测量数据库和地理信息系统的影响。

摄影测量与遥感的主要特点是在像片上进行量测和解译,无须接触被摄物体本身,因而很少受自然和地理条件的限制。像片及其他各种类型影像均是客观物体或目标的瞬间真实反映,人们可以从中获得所研究物体的大量几何信息和物理信息。

现代航天技术和电子计算机技术的飞速发展,使得摄影测量的学科领域更加广泛,可以这样说,只要物体能够被摄成影像,就可以使用摄影测量技术,以解决某一方面的问题。这些被摄物体可以是固体的、液体的,也可以是气体的;可以是静态的,也可以是动态的;可以是微小的(细胞),也可以是巨大的(宇宙星体)。这些灵活性使得摄影测量成为多方面应用的一种测量手段和数据采集与分析的方法。

由于具有非接触传感的特点,自 20 世纪 70 年代以来,从侧重于解译和应用的角度,又提出了"遥感"这一名词概念。在遥感技术中,影像的获取除了传统的框幅式胶片摄影机外,还使用全景摄影机、光机扫描仪(红外、多光谱)、CCD(电荷耦合器件)固体扫描仪及合成孔径侧视雷达(SAR)等,它们提供了比黑白像片丰富得多的影像信息。各种空间飞行器作为传感平台、围绕地球长期运转,为人们提供了大量多时相、多光谱、多分辨率的丰富影像信息。于是人们认为,传统的摄影测量已发展成为摄影测量与遥感。为此,国际摄影测量与遥感学会(ISPRS)于 1988 年在日本京都召开的第十六届大会上作出定义:"摄影测量与遥感乃是对非接触传感器系统获得的影像及其数字表达进行记录、量测和解译,从而获得自然物体和环境的可靠信息的一门工艺、科学和技术。"

可以从不同角度对摄影测量与遥感进行分类。按摄影机与被摄物体距离的远近分类,可分为航天摄影测量与遥感、航空摄影测量与遥感、地面摄影测量与遥感、近景摄影测量与遥感和显微摄影测量与遥感。按用途分类,可分为地形摄影测量与遥感、非地形摄影测量与遥感,其中地形摄影测量与遥感主要用于测绘国家基本地形图,工程勘察设计和城镇、农业、林业、铁路、交通等各部门的规划与资源调查用图及建立相应的数据库;而非地形摄影测量与遥感是将摄影测量与遥感方法用于解决资源调查、变形观测、环境监测、军事侦察、弹道轨道、爆破以及工业、建筑、考古、地质工程、生物和医学等各方面的科学技术问题。按技术处理手段分类,可分为模拟摄影测量、解析摄影测量和数字摄影测量,其中模拟摄影测量的成果为各种图件(地形图、专题图等),解析和数字摄影测量除可提供各种图件外,还可以直接为各种数据库和地理信息系统提供基础地理信息。

1.2　摄影测量与遥感的发展阶段

1.2.1　摄影测量的发展

摄影测量经历了模拟摄影测量、解析摄影测量和数字摄影测量3个发展阶段。

(1)模拟摄影测量

若从1839年尼普斯和达意尔发明摄影术算起,摄影测量学(Photogrammetry)已有一百多年的历史,而1851—1859年法国陆军上校劳赛达特提出和进行的交会摄影测量,则被称为摄影测量学的真正起点。由于当时飞机尚未发明,摄影测量的几何交会原理仅限于处理地面的正直摄影,主要用来作建筑物摄影测量。

最早从空中拍摄地面的照片,是1858年纳达在气球上进行的。飞机的发明使航空摄影测量成为可能。在第一次世界大战中,第一台航空摄影机问世。由于航空摄影比地面摄影有明显的优越性(如视场开阔、无前景挡后景、可快速获得大面积地区的像片等),因此航空摄影测量成为20世纪以来大面积测制地形图的最有效并且快速的方法。从20世纪30到70年代,各国主要测量仪器厂所研制和生产的各种类型模拟测图仪器,都是针对航空地形摄影测量的。这个时期是模拟航空摄影测量的黄金时代。

所谓模拟法摄影测量,是用光学或机械方法模拟摄影过程,以使两个投影器恢复摄影时的位置、姿态和相互关系,形成一个比实地缩小了的几何模型,即摄影过程的几何反转,在此模型上的量测即相当于对原物体的量测。所得到的结果通过机械或齿轮传动方式直接在绘图桌上绘出各种图件,如地形图或各类专题图。

(2)解析摄影测量

电子计算机的问世和计算技术的发展开辟了解析摄影测量发展的新阶段。1957年,海拉瓦博士提出了利用电子计算机进行解析测图的思想,我国在20世纪60年代初期也开始了此项工作。

解析空中三角测量是用摄影测量方法快速、大面积地测定点位的精确方法,它是电子计算机用于摄影测量的第一项成果,同时经历了航带法、独立模型法和光束法平差3种方法的发展。在解析空中三角测量的长期研究中,人们解决了像片系统误差的补偿和观测值粗差的自动检测,从而保证了成果的高精度和高可靠性。摄影测量与各种非摄影测量观测值进行严密的整体平差和数据处理已成为一种高精度定位方法,用于大地控制加密、坐标地籍测量、航空和航天摄影测量及非地形摄影测量。特别是全球定位系统(GPS)的应用,使摄影测量和遥感中的几何定位变得越来越少地依赖于地面控制,便携式GPS接收机也可直接用于实地进行点位坐标测定。

解析测图仪是电子计算机用于摄影测量的另一项成果。限于计算机的发展水平,解析测图仪经历了近20年的研制和试用阶段。直到20世纪70年代中期,伴随着电子计算机技术的发展,解析测图仪才进入了商用阶段。解析测图仪是世界上首先实现测量成果数字化的仪器。在机助测图软件控制下,将立体模型上测得的结果首先保存在计算机中,然后再传送到数控绘图机上绘出图件。这种以数字形式存储在计算机中的地图,构成了测绘数据库和建立各种地理信息系统的基础。

解析摄影测量的发展,不再受模拟测图仪的限制,并且具备了新的活力。它能够通过对所测目标进行各种方式摄影来研究和监测其外形和几何位置,包括不规则物体的外形测量、动态目标的轨迹测量、燃烧爆炸与晶体生长、病灶变化与细胞成长等不可接触物体的测量,应用领域十分广泛。

(3)数字摄影测量

解析摄影测量的进一步发展是数字摄影测量。从广义上讲,数字摄影测量是指从摄影测量和遥感所获取的数据中,采集数字化图形或数字影像/数字化影像,在计算机中进行各种数值、图形和影像处理,研究目标的几何和物理特性,从而获得各种形式的数字产品和可视化产品。其中数字产品包括数字地图、数字高程模型(DEM)、数字正射影像(DOM)、测量数据库、地理信息系统(GIS)和土地信息系统(LIS)等;可视化产品包括地形图、专题图、纵横剖面图、透视图、正射影像图、电子地图、动画地图等。

获得数字化图形的方法,是在计算机辅助和计算机控制的摄影测量工作站上借助机助制图软件完成的,也可以直接在更高级的数据库系统下进行数据采集。对采集的数据一般要经过图形编辑工作站上的编辑加工和质量检查。

获得数字影像/数字化影像的方法,一是直接用数字摄影机(如CCD阵列扫描仪或摄影机)和各种数字式扫描仪获得,称为数字影像;另一种方法则是用各种数字扫描仪对已得到的像片影像进行扫描,称为数字化影像。对数字/数字化影像在计算机中进行全自动化数字处理的方法又称为"全数字化摄影测量",包括自动影像匹配与定位、自动影像判读两大部分。前者是对数字影像进行分析、处理、特征提取和影像匹配,然后进行空间几何定位,建立高程模型和获得数字正射影像,所获得的可视化产品则为等高线图和正射影像图。由于这种方法能代替人眼观测立体的过程,因此是一种计算机视觉方法。后者是解决对数字影像的定性描述,并称为数字图像分类,低级的分类方法是基于灰度、特征和纹理等,多用统计分类方法;高级的图像理解则基于知识,构成分类专家系统。由于这种方法的目的在于代替人眼识别和区分目标,是一种比定位难度更高的计算机视觉方法,因此,全数字化摄影测量是一项高科技研究领域。

20世纪90年代数字摄影测量系统进入实用化阶段,并逐步替代传统的摄影测量仪器和作业方法。我国自行研制的全数字摄影测量系统 VirtuoZo(原武汉测绘科技大学)与 JX-4A(中国测绘科学研究院)已在我国大规模用于摄影测量生产作业,并在国际上得到应用。

表 1.1 列出了摄影测量 3 个发展阶段的特点。

表 1.1　摄影测量 3 个发展阶段的特点

发展阶段	原始资料	投影方式	仪器	操作方式	产品
模拟摄影测量	像片	物理投影	模拟测图仪	作业员手工	模拟产品
解析摄影测量	像片	数字投影	解析测图仪	机助作业员操作	模拟产品 数字产品
数字摄影测量	像片数字影像 数字化影像	数字投影	计算机	自动化操作+ 作业员的干预	数字产品 模拟产品

1.2.2　摄影测量与遥感的结合

自从苏联宇航员加加林"上天"之后,在 20 世纪 60 年代,航天技术迅速发展起来,美国地理学者首先提出了"遥感"这个名词,以用来取代传统的"航片判读"这一术语,随后便得到了广泛使用。遥感的含义是一种探测物体而又不接触物体的技术。

遥感技术对摄影测量学的冲击和作用主要在于它打破了摄影测量学长期以来过分局限于测绘物体形状与大小等数据的几何处理,尤其是航空摄影测量长期以来只偏重于测制地形图的局面。在遥感技术中除了使用可见光的框幅式黑白摄影机外,还使用彩色、彩红外摄影、全景摄影、红外扫描仪、多光谱扫描仪、成像光谱仪、CCD 阵列扫描和矩阵摄影机合成孔径侧视雷达等手段。诸如美国在 1999 年发射的 EOS 地球观测系统空间站,主要传感器 ASTER 覆盖可见光到远红外,有较高的空间分辨率(15 m)和温度分辨率(0.3 K)。其中高分辨率成像光谱仪有 36 个波段,加上其微波遥感 EOS-SAR,基本上覆盖了大气窗口的所有电磁波范围。空间飞行器作为平台,围绕地球长期运行,为人们提供了大量的多时相、多光谱、多分辨率的丰富影像信息,而且,所有的航天传感器也可以用于航空遥感。正由于遥感技术对摄影测量学的作用,早在 1980 年汉堡大会上,国际摄影测量学会正式更名为国际摄影测量与遥感学会(ISPRS)。

20 世纪 80 年代以后,遥感技术的新跃进再次显示了它对摄影测量巨大的推进作用,首先是航天飞机作为遥感平台或发射手段,可重复使用和返回地面,大大提高了遥感应用的性能与价格比,更重要的是,许多新的传感器的地面分辨率(空间分辨率)、温度分辨率、光谱分辨率(光谱带数)和时间分辨率(重复周期)都有了很大提高。2001 年,美国发射的 Quick Bird-1 遥感卫星可采集 0.61 m 分辨率全色和 2.44 m 分辨率多光谱影像;到目前为止,美国地球眼公司的 Geo Eye-1 卫星地面分辨为 0.41 m,是商业光学对地观测卫星中分辨率最高的卫星,但由于许可证的限制,提供给商业用户的卫星图像最优分辨率只能为 0.5 m;美国数字地球公司的 World View-2 地面全色分辨率为 0.46 m,是全球授权提供 8 波段多光谱数据的高分辨率商业卫星,分辨率为 0.4 m。

此外,作为主动遥感的侧视雷达在进行对地观测、海洋研究和陆地资源探测方面极有发展前途。1978 年美国海洋卫星 SEASAT 的合成孔径侧视雷达 SAR 系统,尽管只工作了 3 个月,但它不仅可用来测量全球海洋动力学及其物理特征,而且对陆地的地质构造及土地利用调查也很有价值。在其后的 20 世纪 80 年代,两颗对地观测的航天飞机成像雷达 SIR-A 和 SIR-B 分别于 1981 年和 1984 年进入太空,获取地球表面 1 600 万 km^2 的雷达图像。前者显示微波对超干旱地区散沙覆盖的穿透能力,测定出埋在流沙下面几厘米甚至 1 m 处的流溪、渠道和基岩;后者用以研究雷达不同参数的效果,探查淹没的古城、火山,估计断层地震的可能性以及寻找地下水源等。20 世纪 90 年代,随着技术的逐步成熟及需求程度的加强,星载雷达呈现出空前的高潮。1991 年,苏联把 S 波段的金刚石卫星雷达送入轨道;1999 年,日本发射了装有 L 波段成像雷达的地球资源卫星 JERS-1,图像分辨率可达 18 m;1995 年,加拿大空间局将世界第一颗可以提供商业服务的雷达卫星 Radarsat-1 送入太空,其最高分辨率可达到 10 m;2008 年,德国发射了装有 X 波段合成孔径雷达卫星 SAR-Lupe(5)升空,其最高分辨率可达 0.5 m。所有这些都为遥感影像的定性和定量分析创造了条件,在现在和未来,利用空间影像测图已是一种重要途径。

从另一方面,也应当看到解析摄影测量,尤其是数字摄影测量对遥感技术发展的推动作用。众所周知,遥感图像的高精度几何定位和几何纠正就是解析摄影测量理论的重要应用;数字摄影测量中的影像匹配理论可用来实现多时相、多传感器、多种分辨率遥感图像的复合和几何配准;自动定位理论可用来快速、及时地提供具有"地学编码"的遥感影像;摄影测量的主要成果,如 DEM、地形测量数据库和专题图数据库,乃是支持和完善遥感影像分类效果的有效信息;至于像片判读和图像分类的自动化和智能化则是摄影测量和遥感技术共同研究的课题。一个现代的数字摄影测量系统和一个现代遥感图像处理系统已看不出有什么本质差别了。

事实上,包括像片判读在内的摄影测量学历史,就是遥感发展的历史;而遥感技术则是传统摄影测量学发展的趋势,两者有机地结合起来,已成为地理信息系统(GIS)技术中的数据采集和更新的重要手段。

1.3 影像信息学的形成与发展

摄影测量与遥感技术有机地结合起来,成为地理信息系统(GIS)技术中的数据采集与更新的重要手段;反过来,GIS 是摄影测量与遥感技术数据存储、管理、表达和应用的重要平台。三者之间有机地结合,使得信息科学分支——影像信息科学形成。

按照王之卓教授的定义,影像信息科学是一门记录、存储、传输、量测、处理、解译、分析和显示由非接触传感器影像获得的目标及其环境信息的科学、技术和经济实体。

可以用图 1.1 形象地概括影像信息科学的组成与相互关系。从图中可以看到,影像信息获取、处理、加工和结果表达的整个过程是互相有机地联系起来,它既包含了模拟法、解析法和数字摄影测量,又包含了遥感与信息系统。图中还大概表述了各过程需要掌握的知识和相关课程。应当说,影像信息科学是由摄影测量学、遥感、地理信息系统、计算机图形学、数字图像处理、计算机视觉、专家系统、航天科学和传感器技术等相结合的一门边缘学科。它提供了基于影像认识世界和改造世界的一条途径,因而具有无限的生命力。

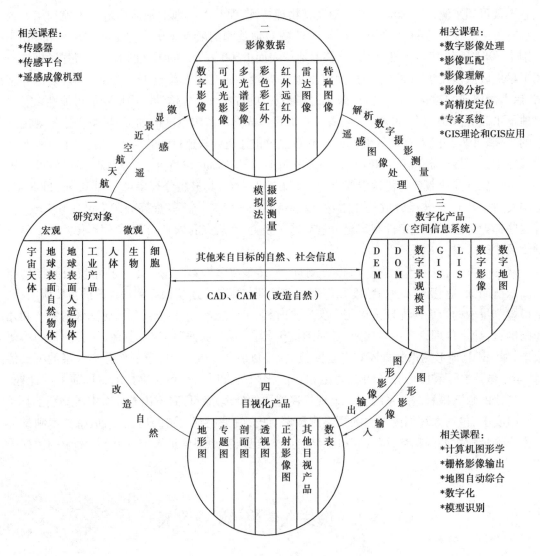

相关课程：
*传感器
*传感平台
*遥感成像机型

相关课程：
*数字影像处理
*影像匹配
*影像理解
*影像分析
*高精度定位
*专家系统
*GIS理论和GIS应用

相关课程：
*计算机图形学
*栅格影像输出
*地图自动综合
*数字化
*模型识别

图 1.1　影像信息科学的组成与相互关系

本章小结

　　摄影测量作为测制地形图,建立地形数据库的手段之一,为地理信息系统提供了数据基础。从摄影术的发明到计算机技术的辅助应用,摄影测量经历了模拟摄影测量、解析摄影测量和数字摄影测量3个阶段。随着航空技术的不断进步,遥感技术对摄影测量的作用更加巨大。

思考与习题

1.简述摄影测量学、遥感的定义和任务。

2.简述摄影测量学的主要内容和特点。

3.简述摄影测量学的发展阶段。

4.简述摄影测量与遥感的异同。

5.简述数字摄影测量的分类。

2

航空摄影测量与遥感影像的信息获取

摄影测量是在物体的影像上进行量测与解译,因此,首先要对被研究的物体进行摄影,以获得被研究对象的影像。另外,由于摄影测量是使用立体进行观测,各种测图仪器有其自身的限制条件,测量中为了获得较高的精度,所以对摄影有一些特殊要求,并且还要对影像存在的各种系统误差进行改正。

2.1 摄影原理与摄影机

2.1.1 摄影原理

摄影的成像原理来自光学的小孔成像现象,但是孔的面积非常小,限制了入射光量,用这种方法产生的影像非常暗淡,不清楚。为了能产生既明亮又清晰的影像,必须先将光线集中。因此摄影是用一个摄影物镜代替小孔,在成像平面处放置感光材料,物体各个部分的投射光线经摄影物镜后聚焦于感光材料上,感光材料受光化学作用后生成潜影。为了使潜影成为可见影像,应将曝光后的感光材料在暗室里进行冲洗处理,得到影像层次与景物的明暗相反的负片,又因常根据它洗印像片,故称为底片,此过程称为负片过程。为了得到与景物明暗相同的影像,必须再利用感光材料紧密叠加于负片上曝光印相,经过与负片一样的处理程序后,得到与负片黑白相反,而与景物明暗相同的正片,如果晒印在相纸上,也可称为像片,上述处理过程称为正片过程。

摄影基础知识

现代摄影测量也使用像片,包括上述利用光学摄影机摄取的像片和各种记录在感光胶片上的影像信息,如红外像片、X 光像片、侧视雷达像片等,同时还使用数字化影像和数字影像信息。

2.1.2 摄影机

摄影的主要工具是摄影机,俗称照相机,其种类繁多,结构复杂、机械精密、新产品层出不穷,无论照相机如何变化,其基本结构是一致的,主要由镜头、光圈、快门、暗箱、检影器及附加装置组成,结构如图 2.1 所示。

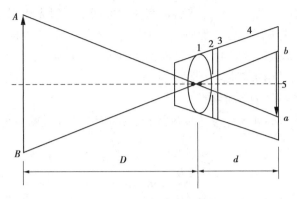

图 2.1 照相机的基本结构

1—镜头;2—光圈;3—快门;4—暗箱;5—检影器

将摄影机的物镜、光圈、快门等光学部分与暗箱连接起来的部件称为镜箱,镜箱体是一个可以调节摄影物镜与像框平面之间距离的封闭筒。暗箱是存放感光材料用的,安装在镜箱体的后面,摄影时借助机械或其他装置的作用,使感光材料展平并紧贴在像框平面上,像框平面就是光线通过摄影物镜后的成像平面。镜箱体和暗箱都必须密闭不得漏光。普通摄影机的镜箱和暗箱是连成一体的。而量测用的摄影机镜箱和暗箱是可以分开的,它一般备有多个暗箱,临摄影前装在镜箱体的后面,在摄影间歇过程中可以调换备用暗箱。

(1)**镜头**

1)镜头的特征点与面

镜头是照相机的成像部件,所摄影像的大小和质量主要取决于镜头的特性参数和制造质量。早期的照相机镜头为简单的凸透镜,现代照相机镜头均由多片球面或非球面光学玻璃透镜组成。

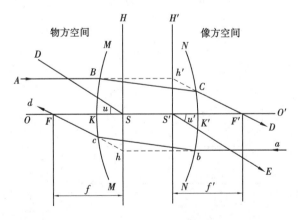

图 2.2 透镜组示意图

如图 2.2 所示,O、O' 分别为两透镜面 MM、NN 的球面中心,其连线 OO' 称为透镜的主光轴,若物方空间有一组平行于主光轴的光线 AB,经透镜组折射后相交于主光轴 F' 点,称为焦点,因为它位于像方,故称像方焦点或后焦点。同理,像方空间平行于主光轴的光线 ab,通过透镜组折射后与主光轴相交于 F,也称焦点,因它位于物方,故称物方焦点或前焦点。

入射光线 AB 经透镜组折射后得折射光线 CD,延长 AB、CD 相交于点 h',过 h' 作一个垂直

于主光轴的平面 H'，将会发现平行于主光轴的各投射光线的折射光线都在平面 H' 上发生折射现象，平面 H' 称为像方主平面或后主平面，该平面与主光轴的交点 S' 称为后主点。用同样的方法可求得 h 点，并由 h 点确定前主平面 H 及前主点 S。综上所述，不论物镜由多少个透镜组成，经过多少次的折射，其结果都相当于在平面 H 和 H' 上发生折射，由此，可以用平面 H 和 H' 作为研究光学物镜系统特性的等价物镜。

如图 2.2 所示，假设 DS 和 $S'E$ 为一对共轭光线，它们与主光轴的夹角分别为 μ 和 μ'，则角放大率 γ 为：

$$\gamma = \frac{\tan \mu'}{\tan \mu} \tag{2.1}$$

γ 主要是说明一对共轭光线经系统前、后方向之间的变化。系统的光轴上不同共轭点的角放大率不同，$\gamma = +1$ 的一对共轭点称为光学系统的一对节点，其中对应物方的点称为系统的第一（物方）节点 S，对应像方的点称为系统的第二（像方）节点 S'。所有向前节点投射的光线必定经过后节点射出，并且与相应的投射光线相平行。若物方和像方处于同一均匀介质中（如航空摄影），则主点和节点相重合。通常不加说明节点即为主点。为了几何作图方便，常将后节点 S'（连同底片）沿主光轴平移至与前节点 S 重合，此重合位置即透镜的光学中心，也就是物镜的摄影中心。

从透镜的像方主点 S' 到像方焦点 F' 的距离称为像方焦距，又称后焦距，以 f' 表示，从透镜的物方主点 S 到物方焦点 F 的距离，称为物方焦距，以 f 表示。位于同一介质中的透镜组，物方焦距等于像方焦距。

2）物镜成像公式

如图 2.3 所示，物距为 D，像距为 d，焦距为 f，根据几何光学原理，得：

$$\frac{f}{d} = \frac{L}{L + l} = \frac{D}{D + d}$$
$$Dd = fD + fd$$
$$\frac{1}{f} = \frac{1}{d} + \frac{1}{D} \tag{2.2}$$

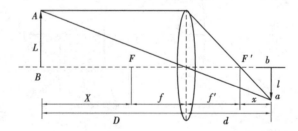

图 2.3 物镜成像示意图

式（2.2）称为物镜构像公式，它表示一个物点发出的所有投射光线，经理想物镜后所有对应的折射光线仍然会聚于一个像点上，则这个像点是清晰的。在摄影时，通过伸缩摄影机镜头，或移动摄影机到被摄景物的距离，就可使式（2.2）得到满足，这一动作在摄影上称为调焦或对光。若物距和像距分别取焦点 F 和 F' 为起算点，相应的物距和像距用 X 和 x 表示，即 $D = X+f$，$d = x+f'$，则得到构像公式的另一种形式

$$X \cdot x = f^2 \tag{2.3}$$

3）物镜的像场和像场角

由于组成镜头的透镜和连接透镜的镜筒都是圆形的,现将物镜对光于无穷远,在焦面上会看到一个照度不均匀的明亮圆,这样一个直径为 ab 的明亮圆的范围称为视场,如图 2.4 所示。视场直径 ab 对镜头中心所张的角 2α ,称为视场角。在镜头的视场范围内,因镜头的边缘部分存在像差构像不清晰,另外胶片一般为长方形或正方形,故不使用镜头视场的边缘部分,仅使用构像清晰的物镜中心部分。通常将影像清晰的区域称为像场,如图中直径为 cd 的圆,像场直径 cd 对镜头中心所张的角 2β ,称为像场角。

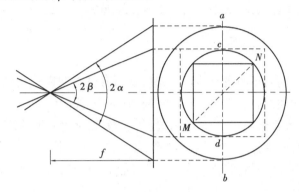

图 2.4　物镜的像场和像场角

为能获得清晰的构像,应取像场的内接正方形或矩形为最大像幅来限制像场的使用范围。像幅决定着物面或物空间有多大的范围可被物镜成像于像平面。如图 2.4 所示,底片画幅对角线 MN 的长度为 L ,焦距为 f ,则像场角为

$$2\beta = 2\tan^{-1}\frac{L}{2f} \tag{2.4}$$

由上式可知,当像幅一定时,像场角与物镜焦距有关,即焦距越长,像场角越小;焦距越短,像场角越大。

4）物镜的分解力

分解力是摄影机物镜的又一重要特性,它是指物镜对被摄物体微小细节的表达能力,其大小一般以 1 mm 宽度内能清晰分辨的互相平行的最大数目的线对数来表示。

（2）物镜的光圈和光圈号数

光圈的作用主要是控制进入镜头的光量,调节镜头的使用面积,限制镜头边缘部分的使用,提高成像的清晰程度。光圈是由若干金属片组成的可调节大小的进光孔,孔径的大小可用光圈环调节,它是一个可以改变的光栏。当光圈完全张开时,进入物镜的光通量最大,反之最小。为使用方便,人们用光圈号数来表示光圈的大小,它是物镜焦距 f 与光圈有效孔径 d 的比值,即 $K = \dfrac{f}{d}$,光圈号数越小,光圈光孔开启得越大,焦面上影像的亮度也越大;光圈号数越大,光圈光孔开启得越小,影像亮度也就越小。摄影时感光材料表面上单位面积所要求曝光量 H 是一个定值,它等于照度 E 和曝光时间 t 的乘积,即

$$H = Et$$

而照度 E 与光孔面积成正比,因此当 H 为定值时

$$H = E_1 t_1 = E_2 t_2$$

$$\frac{t_2}{t_1} = \frac{E_1}{E_2} = \frac{(d_1)^2}{(d_2)^2} = \frac{(K_2)^2}{(K_1)^2}$$

$$\frac{K_2}{K_1} = \sqrt{\frac{t_2}{t_1}} \tag{2.5}$$

由式(2.5)可知,当摄影条件相同时,如果曝光时间改变1倍,则相应的光圈号数应变为$\sqrt{2}$,因此光圈号数的数字是以$\sqrt{2}$为公比成几何级数变化。光圈号数均标注在照相机镜头的外框上,标注的数列有两种:如国际系统 1.0,1.4,2,2.8,4,5.6,8,11,16,22,32,…,欧洲大陆系统 1.1,1.6,2.2,3.2,4.5,6.3,9,12.5,18,25,36,…。

(3)快门

快门是控制曝光时间长短的机械装置。快门从打开到关闭所经历的时间称为曝光时间,或称快门速度。常用的快门有中心快门和帘式快门。中心快门由 2~5 个金属叶片组成,它位于物镜的透镜组之间,紧靠着光圈,用来遮盖投射光线经物镜进入镜箱体内。曝光时利用弹簧机件使快门叶片由中心向外打开,让投射光线经物镜进入镜箱体中,使感光材料曝光,到了预定的时间间隔,快门又自动关闭,终止曝光。中心快门是打开快门后感光材料就能满幅同时感光。航空摄影机和一般普通摄影机大多采用中心快门。曝光时间一般标注在镜头筒上的快门速度调节环上,或照相机顶面的快门调节盘上。例如:

B,1,2,4,8,15,30,60,125,300,…或 T,1,2,5,10,25,50,100,200,…

曝光时间的数值都是标注其分母,如 2 便是 $\frac{1}{2}$ s。因此,快门上的数字越大,对应的曝光时间便越短。符号 B 是 1 s 以上的短曝光标志,俗称 B 门,是一种慢门装置。手按下快门按钮快门就打开,手一松开按钮,快门立即关闭,手按下的持续时间,即为曝光时间。T 门是快门按钮按一下,快门打开;再按一下快门按钮,快门便关闭,两次按快门按钮的时间间隔便是曝光时间。

根据光圈号数、曝光时间、曝光量三者之间的关系可知,如果保持原光圈号数不变,而曝光时间改变一挡,或者保持原曝光时间不变,而光圈号数改变一挡,则曝光量将改变一倍。例如,原采用光圈号数为 5.6,曝光时间为 1/125 s,可得到正确的曝光量;若将光圈号数调至 8,仍要保持原正确的曝光量,就应将曝光时间增加至 1/60 s。

(4)检影器

检影器也称取景器,是用来观察检影器平面上的影像是否清晰及确定合适拍摄范围的装置,它在照相机上往往与调焦装置综合在一起,使用更加方便。

(5)附加装置

为了满足摄影的需要,摄影机还有一些附加装置及功能,如自动调焦、自拍、自动闪光、自动记录拍摄日期等。

2.1.3 量测用摄影机

量测用摄影机的物镜要求成像清晰、分解力高、透光力强、几何精度好、操作简便。安装在飞机上对地面能自动地进行连续摄影的摄影机称为航摄机,其结构原理如图 2.5 所示。

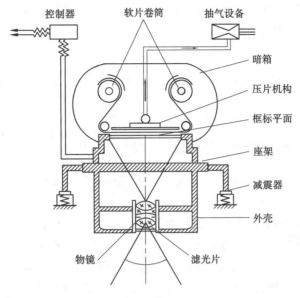

图 2.5 航空摄影机结构略图

量测用摄影机的特征一是像距是一个固定的已知值。这是由于摄影的物距要比像距大得多,摄影时都是固定调焦于无穷远处,像距是一个不变的定值,几乎等于摄影物镜的焦距。特征二是承片框上有框标。镜箱的后端有一金属框架,研磨成极为精确的平面,称为承片框,其尺寸就是像幅的大小,航空摄影机像幅的有 18 cm×18 cm,23 cm×23 cm。有的航空摄影机是在承片框四边的中央设有齿状形的机械框标,两两相对的框标连线正交的交点用以确定像片主点的大概位置。有的是在 4 个角设有 4 个"×"形的光学框标,对角的框标连线成正交的交点也可用于确定像片主点的大概位置。新型的航空摄影机则兼有光学和机械两种框标。

航空摄影机

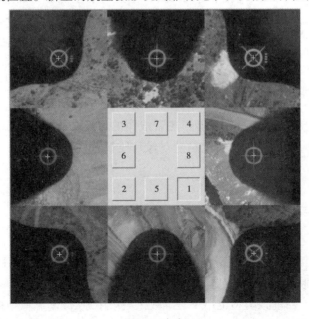

图 2.6 框标

航空摄影机通常按像场角（或焦距）分类，像场角为 $2\beta > 100°$ 或 $f < 150$ mm，称为特宽角航摄机；像场角为 $75° < 2\beta < 100°$ 或 150 mm $\leqslant f < 300$ mm，称为宽角航摄机；像场角为 $2\beta < 75°$ 或 $f \geqslant 300$ mm 时，称为常角航摄机。

2.2 航空摄影测量影像信息获取及基本要求

2.2.1 航空摄影测量影像信息获取

将航摄仪安装在飞机或其他航空飞行器上，在空中一定的高度对地面物体进行摄影，获得航摄像片的工作统称为航空摄影。

根据航空摄影的特点和测量对航摄像片的要求，航空摄影可分为独立地块航空摄影、线状地带航空摄影和区域航空摄影。独立地块航空摄影，主要用于军事侦察目的；线状地带航空摄影，主要用于公路、铁路和输电线路的定线及江河流域的规划；区域航空摄影又称面积航空摄影，是在规定高度上在被摄区域内敷设多条航线，逐条摄影，像片在航向和旁向都有一定的重叠，主要用于地形图测绘。

采用航空摄影测量的方法测制地形图首先是由用户单位向承担空中摄影任务的单位提出技术要求，拟订航摄委托书，并签订航摄协议书或合同。航空摄影任务委托书的主要内容是划定航摄区域范围，确定航摄比例尺，航摄仪的类型、焦距、像幅的规格，像片重叠度，提交资料成果的内容、方式和期限等。航摄单位在接受任务后，要根据协议书或合同的要求制订航摄技术计划。航摄技术计划的主要内容是划分航摄分区，确定航线方向和敷设航线，计算航摄所需的飞行数据和摄影数据（主要是绝对航高、摄影航高、像片重叠度、航摄基线、航线间隔距、航摄分区内的航线数、曝光时间间隔和像片数等），编制领航图，确定航摄的日期和时间等。然后，选在天空晴朗少云、能见度好、气流平稳的天气升空进行航空摄影，摄影时间最好是中午前后的几个小时。空中摄影航空像片拍摄完后应按相应的技术质量标准检查，如果出现质量问题，应马上采取补救措施。航空像片拍摄完后，应按航空摄影技术规范和航空摄影合同以及航摄技术计划中的条款由摄制单位和使用单位共同进行资料检查验收。

2.2.2 航空摄影测量的基本要求

航空摄影获取的航摄像片是航空摄影测量成图的原始依据，其质量关系到后期作业的难易和量测的精度，因此对航空像片质量及航空摄影的飞行质量均有严格要求。

航空摄影
基本知识

（1）像片倾斜角

过航摄机镜头后节点垂直于底片面的一条光线称为主光轴，主光轴与铅垂线之间的夹角称为像片倾斜角 α。在航空摄影过程中，飞机不可能始终保持平稳的飞行状态，致使航摄机的主光轴偏离铅垂方向，像片倾斜角 $\alpha < 3°$ 的航空摄影称为竖直航空摄影（目前的航空摄影主要是这种类型）。像片倾斜角 $\alpha > 3°$ 的航空摄影称为倾斜航空摄影，多用于军事目的，但这种像片测图困难，不常采用。目前该类型也用于三维数字城市中，从倾斜影像中批量提取及贴纹理的方式,可有效降低城市三维建模成本。可由像片边缘的水准器影像中气泡所处位置判读其倾斜角。对无水准器记录的像片,若发现可疑,可在旧图上选择若干明显地物点,用摄影测量方法进行抽查。

(2)航高与摄影比例尺

航高分为相对航高和绝对航高。相对航高 $H_{相}$ 是指航摄机物镜中心 S 在摄影瞬间相对于某一基准面(平均高程面)的摄影高度。绝对航高 $H_{绝}$ 是指航摄机物镜中心 S 在摄影瞬间相对于大地水准面的高度。

航摄比例尺的选取要以成图比例尺、内业成图方法和成图精度等因素来考虑选取,另外还要考虑经济性和摄影资料的可使用性,航摄比例尺与成图比例尺之间的关系可参照表 2.1 确定。

表 2.1　航摄比例尺与成图比例尺的关系

比例尺	航摄比例尺	成图比例尺
大比例尺	1:2 000~1:3 000	1:500
	1:4 000~1:6 000	1:1 000
	1:8 000~1:12 000	1:2 000
		1:5 000
中比例尺	1:15 000~1:20 000	
	1:10 000~1:25 000	1:10 000
	1:25 000~1:35 000	
小比例尺	1:20 000~1:30 000	1:25 000
	1:35 000~1:55 000	1:50 000

在实际应用中,航空摄影比例尺是由摄影机的主距和摄影航高来确定的,即

$$\frac{1}{M} = \frac{f}{H} \tag{2.6}$$

式中　M——航摄比例尺分母;

　　　f——航摄仪的主距;

　　　H——相对于平均高程面的摄影高度,简称航高。

摄影比例尺的变换有一定的限制范围,即

$$\pm\frac{\Delta M}{M} = \pm\frac{\Delta H}{H} \tag{2.7}$$

式中　ΔM——像片比例尺分母变化量;

　　　ΔH——航高的变化量,也称航高差。

按照摄影测量要求,像片比例尺分母的相对误差(即 $\Delta M/M$)一般不应超过 5% 的规定。因此航高的变化量 ΔH(航高差)应限制为 $\Delta H \leqslant 5\%H$,同时,同一航线内最大与最小航高之差不得大于 30 m,摄影区域内实际航高与设计航高之差不得大于 50 m。

(3)像片重叠度

为了进行立体测图和接边的需要,要求相邻像片与所摄的地面应有一定的重叠。同一航

线内相邻像片间的影像重叠称为航向重叠,相邻航线像片间的影像重叠称为旁向重叠。重叠大小用像片的重叠部分 $x(y)$ 与像片边长比值的百分数表示,称为重叠度(图2.7)。

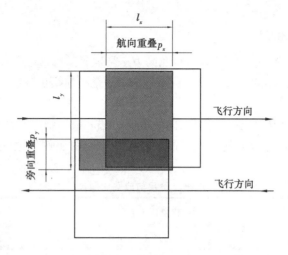

图 2.7　像片重叠度

航向重叠一般规定为 60%,最小不小于 53%,最大不大于 75%;旁向重叠一般规定为 30%,最小不小于 15%,最大不大于 50%。重叠度小于最小限定值时,称为航摄漏洞,不能用正常航测方法作业,必须补飞补摄;重叠度过大时,会造成浪费,也不利于测图。

(4)航线弯曲度

将一条航线的航摄像片根据地物影像叠拼起来,航线中各张像片主点若不在一条直线上,而是呈现弯曲的折线,称为航线弯曲,如图2.8所示。航线弯曲用航带两端像片主点之间的直线距离 L 与偏离该直线最远的像主点到该直线垂距 δ 的比表示,一般采用百分数形式,即

$$R\% = \frac{\delta}{L} \cdot 100\% \qquad (2.8)$$

航线弯曲将影响像片的航向和旁向重叠,有时甚至会造成航摄漏洞,给航测作业带来麻烦,因此航线弯曲度通常不得大于3%。

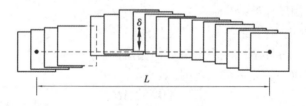

图 2.8　航线弯曲

(5)像片旋偏角

本航线中相邻两像片的主点连线与同方向像片边框方向的夹角称为像片旋偏角,如图2.9所示。像片旋偏角过大会减小立体像对的有效作业范围,并且当按框标连线定向时,会影响立体观测效果,因此对像片旋偏角,一般要求不得大于6°,个别可允许达到8°。

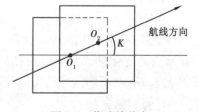

图 2.9　像片旋偏角

2.3 卫星遥感影像的信息获取

遥感是在20世纪60年代初发展起来的一门新兴技术,是通过各种传感器,在不接触目标物体的条件下探测目标地物,获取其反射、辐射和散射的电磁波信息,并进行处理、分析和应用的一门科学和技术。信息获取是指运用遥感技术装备接收、记录目标物电磁波特性的探测过程,所采用的遥感技术装备主要包括遥感平台和遥感传感器。

2.3.1 遥感平台

遥感平台是用来搭载传感器的运载工具,常用的有气球、飞机和人造卫星等。按遥感的工作平台可分为地面遥感、航空遥感、航天遥感。地面遥感是把传感器设置在地面平台上,如车载、船载、手提、固定或活动高架平台等。航空遥感是把传感器设置在航空器上进行成像或扫描的一种遥感方式。航空遥感平台不仅包括飞机、飞艇,而且还包括有人驾驶和无人驾驶的遥控飞机,但仍以飞机为主。按飞行高度,分为低空(600~3 000 m)、中空(3 000~10 000 m)、高空(10 000 m 以上)3级,此外还有超高空和超低空的航空遥感。航天遥感是把传感器设置在航天器上,如人造卫星、航天飞机、宇宙飞船、空间站等,以地球人造卫星为主体。

2.3.2 遥感传感器

遥感传感器是用来远距离探测目标物电磁波特性的仪器设备,常用的有照相机、扫描仪和成像雷达等,通常安装在各种不同类型和不同高度的平台上。由于一切物体都在不断地发射和吸收电磁波,其强度与物体的温度和性质有关,电磁波因波长的变化性质而有很大差异,因此利用各种不同波段的遥感器可以接收这种辐射或反射的电磁波,经过处理和分析,有可能反映物体的某些特征,借以识别物体。

依据不同的分类标准,传感器也有多种分类的方法。按工作的波段可分为可见光遥感、红外遥感、多波段遥感、紫外遥感和微波遥感等。按工作方式可分为主动式遥感和被动式遥感,其中主动式传感器是人工辐射源向目标物发射电磁波,然后接收从目标物反射回来的能量,如侧视雷达、激光雷达、微波散射计等;被动式传感器不向目标发射电磁波,仅被动接收目标物自身发射和对自然辐射源的反射能量,如摄影机、多光谱扫描仪、微波辐射计、红外辐射计等。按记录方式可分为成像方式和非成像方式,成像方式传感器接收的电磁辐射信号可转换成(数字或模拟)图像,如摄影机、扫描仪、成像雷达等;非成像方式传感器接收的目标电磁辐射信号不能形成图像,如辐射计、雷达高度计、散射计、激光高度计等。

无论何种形式的遥感传感器,均由收集器、探测器、处理器、输出器4个部分组成。收集器是收集来自地面目标辐射的电磁波能量,然后送往探测器,不同的遥感器使用的收集元件不同,最基本的收集元件是透镜、反射镜或天线等。对于多波段遥感,收集系统还包括按波段分波束的元件,一般采用各种散元分光件,如滤光片、棱镜、光栅等。探测器是遥感传感器中最重要的部分,它是真正接收地物电磁辐射的器件,它将收集到的电磁辐射能转换为化学能或电能,具体的元件如感光胶片、光电敏感元件、固体敏感元件等。处理器是将探测器探测到的化学能或电能等信息进行加工处理,即进行信号的放大、增强或调制。除了摄影照相机中的感光胶片,需要从光辐射输入信号记录,无须信号转化外,其他遥感器都存在信号转化的问题,光电敏感元件,固体敏感元件和波导等输出的都是电信号,从电信号转换到光信号必须有一个信号转化系统,这个转化系统可以直接进行电光转化。

(1)扫描成像

扫描成像是20世纪50年代以来产生并形成的一种新兴探测技术,它依靠探测元件和扫描镜头对目标地物以瞬时视场为单位进行逐点、逐行取样,以得到目标地物电磁辐射特性信息,形成一定谱段的图像,其探测波段可包括紫外、红外、可见光和微波波段,成像方式有光机扫描、电子束扫描、固体自扫描等方式。

1)光机扫描

光机扫描成像系统一般在扫描仪的前方安装光学镜头,依靠机械传动装置使镜头摆动,形成对目标地物的逐点逐行扫描,入射的光束经过反射后,又汇成一束平行光投射到聚焦反射镜以使能量汇聚到探测元件上,元件将接收的电磁波能量转换成电信号,并最终转换成光能量,在胶片上形成影像。

①红外扫描仪。红外扫描仪是根据被测地目标物自身的红外辐射,借助仪器本身的光学机械扫描和遥感平台沿飞行方向移动形成图像的遥感仪器,其结构如图2.10所示,由旋转扫描镜、反射镜系统、探测器、制冷设备、电子处理装置和输出装置所组成。

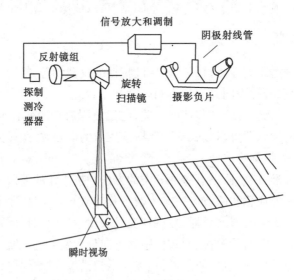

图2.10 红外扫描仪结构图

旋转扫描镜是实现对地面垂直航线方向的扫描,并将地面辐射来的电磁波反射到反射镜组;反射镜组将地面辐射来的电磁波聚焦在探测器上;探测器将辐射能转变成电能;制冷器是用来隔离周围的红外辐射直接照射探测器,机载传感器一般可使用液氧或液氮制冷;电子处理装置主要是对探测器输出的视频信号进行放大和光电转换;输出端是一个阴极射线管和胶片传动装置,视频信号经电光变换线路调制阴极射线管的阴极,这时阴极射线管屏幕上扫描线的亮度变化相应于地面扫描视场内的辐射量变化。胶片曝光后得到扫描线的影像。

当旋转棱镜旋转时,第一个镜面对地面横越航线方向扫视一次,在扫描视场内的地面辐射能由辐射的一边到另一边依次进入传感器,探测器将辐射能转变为视频信号,再经电子放大器放大和调整,在阴极射线管上显示出一条相应于地面扫描视场内景物的图像线,这条图像线经曝光后在底片上被记录下来。然后,第二个反射镜面接着重复扫描,平台的飞行使得两次扫描衔接,最后形成连续的与地面范围相应的二维条带图像。

红外扫描仪垂直于地面的空间分辨率是瞬时视场(探测器尺寸与扫描仪焦距的比值)和航高的乘积,而瞬时视场在设计仪器时已确定,所以其分辨率只与航高有关,航高越大,地面分辨率越差。当视线倾斜时(扫描角不等于零),地面分辨率将发生变化。由于红外扫描仪的地面分辨率随扫描角发生变化,而使红外扫描影像产生畸变,通常称为全景畸变,主要是由于像距保持不变,总在焦面上,而物距随扫描角发生变化。

②多光谱扫描仪。多光谱扫描仪是从红外扫描仪演变而来的,只要在红外扫描仪上加上分光器件和适当的光电探测器,就可以在很宽的光谱范围内工作,并发展成多光谱扫描仪。多光谱扫描仪是卫星遥感技术中使用最多的传感器类型,主要由扫描反射镜、成像板、光学纤维、分光部件、探测器等组成。它是由扫描镜收集地面的电磁辐射,经聚光系统会聚成像,由分光部件(滤光片、棱镜或光栅等)分光,分成若干波段,由相应的光电探测器分别接收并转换成电信号,经电子系统处理、传输、记录,最后可回放成影像,或处理成计算机兼容磁带,供用户使用。

2)电子束扫描成像

电视接收机天线接收到调制过的视频信号,经变频、中放、检波、视放,由显像管的电子枪发射出随视频信号而变化的电子束,电子束轰击荧光屏,就会把高速电子的动能转换为光能,在屏幕上出现亮点,而受高速电子轰击打出的二次电子被栅极捕获。电子束在荧光屏上迅速扫描,由于荧光屏的余晖和人视觉暂留,因此可以看到整幅画面,还可将画面用照相机翻拍下来,成为照片。

3)固体自扫描成像

固体自扫描是用固定的探测元件,通过遥感平台的运动对目标地物进行扫描的一种成像方式。它与其他扫描成像的区别是:探测器系统是电荷耦合器件CCD,CCD是一种由硅等半导体材料制成的固体器件,用电荷量表示信号大小,用耦合方式传输信号的探测元件,具有感受波谱范围宽、畸变小、体积小、质量轻、系统噪声小、灵敏度高、能耗小、寿命长、可靠性高等一系列优点,并可做成集成度非常高的组合件。由于每个CCD探测元件与地面上的像元相对应,靠遥感平台的前进运动就可以直接以刷式扫描成像。显然,所用的探测元件数越多,体积越小,分辨率就越高,为了提高遥感影像的质量,缩短成像的时间,现在多采用多元阵列探测器,用几个敏感元件同时扫描,以代替光机扫描系统。根据探测单元的多少和排列,可分为单点探测器、多元线性阵列探测器、多元阵探测器。单点探测器是由一个耦合单元组成,取得点信息影像,扫描形成一维影像,加上平台的运动得到二维影像;多元线性阵列探测器是由多个耦合单元排成一列组成,自身扫描或随平台的运动均可得到二维影像;多元阵探测器是由多个耦合单元列成一个方阵而直接得到二维影像。

(2)成像光谱仪

成像光谱仪是以多路、连续并具有高光谱分辨率方式获取图像信息的仪器。可实现对同一地区同时获取几十个到几百个波段的地物反射光谱图像。成像光谱仪基本上属于多光谱扫描仪,其构造与多光谱扫描仪相同。按其结构不同,可分为面阵探测器加推扫式扫描仪和用线阵列探测器加光机扫描仪两种成像仪,前一种是利用色散元件和面阵探测器完成光谱扫描,利用线阵列探测器及沿轨道方向的运动完成空间扫描,空间分辨率较高;后一种是通过点扫描镜在垂直于轨道方向的面内摆动以及沿轨道方向的运行完成空间扫描,利用线探测器完成光谱扫描。

(3)合成孔径侧视雷达

合成孔径侧视雷达作为一种主动式微波传感器,具有不受光照和气候条件等限制实现全天时、全天候对地观测的特点,甚至可以透过地表或植被获取其掩盖的信息,是一种高分辨率成像雷达。其是利用遥感平台的前进运动,将一个小孔径的天线安装在平台的侧方,以代替大孔径的天线,从而提高方位分辨力的雷达。其工作原理是遥感平台在匀速前进运动中,以一定的时间间隔发射一个脉冲信号,天线在不同位置上接收回波信号,并记录和储存下来,并将接收到的信号合成处理,得到与真实天线接收同一目标回波信号相同的结果。这样就可使一个小孔径天线起到与大孔径天线相同的作用,孔径越小,方位分辨力越高。

2.4 无人机摄影测量的信息获取

无人机是通过无线电遥控设备或机载计算机程控系统进行操控的不载人飞行器。无人机摄影测量是以无人驾驶的飞行器作为其飞行平台,在飞行平台上安装高分辨率数字遥感设备为机载传感器(如高分辨率 CCD 数码相机、轻型光学相机等),以快速获取低空高分辨率遥感数据为应用目标,摄影平台兼具 GPS 导航系统、自动测速系统、远程数控系统以及监测系统。它具有快速、实时对地观测、调查监测能力,解决了小面积低空摄影测量的关键问题。现阶段无人机种类主要根据其机翼不同分为固定翼和螺旋翼两种,其中固定翼无人机如图 2.11 所示,螺旋翼无人机如图 2.12 所示。

无人机测绘
系统组成

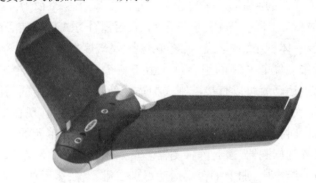

图 2.11　固定翼无人机

2.4.1　无人机摄影测量的特点及优势

无人机系统在设计和最优化组合方面具有突出的特点,是集成了高空拍摄、遥控、遥测技术、视频影像微波传输和计算机影像信息处理的新型应用技术。无人机低空摄影测量主要用于基础地理数据的快速获取和处理,为制作数字正射影像、数字地面模型或基于影像的区域测绘提供最简捷、最可靠、最直观的应用数据。作为卫星遥感与普通航空摄影不可缺少的补充,其主要有下述优点。

图 2.12　螺旋翼无人机

（1）机动性、灵活性和安全性

无人机具有灵活、机动的特点。它能够在恶劣环境下直接获取影像，即使是设备出现故障、发生坠机，也不会出现人员伤亡，具有较高的安全性。

（2）低空作业，获取高分辨率影像和多角度影像

无人机可以在云下超低空飞行，飞行高度为 50~1 000 m，弥补了卫星光学遥感和普通航空摄影经常受云层遮挡获取不到影像的缺陷，可获取比卫星遥感和普通航摄更高分辨率的影像，摄影测量精度达到了亚米级，精度范围通常为 0.1~0.5 m。同时不仅能竖直航拍获取平面影像，还能低空多角度摄影获取建筑物多面高分辨率纹理影像，弥补了卫星遥感和普通航空摄影获取城市建筑物影像时遇到的高层建筑遮挡问题。

无人机航空
摄影操作

（3）成本相对较低，操作简单

无人机升空时间短，操作控制较容易，运行成本低，无须专门机场起降，可实现测绘单位按需开展航摄飞行作业这一理想的生产模式。

（4）具有周期短、效率高等特点

对于面积较小的大比例尺地形测量任务，受天气和空域管理的限制较多，大飞机航空摄影测量成本高；而采用全野外数据采集方法成图，作业量大，成本也比较高。而将无人机遥感系统进行工程化、实用化开发，则可以利用它机动、快速、经济等优势，在阴天、轻雾天也能获取合格的影像，从而将大量的野外工作转入内业，既能减轻作业者的劳动强度，又能提高作业者的作业效率和精度。

2.4.2　无人机摄影测量的发展现状

随着无人机低空摄影测量技术的成熟和经济建设的需要，无人机测绘已经逐渐渗透到多个领域。美国航空航天局也将多种无人机应用于森林火灾监测、精确农业、海洋遥感等研究项目。澳大利亚也利用全球鹰搭载成像 SAR 进行海洋监测研究。在可见光遥感方面，国外的无人机低空摄影测量通常加载高精度的 POS，自动化程度高，大大减少了地面控制的数量，但是造价昂贵，国内的无人机航测尚无加载高精度 POS 的例子。

在国内，多家单位在无人机低空摄影测量方面进行了大量有益的技术探索，积累了一定的经验。西安大地测绘有限公司自主设计了多套无人机遥感系统,该系统由无人机摄影硬件系统和无人机摄影软件系统组成,实现了城市地区高分辨率彩色影像的获取。青岛天骄无人机遥感技术有限公司研制了我国首个 50 kg 级"TJ 型无人机遥感快速监测系统",是我国首套用于民用遥感监测的专业级小型无人机系统,可为海洋遥感服务。中国测绘科学研究院于 2003 年完成了"UAVRS-Ⅱ型低空无人机遥感监测系统的研制"项目,实现了无人机遥控半自主和自主两种控制方式,利用获取的影像制作了数字正射影像和线划图,开创了国内将无人机应用于测绘领域的先河。

当前国内无人机低空摄影测量技术逐渐成熟,自 2009 年起,国家测绘地理信息局陆续为国家测绘局航测遥感院和多个省市测绘局配发 UAVRS-10B 等型号的无人机,该型无人机任务载荷 5 kg,续航时间 1.5 h,航摄相机多为佳能 5D MARK Ⅱ相机,已基本具备实现大比例尺基础测绘和应急保障的能力,为实施区域测绘、目标定位和应急保障提供了全新手段。随着智慧城市建设任务的进一步推进,无人机低空摄影测量必将为城市建设发展提供更加有力的测绘保障。

本章小结

本章介绍了摄影的原理,重点讲述摄影机的镜头、光圈、快门等基本组成结构,并介绍了测量用摄影机的结构和特征;介绍了航空摄影测量的分类及信息获取,重点讲述了航空摄影测量的基本要求,包括像片倾斜角、航高与摄影比例尺、像片重叠度、航线弯曲度、像片旋偏角等内容;介绍了卫星遥感影像信息获取的技术装备,其主要包括遥感传感器和遥感平台,重点讲述了传感器的分类方法、组成部分,并介绍了几种常见传感器;最后还介绍了无人机摄影测量的信息获取的途径、优点以及发展现状。

思考与习题

1.什么是相对航高、绝对航高和航摄仪主距?

2.什么是像片的重叠度和像片倾斜角?

3.什么是景深? 景深的大小与哪些因素有关?

4.什么是曝光时间、光圈系数、相对孔径和镜头分解力?

5.某相机上标注的光圈系数为:2,2.8,4,5.6,8,11,16,标注的曝光时间为:B,1,2,4,8,15,30,60,125,300,600。现对某一景物摄影,原拟采用光圈系数为 8,曝光时间为 1/300 s 的曝光组合,现改为光圈系数为 16(为获得较大景深),问应选取的曝光时间为多少?

6.航测成图对航摄像片有哪些要求?

7.遥感传感器有哪些分类?

3

航空摄影测量的基本知识

航摄像片是航空摄影测量的原始资料。摄影测量就是根据被摄物体在像片上的构像规律及物体与对应影像之间的几何和数学关系,获取被摄物体的几何和物理属性。因此,单张航摄像片解析是整个摄影测量的理论基础。

3.1 单张航摄像片解析

3.1.1 中心投影的基本概念

假设空间诸物点 $A,B,C,\cdots$,按照某一规律建立一组投影射线,取一平面 P 截割该束投影射线,在平面内得到相应的投影点 $a,b,c,\cdots$,则该平面称为投影平面,而平面内得到的图形称为物体在投影平面上的投影。若投影光线组中所有光线相互平行且垂直于投影平面,称为正射投影,如图 3.1(a)所示。若该投影光线组中所有光线会聚于一点,则称为中心投影,如图3.1(b)中(b)-1、(b)-2、(b)-3 三种情况均属中心投影。投影射线的会聚点 S 称为投影中心。

中心投影

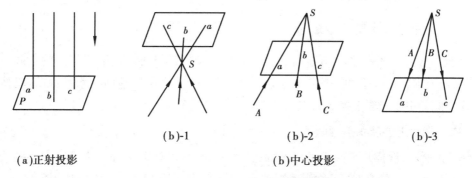

(b)-1   (b)-2   (b)-3

(a)正射投影   (b)中心投影

图 3.1 正摄投影与中心投影

中心投影有两种状态,如图 3.2 所示。当投影平面(即像片)和被摄物体位于投影中心的两侧,此时像片所处的位置称为负片位置,如同摄影时的情况。现假设以投影中心为对称中心,将像片转到物空间,即投影平面与被摄物体位于投影中心的同一侧,此时像片所处位置称为正片位置。利用摄影底片晒印与底片等大的相片时就是这种情况。

无论像片处在正片位置或负片位置,像点与物点之间的几何关系并没有改变,数学表达式仍然是一样的。今后在讨论与中心投影有关的问题时,可随其方便采用正片位置或者负片位置。

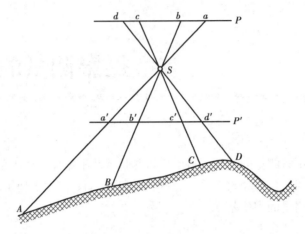

图 3.2 中心投影的正片与负片位

航摄像片是地面景物的摄影构像。当航空摄影机向地面摄影时,地面上各点的光线都通过摄影机物镜中心 S 后,在底片上感光成像从而获得航摄像片。这时物镜中心 S 在摄影测量中又被称为摄影中心。因此,航摄像片是所摄地面以物镜中心 S 为投影中心的中心投影。感光后的底片经过摄影处理后,得到的是负片,利用负片接触晒印在相纸上,得到的是正片,通常将负片和正片统称为像片。

地形图是测区在水平面上的正射投影按照图比例尺缩小在图面上而得到的,其典型特征就是图上任意两点间的距离与相应地面点的水平距离之比为一常数(图比例尺);图上任一点引出的两方向线的夹角与地面上对应水平角相等。

因此,摄影测量的主要任务之一就是将地面按中心投影规律获得摄影比例尺像片,转换成按图比例尺要求的符合正射投影规律的影像。

3.1.2 航摄像片上的点、线、面

研究航摄像片的摄影中心与地面的投影关系以及确定摄影瞬间航摄像片的空间位置之前,首先要研究航摄像片上的一些特殊点、线、面。为此,假设所摄地面为水平面,这时像片面与地平面之间的中心投影变换关系又被称为透视变换关系。

(1)航摄像片上的特殊点、线、面

如图 3.3 所示,设像片平面 P 和地平面(或图面)E 是以物镜中心 S 为投影中心的两个透视平面。两透视平面的交线 TT 称为透视轴或迹线,两平面的夹角 α 称为像片倾角。

过 S 作 P 面的垂线与像片面交于 o,与地面交于 O,o 称为像主点,O 称为地主点,So 称为摄影机的主光轴。$So=f$,称为摄影机主距。

过 S 作 E 面的铅垂线,称为主垂线。主垂线与像片面交于 n,与地面交于 N,n 称为像底点,N 称为地底点。$SN=H$,称为航高。

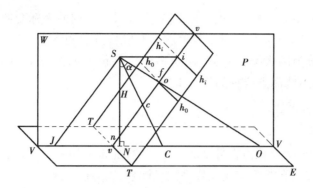

图 3.3 航摄像片特殊点、线、面

摄影机主光轴 So 与主垂线 Sn 的夹角就是像片倾角 α。过 S 作 $\angle oSn$ 的角平分线,与像片面 P 交于 c,与地平面交于 C,c 称为等角点,C 称为地等角点。

过主垂线 SnN 和主光轴 SoO 的铅垂面 W 称为主垂面。主垂面既垂直于像片面 P,又垂直于地平面 E,因而也必然垂直于透视轴 TT。主垂面与像片面 P 的交线 vv 称为主纵线,与地平面的交线 VV 称为摄影方向线。o、n、c 必然在主纵线上,O、N、C 必然在摄影方向线上。过 S 作平行于 E 面的水平面 Es,称为合面(图上未画出)。合面与像片面的交线 $h_i h_i$ 称为合线(真水平线),合线与主纵线的交点 i 称为主合点。过 c、o 分别作平行于 $h_i h_i$ 的直线 $h_c h_c$、$h_0 h_0$,分别称为等比线和主横线。

过 S 作 vv 的平行线交 VV 于 J,称为主遁点。

(2)特殊点线之间的几何关系

由图 3.3,可以求得特殊点线之间的数学关系,在像面上有:

$$\left. \begin{array}{l} on = f \cdot \tan \alpha \\[4pt] oc = f \cdot \tan \dfrac{\alpha}{2} \\[4pt] oi = f \cdot \cot \alpha \\[4pt] Si = ci = \dfrac{f}{\sin \alpha} \end{array} \right\} \tag{3.1}$$

同样在物面上有:

$$\left. \begin{array}{l} ON = H \cdot \tan \alpha \\[4pt] CN = H \cdot \tan \dfrac{\alpha}{2} \\[4pt] SJ = iV = \dfrac{H}{\sin \alpha} \end{array} \right\} \tag{3.2}$$

上述各点、线在像片上是客观存在的,但除了像主点在像片上容易找到外,其他点、线均不能直接找到,需经过解析求解才能得到。这些点、线对于后面章节中定性和定量分析航摄像片上的几何特性有着重要意义。

3.1.3 摄影测量常用坐标系统

摄影测量解析的任务就是根据像片上像点的位置确定对应地面点的空间位置,为此必然涉及选择适当的坐标系统来描述像点和地面点,并通过一系列的坐标变换,建立二者之间的数学关系,从而由像点观测值求出对应物点的测量坐标。摄影测量中常用坐标系分为两大类:一类是用于描述像点位置的像方空间坐标系;另一类是用于描述地面点位置的物方空间坐标系。

摄影测量常用
坐标系

(1)像方空间坐标系

1)像平面坐标系

像平面坐标系用于表示像点在像平面上的位置,通常采用右手系。在解析和数字摄影测量中,常常使用航摄像片的框标来定义像平面坐标系,称为框标坐标系,如图3.4(a)所示。若像片框标为边框标,则以对边框标连线作为 x,y 轴,连线交点 P 为坐标原点,与航线方向相近的连线为 x 轴。若像片框标为角框标,则以对角框标连线夹角的平分线作为 x,y 轴,连线交点 P 为坐标原点。

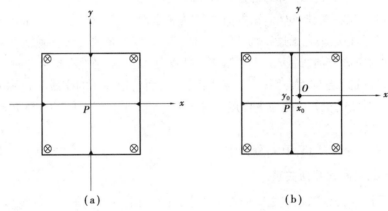

(a)   (b)

图3.4 像平面坐标系

而在摄影测量解析计算中,像点的坐标应采用以像主点为原点的像平面坐标系中的坐标。为此,当像主点与框标连线交点不重合时,须将框标坐标系平移至像主点 O,如图3.4(b)所示。当像主点在框标坐标系中的坐标为 (x_0,y_0) 时,则量测出的像点框标坐标 (x_P,y_P) 可换算到以像主点为原点的像平面坐标系中的坐标 (x,y):

$$\left.\begin{array}{l} x = x_P - x_0 \\ y = y_P - y_0 \end{array}\right\} \tag{3.3}$$

2)像空间坐标系

为了便于进行像点的空间坐标变换,需要建立起能够描述像点空间位置的坐标系,即像空间坐标系。以像片的摄影中心 S 为坐标原点,x,y 轴与像平面坐标系的 x,y 轴平行,z 轴与主光轴方向重合,构成像空间右手直角坐标系 $S\text{-}xyz$,如图3.5所示。像点在这个坐标系中的 z 坐标始终等于 $-f$,(x,y) 坐标也就是像点的像平面坐标,因此,只要量测得到像点在以像主点为原点的像平面坐标系中的坐标 (x,y) 就可得到该像点的像空间坐标 $(x,y,-f)$。像空间坐标系随着每张像片的摄影瞬间空间位置而定,所以不同航摄像片的像空间坐标系是不统一的。

3)像空间辅助坐标系

像点的像空间坐标可以直接由像平面坐标求得,但由于各像片的像空间坐标系是不统一的,这就给计算带来了困难。为此,需要建立一种相对统一的坐标系,称为像空间辅助坐标系,

用 $S\text{-}uvw$ 表示。此坐标系的坐标原点仍取摄影中心 S；u,w 坐标轴方向视实际情况而定。通常 u,w 轴有下述 3 种选取方法。

①取铅垂方向为 w 轴，航向为 u 轴，3 轴构成右手直角坐标系，如图 3.6（a）所示。

②以每条航线的首像片的像空间坐标系的 3 个轴向作为像空间辅助坐标系的 3 个轴向，如图 3.6（b）所示。

③以每个像片对的左片摄影中心为坐标原点，摄影基线方向为 u 轴，以摄影基线及左片主光轴构成的面作为 uw 平面，构成右手系，如图 3.6（c）所示。

可见，各片的像空间辅助坐标系的 3 轴对应平行，不同之处在于各自的坐标原点是所在像片的摄影中心。

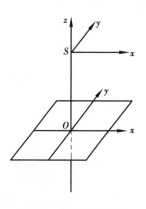

图 3.5　像空间坐标系

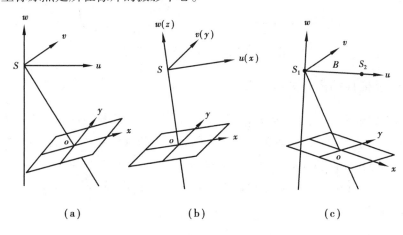

(a)　　　　　　　(b)　　　　　　　(c)

图 3.6　像空间辅助坐标系

（2）物方空间坐标系

1）摄影测量坐标系

将第一个像对的像空间辅助坐标系 $S\text{-}uvw$ 沿着 w 轴反方向平移至地面点 P，得到的坐标系 $P\text{-}X_pY_pZ_p$ 称为摄影测量坐标系，如图 3.7 所示，它是航带网中一种统一的坐标系。由于它与像空间辅助坐标系平行，因此，很容易由像点的像空间辅助坐标求得相应地面点的摄影测量坐标。

2）地面测量坐标系

地面测量坐标系是指地图投影坐标系，也就是国家测图所采用高斯—克吕格三度带或六度带投影的平面直角坐标系与定义的从某一基准面起算的高程系（如 1985 国家高程基准）所组成的空间左手直角坐标系 $T\text{-}X_tY_tZ_t$，如图 3.7 所示。

3）地面摄影测量坐标系

由于摄影测量坐标系采用的是右手系，而地面测量坐标系采用的是左手系，这给摄影测量坐标系到地面测量坐标系的转换带来了困难。为此在摄影测量坐标系与地面测量坐标系之间建立一种过渡性的坐标系，称为地面摄影测量坐标系，用 $D\text{-}X_{tp}Y_{tp}Z_{tp}$ 表示，其坐标原点在测区内的某一地面点上，x 轴为大致与航向一致的水平方向，z 轴沿铅垂方向，3 轴构成右手系，如图 3.7 所示。摄影测量中，首先将地面点在像空间辅助坐标系中的坐标转换成地面摄影测量坐标，再转换为地面测量坐标。

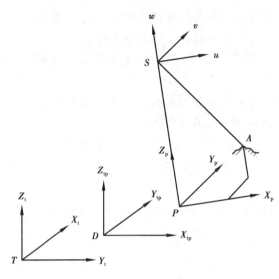

图 3.7　物方空间摄影测量坐标系

3.1.4　航摄像片的内外方位元素

航片内外
方位元素

为了由像点解求物点,就必须确定摄影瞬间摄影中心、像片与地面三者之间的相关位置。确定它们之间位置关系的参数称为像片的方位元素。像片方位元素又分为内方位元素和外方位元素。其中,确定摄影中心与像片之间相关位置的参数,称为内方位元素,确定摄影中心和像片在地面坐标系中的位置与姿态的参数,称为外方位元素。

（1）内方位元素

内方位元素是描述摄影中心与像片之间相关位置的参数,其包括 3 个参数:摄影中心 S 到像片的主距 f 及像主点 O 在框标坐标系中的坐标 (x_0, y_0) ,如图 3.8 所示。

在摄影测量作业中,将像片装入投影镜箱后,若保持摄影瞬间的 3 个内方位元素,并用灯光照明,既可得到与摄影瞬间完全相似的投影光束,它是建立测图所需要的立体模型的基础。内方位元素值一般视为已知,它由制造厂家通过摄影机鉴定设备检验得到,检验的数据写在仪器说明书上。在制造摄影机时,一般应将像主点置于框标连线的交点上,但安装中有误差,可使二者并不重合,所以 (x_0, y_0) 是一个微小值。内方位元素值的正确与否,直接影响了测图的精度,因此对航摄机须作定期鉴定。

（2）外方位元素

在恢复了内方位元素(即恢复了摄影光束)的基础上,确定像片或摄影光束摄影瞬间在地面空间坐标系中的参数,称为外方位元素。一张像片的外方位元素包括 6 个参数。其中有 3 个是描述摄影中心 S 空间位置的坐标值,称为直线元素;另外 3 个是描述像片空间姿态的参数,称为角元素。

1)3 个直线元素

3 个直线元素是指摄影瞬间摄影中心 S 在选定的地面空间直角坐标系中的坐标值 $X_S, Y_S,$

Z_{s}。地面空间直角坐标系可以是左手系的地面测量坐标系,也可以是右手系的地面摄影测量坐标系,后述问题如无特别说明,则一般是指地面摄影测量坐标系,如图 3.9 所示。

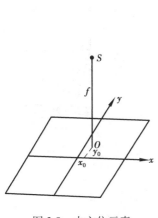

图 3.8 内方位元素

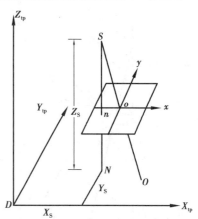

图 3.9 外方位直线元素

2)3 个角元素

3 个角元素是描述像片在摄影瞬间空间姿态的要素,一般有下述 3 种方式。

①以 v 轴为主轴的 φ,ω,κ 系统。

如图 3.10 所示,首先选取本像片的像空辅助坐标系 S-uvw 与地面摄影测量坐标系 D-$X_{\mathrm{tp}}Y_{\mathrm{tp}}Z_{\mathrm{tp}}$ 的 3 轴分别平行。则将像片的主光轴 So 投影在 S-uw 平面内,得到 So_{x}。这时 So_{x} 与 w 轴的夹角用 φ 表示,称为航向倾角,So_{x} 与 So 轴的夹角用 ω 表示,称为旁向倾角。一旦 φ,ω 确定,主光轴 So 的方向就确定了。再将 v 轴投影到像片平面内,其投影与像片平面坐标系 y 轴的夹角用 κ 表示,称为像片旋角。κ 确定,则像片的空间方位也就确定了。按照上述方法定义的角元素 φ,ω,κ 称为该像片的外方位角元素。

按照这种方法定义的外方位角元素,主光轴和像片的空间方位恰好等价于下列情况:假设在摄站点 S 摄取一张水平像片,若将该片及其像空辅助坐标系 S-uvw 首先绕着 v 轴(称为主轴)在航向上倾斜了 φ 角;在此基础上,再绕着副轴(绕着 v 轴旋转过 φ 角的 u 轴)在旁向上倾斜了 ω 角;像片再绕着第三轴(经 φ,ω 角旋转过后的 w 轴即主光轴)旋转 κ 角。因此,此时人们定义的角元素 φ,ω,κ 可以认为是以 v 轴为主轴的 φ-ω-κ 系统下的像片空间姿态的表达方式。

转角的正负号,国际上规定绕轴逆时针旋转(从旋转轴正向的一端面对着坐标原点看)为正,反之为负。我国习惯规定 φ 角顺时针旋转为正,ω,κ 角逆时针方向旋转为正,图 3.10 中箭头方向表示正方向。

②以 u 轴为主轴的 φ',ω',κ' 系统。

如图 3.11 所示,首先将主光轴 So 投影在 S-vw 平面内,得到 So_{y}。这时 So_{y} 与 w 轴的夹角用 φ' 表示,称为旁向倾角,So_{y} 与 So 轴的夹角用 w' 表示,称为航向倾角。一旦 φ',w' 确定,主光轴 So 的方向就确定了。再将 u 轴投影到像片平面内,其投影与像片平面坐标系的 x 轴的夹角用 κ' 表示,称为像片旋角。κ' 确定,则像片的空间方位也就确定了。按照上述方法定义的外方位角元素 φ',ω',κ' 可以认为是以 u 轴为主轴的 φ'-ω'-κ' 系统下的像片空间姿态的表达方式。

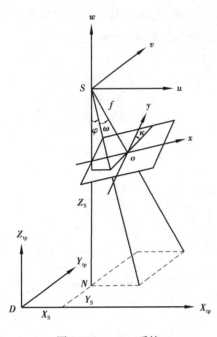

图 3.10 φ, ω, κ 系统

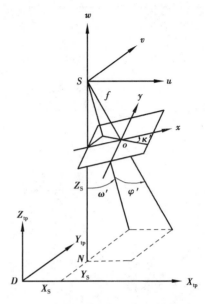

图 3.11 $\varphi', \omega', \kappa'$ 系统

③以 w 轴为主轴的 $A\text{-}\alpha\text{-}\kappa_v$ 系统。

如图 3.12 所示,A 表示主光轴 So 和铅垂线 SN 所确定的主垂面 W 的方向角,即摄影方向线 NO 与 Y_{tp} 轴(即 v 轴)的夹角;α 表示像片倾角,指主光轴 So 与铅垂线的夹角;κ_v 表示像片旋角,指主纵线与像片 y 轴之间的夹角。主垂面方向角 A 可理解为绕主轴 w 轴顺时针旋转得到的;像片倾角 α 是绕副轴(旋转 A 角后的 u 轴)逆时针方向旋转得到的;而像片旋角 κ_v 则是绕旋转 A,α 角后的主光轴 So 逆时针旋转得到的。因此,按照上述方法定义的外方位角元素 A,α,κ_v 可以认为是以 w 轴为主轴的 $A\text{-}\alpha\text{-}\kappa_v$ 系统下的像片空间姿态的表达方式。

上述 3 种角元素表达方式,其中模拟摄影测量仪器单张像片测图时,多采用 A,α,κ_v;立体测图时多采用 φ,ω,κ 或 φ',ω',κ';而在解析摄影测量和数字摄影测量中都采用 φ,ω,κ。

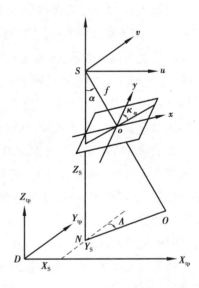

图 3.12 $A\text{-}\alpha\text{-}\kappa_v$ 系统

3.1.5 空间直角坐标系之间的变换

在解析摄影测量中,要利用像点坐标计算对应地面点坐标,必须建立起像点坐标和地面点坐标的数学关系式,其中必然涉及不同空间直角坐标系之间的坐标转换。

(1)像点的平面坐标变换

如图 3.13(a)所示为原点相同,而轴向不一致的像平面坐标系之间的变换。

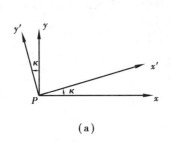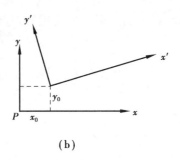

（a）　　　　　　　　　　（b）

图 3.13　平面坐标转换

设某像点 a 在两坐标系中的坐标分别为 (x,y) 和 (x',y')，则二者只存在轴系的旋转变换，其数学表达式为：

$$\begin{bmatrix} x \\ y \end{bmatrix} = \boldsymbol{A} \begin{bmatrix} x' \\ y' \end{bmatrix} \tag{3.4}$$

式中：

$$\boldsymbol{A} = \begin{bmatrix} a_1 & a_2 \\ b_1 & b_2 \end{bmatrix} = \begin{bmatrix} \cos \hat{x}x' & \cos \hat{x}y' \\ \cos \hat{y}x' & \cos \hat{y}y' \end{bmatrix} \tag{3.5}$$

式（3.5）称为平面坐标系转换的旋转矩阵。其中 $a_i,b_i(i=1,2)$ 称为方向余弦，由图 3.13 可知，各方向余弦为：

$$a_1 = \cos \kappa, a_2 = \cos(90° + \kappa) = - \sin \kappa$$

$$b_1 = \cos(90° - \kappa) = \sin \kappa, b_2 = \cos \kappa$$

则图 3.13（a）中两平面直角坐标系之间的变换关系为：

$$\begin{bmatrix} x \\ y \end{bmatrix} = \begin{bmatrix} \cos \kappa & - \sin \kappa \\ \sin \kappa & \cos \kappa \end{bmatrix} \begin{bmatrix} x' \\ y' \end{bmatrix} \tag{3.6}$$

其反算式为：

$$\begin{bmatrix} x' \\ y' \end{bmatrix} = \boldsymbol{A}^{-1} \begin{bmatrix} x \\ y \end{bmatrix} = \begin{bmatrix} \cos \kappa & \sin \kappa \\ - \sin \kappa & \cos \kappa \end{bmatrix} \begin{bmatrix} x \\ y \end{bmatrix} \tag{3.7}$$

式（3.6）和式（3.7）适用于共原点的两平面坐标系的相互转换。当坐标原点不重合时，如图 3.13（b）所示，则二者还存在一个平移转换：

$$\begin{bmatrix} x \\ y \end{bmatrix} = \begin{bmatrix} \cos \kappa & - \sin \kappa \\ \sin \kappa & \cos \kappa \end{bmatrix} \begin{bmatrix} x' \\ y' \end{bmatrix} + \begin{bmatrix} x_0 \\ y_0 \end{bmatrix} \tag{3.7'}$$

其反算式为：

$$\begin{bmatrix} x' \\ y' \end{bmatrix} = \begin{bmatrix} \cos \kappa & \sin \kappa \\ - \sin \kappa & \cos \kappa \end{bmatrix} \begin{bmatrix} x \\ y \end{bmatrix} - \begin{bmatrix} x_0 \\ y_0 \end{bmatrix} \tag{3.8}$$

在摄影测量中，像点的平面坐标变换主要用于像框标坐标与像平面坐标的转换，而且两坐标系的轴系是对应平行的，所以二者的转换只存在平移转换，见式（3.3）。

（2）像点的空间坐标变换

在取得像点的像平面坐标后，加上 $z=-f$ 即可得到像点的像空间直角坐标。像点的空间坐标变换，通常是指将像点的像空间坐标 $(x,y,-f)$ 转换为像空间辅助坐标 (u,v,w)。这是像点在共原点的两个空间直角坐标系中的坐标转换。

像点坐标转换

将式(3.5)的平面坐标变换的旋转矩阵由二维扩展到三维,则三维坐标系变换的旋转矩阵为:

$$\begin{bmatrix} u \\ v \\ w \end{bmatrix} = \boldsymbol{R} \begin{bmatrix} x \\ y \\ -f \end{bmatrix} \tag{3.9}$$

式中:

$$\boldsymbol{R} = \begin{bmatrix} a_1 & a_2 & a_3 \\ b_1 & b_2 & b_3 \\ c_1 & c_2 & c_3 \end{bmatrix} = \begin{bmatrix} \cos \hat{ux} & \cos \hat{uy} & \cos \hat{uz} \\ \cos \hat{vx} & \cos \hat{vy} & \cos \hat{vz} \\ \cos \hat{wx} & \cos \hat{wy} & \cos \hat{wz} \end{bmatrix} \tag{3.10}$$

其中, $a_i, b_i, c_i (i=1,2,3)$ 称为方向余弦。 a_1, a_2, a_3 是轴 u 与轴 x, y, z 间夹角的余弦; b_1, b_2, b_3 是轴 v 与轴 x, y, z 间夹角的余弦; c_1, c_2, c_3 是轴 w 与轴 x, y, z 间夹角的余弦。

由于这种直角坐标变换是一种正交变换,所以变换的旋转矩阵 $\boldsymbol{R}$ 是正交矩阵,故有 $\boldsymbol{R}^{\mathrm{T}} = \boldsymbol{R}^{-1}$,所以式(3.10)的反算式为:

$$\begin{bmatrix} x \\ y \\ -f \end{bmatrix} = \boldsymbol{R}^{-1} \begin{bmatrix} X \\ Y \\ Z \end{bmatrix} = \boldsymbol{R}^{\mathrm{T}} \begin{bmatrix} X \\ Y \\ Z \end{bmatrix} = \begin{bmatrix} a_1 & b_1 & c_1 \\ a_2 & b_2 & c_2 \\ a_3 & b_3 & c_3 \end{bmatrix} \begin{bmatrix} X \\ Y \\ Z \end{bmatrix} \tag{3.11}$$

式(3.9)和式(3.11)构成像点在像空间坐标系和像空间辅助坐标系之间的变换关系式。可见,进行两空间直角坐标系的变换关键是如何确定这个正交矩阵 $\boldsymbol{R}$。

首先,需要明确 $\boldsymbol{R}$ 是正交矩阵,所以9个方向余弦中只含有3个独立参数,这3个独立参数可以是一个空间直角坐标系(如 $S\text{-}uvw$)按3个空间旋转轴顺次旋转至另一个空间直角坐标系(如 $S\text{-}xyz$)的3个旋转角。而上节中在讲述外方位角元素时,我们知道像空间辅助坐标系与像空间坐标系之间的3个旋转参数就是3个外方位角元素。因此,采用不同的转角系统,旋转矩阵中的各方向余弦的表达方式有所不同。

1) φ, ω, κ 表示的方向余弦

如图3.14所示,这种转角系统可以分解为3步:首先将像空间辅助坐标系 $S\text{-}uvw$ 的坐标轴绕主轴 v 旋转 φ 角,变成 $S\text{-}X_\varphi Y_\varphi Z_\varphi$ 坐标系;然后绕旋转后的 X_φ 轴将 $S\text{-}X_\varphi Y_\varphi Z_\varphi$ 坐标系旋转 ω 角,使之变成 $S\text{-}X_{\varphi\omega} Y_{\varphi\omega} Z_{\varphi\omega}$ 坐标系,其 $Z_{\varphi\omega}$ 轴与主光轴 So 重合;最后绕 $Z_{\varphi\omega}$ 轴旋转 κ 角,达到与像空间坐标系 $S\text{-}xyz$ 重合。每次旋转相当于一个二维平面坐标系的旋转变换[参见式(3.6)],而没有旋转的第三维坐标不变。所以第一次绕主轴 v 旋转时, v 坐标不变,旋转变换关系式为:

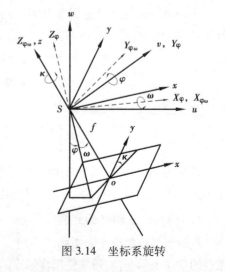

图3.14 坐标系旋转

$$\begin{bmatrix} u \\ v \\ w \end{bmatrix} = \begin{bmatrix} \cos \varphi & 0 & -\sin \varphi \\ 0 & 1 & 0 \\ \sin \varphi & 0 & \cos \varphi \end{bmatrix} \begin{bmatrix} X_\varphi \\ Y \\ Z_\varphi \end{bmatrix} = \boldsymbol{R}_\varphi \begin{bmatrix} X_\varphi \\ Y_\varphi \\ Z_\varphi \end{bmatrix}$$

第二次绕副轴 X_φ 轴旋转时,没有旋转的 X_φ 坐标不变,则旋转变换关系式为:

$$\begin{bmatrix} X_\varphi \\ Y_\varphi \\ Z_\varphi \end{bmatrix} = \begin{bmatrix} 1 & 0 & 0 \\ 0 & \cos\omega & -\sin\omega \\ 0 & \sin\omega & \cos\omega \end{bmatrix} \begin{bmatrix} X_{\varphi\omega} \\ Y_{\varphi\omega} \\ Z_{\varphi\omega} \end{bmatrix} = \boldsymbol{R}_\omega \begin{bmatrix} X_{\varphi\omega} \\ Y_{\varphi\omega} \\ Z_{\varphi\omega} \end{bmatrix}$$

第三次绕第三轴 $Z_{\varphi\omega}$ 轴旋转时，$Z_{\varphi\omega}$ 坐标不变，则旋转变换关系式为：

$$\begin{bmatrix} X_{\varphi\omega} \\ Y_{\varphi\omega} \\ Z_{\varphi\omega} \end{bmatrix} = \begin{bmatrix} \cos\kappa & -\sin\kappa & 0 \\ \sin\kappa & \cos\kappa & 0 \\ 0 & 0 & 1 \end{bmatrix} \begin{bmatrix} X_{\varphi\kappa} \\ Y_{\omega\kappa} \\ Z_{\varphi\omega} \end{bmatrix} = \boldsymbol{R}_\kappa \begin{bmatrix} x \\ y \\ -f \end{bmatrix}$$

综上 3 式，得：

$$\begin{bmatrix} u \\ v \\ w \end{bmatrix} = \begin{bmatrix} \cos\varphi & 0 & -\sin\varphi \\ 0 & 1 & 0 \\ \sin\varphi & 0 & \cos\varphi \end{bmatrix} \begin{bmatrix} 1 & 0 & 0 \\ 0 & \cos\omega & -\sin\omega \\ 0 & \sin\omega & \cos\omega \end{bmatrix} \begin{bmatrix} \cos\kappa & -\sin\kappa & 0 \\ \sin\kappa & \cos\kappa & 0 \\ 0 & 0 & 1 \end{bmatrix} \begin{bmatrix} x \\ y \\ -f \end{bmatrix}$$

$$= \boldsymbol{R}_\varphi \boldsymbol{R}_\omega \boldsymbol{R}_\kappa \begin{bmatrix} x \\ y \\ -f \end{bmatrix} = \boldsymbol{R} \begin{bmatrix} x \\ y \\ -f \end{bmatrix} = \begin{bmatrix} a_1 & a_2 & a_3 \\ b_1 & b_2 & b_3 \\ c_1 & c_2 & c_3 \end{bmatrix} \begin{bmatrix} x \\ y \\ -f \end{bmatrix} \tag{3.12}$$

所以有：

$$\left. \begin{aligned} a_1 &= \cos\varphi\cos\kappa - \sin\varphi\sin\omega\sin\kappa \\ a_2 &= -\cos\varphi\sin\kappa - \sin\varphi\sin\omega\cos\kappa \\ a_3 &= -\sin\varphi\cos\omega \\ b_1 &= \cos\omega\sin\kappa \\ b_2 &= \cos\omega\cos\kappa \\ b_3 &= -\sin\omega \\ c_1 &= \sin\varphi\cos\kappa + \cos\varphi\sin\omega\sin\kappa \\ c_2 &= -\sin\varphi\sin\kappa + \cos\varphi\sin\omega\cos\kappa \\ c_3 &= \cos\varphi\cos\omega \end{aligned} \right\} \tag{3.13}$$

2）$\varphi', \omega', \kappa'$ 表示的方向余弦

用上述类似的方法，可得到采用 $\varphi', \omega', \kappa'$ 表示的旋转矩阵的方向余弦值：

$$\left. \begin{aligned} a_1 &= \cos\varphi'\cos\kappa' \\ a_2 &= -\cos\varphi'\sin\kappa' \\ a_3 &= -\sin\varphi' \\ b_1 &= \cos\omega'\sin\kappa' - \sin\omega'\sin\varphi'\cos\kappa' \\ b_2 &= \cos\omega'\cos\kappa' + \sin\omega'\sin\varphi'\sin\kappa' \\ b_3 &= -\sin\omega'\cos\varphi' \\ c_1 &= \sin\omega'\sin\kappa' + \cos\omega'\sin\varphi'\cos\kappa' \\ c_2 &= \sin\omega'\cos\kappa' - \cos\omega'\sin\varphi'\sin\kappa' \\ c_3 &= \cos\omega'\cos\varphi' \end{aligned} \right\} \tag{3.14}$$

3)A-α-κ_v 表示的方向余弦

同理,用上述类似的方法,可得到采用 A-α-κ_v 表示的旋转矩阵的方向余弦值:

$$\left.\begin{aligned}
a_1 &= \cos A \cos \kappa_v + \sin A \cos \alpha \sin \kappa_v \\
a_2 &= -\cos A \sin \kappa_v + \sin A \cos \alpha \cos \kappa_v \\
a_3 &= -\sin A \sin \alpha \\
b_1 &= -\sin A \cos \kappa_v + \cos A \cos \alpha \sin \kappa_v \\
b_2 &= \sin A \sin \kappa_v + \cos A \cos \alpha \cos \kappa_v \\
b_3 &= -\cos A \sin \alpha \\
c_1 &= \sin \alpha \sin \kappa_v \\
c_2 &= \sin \alpha \cos \kappa_v \\
c_3 &= \cos \alpha
\end{aligned}\right\} \tag{3.15}$$

值得注意的是,对于同一张像片在同一坐标系中,当取不同的转角系统的 3 个角度计算方向余弦时,其表达方式虽然不同,但相应的方向余弦值是彼此相等的,即由不同转角系统的角度计算的旋转矩阵是唯一的。

共线条件方程

3.1.6 中心投影构像方程及单张像片空间后方交会

(1)中心投影构像方程

航摄像片与地形图是两种不同性质的投影,摄影测量的处理,就是要把中心投影的影像变换为正射投影的地形图。为此,就要讨论像点与相应物点的构像方程式。

选取地面摄影测量坐标系 D-$X_{tp}Y_{tp}Z_{tp}$ 及像空间辅助坐标系 S-uvw,并使两坐标系的坐标轴彼此平行,如图 3.15 所示。

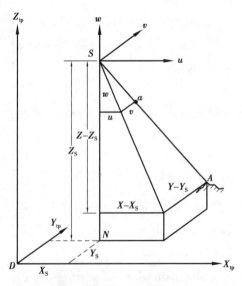

图 3.15 中心投影构像关系

设摄影中心 S 与地面点 A 在地面摄影测量坐标系中的坐标分别为 X_S, Y_S, Z_S 和 X_A, Y_A, Z_A,则地面点 A 在像空辅助坐标系中的坐标为 $X_{A-S}, Y_{A-S}, Z_{A-S}$,而相应像点 a 在像空间辅助坐标

系中的坐标为 u,v,w。

由于摄影时 S,a,A 三点位于一条直线上,由图中的相似三角形关系得

$$\frac{u}{X_A - X_S} = \frac{v}{Y_A - Y_S} = \frac{w}{Z_A - Z_S} = \frac{1}{\lambda}$$

式中,λ 为比例因子,写成矩阵形式为

$$\begin{bmatrix} u \\ v \\ w \end{bmatrix} = \frac{1}{\lambda} \begin{bmatrix} X_A - X_S \\ Y_A - Y_S \\ Y_A - Y_S \end{bmatrix} \tag{3.16}$$

由像空间坐标系与像空间辅助坐标系的坐标关系式的反算式(3.17)可得:

$$\begin{bmatrix} x \\ y \\ -f \end{bmatrix} = \begin{bmatrix} a_1 & b_1 & c_1 \\ a_2 & b_2 & c_2 \\ a_3 & b_3 & c_3 \end{bmatrix} \begin{bmatrix} u \\ v \\ w \end{bmatrix} \tag{3.17}$$

将式(3.16)代入式(3.17),并用第三式去除第一、二式得:

$$\left. \begin{aligned} x = -f \frac{a_1(X_A - X_S) + b_1(Y_A - Y_S) + c_1(Z_A - Z_S)}{a_3(X_A - X_S) + b_3(Y_A - Y_S) + c_3(Z_A - Z_S)} \\ y = -f \frac{a_2(X_A - X_S) + b_2(Y_A - Y_S) + c_2(Z_A - Z_S)}{a_3(X_A - X_S) + b_3(Y_A - Y_S) + c_3(Z_A - Z_S)} \end{aligned} \right\} \tag{3.18}$$

式(3.18)是中心投影的构像方程,又称为共线方程式。根据式(3.9)、式(3.10)以及式(3.16),可得共线方程式反算式:

$$\left. \begin{aligned} X - X_S = (Z - Z_S) \frac{a_1 x + a_2 y - a_3 f}{c_1 x + c_2 y - c_3 f} \\ Y - Y_S = (Z - Z_S) \frac{b_1 x + b_2 y - b_3 f}{c_1 x + c_2 y - c_3 f} \end{aligned} \right\} \tag{3.19}$$

共线方程式中包括 12 个数据:以像主点为原点的像点坐标 x,y,对应地面点坐标 X,Y,Z,像片主距 f 及外方位元素 $X_S,Y_S,Z_S,\varphi,\omega,\kappa$。

共线方程式是摄影测量中最重要、最基本的公式,后面介绍的单像空间后方交会、光束法双像摄影测量、数字影像纠正等都要用到该式。

(2)单张像片的空间后方交会

如果已知每张像片的 6 个外方位元素,即能确定摄影瞬间被摄物体与航摄像片的关系,重建地面的立体模型。因此,如何获取像片的外方位元素,一直是摄影测量工作者所探讨的问题。目前,外方位元素测定方法主要有利用雷达、全球定位系统、惯性导航系统(INS)以及星相摄影机来获取;也可用摄影测量空间后方交会法获取。

如图 3.16 所示,单像空间后方交会的基本思想是:利用至少 3 个已知地面控制点的坐标 $A(X_A, Y_A, Z_A)$,$B(X_B, Y_B, Z_B)$,$C(X_C, Y_C, Z_C)$,与其像片上对应像点的影像坐标 $a(x_a, y_a, z_a)$,$b(x_b, y_b, z_b)$,$c(x_c, y_c, z_c)$,根据共线方程反求该像片的外方位元素 $X_S, Y_S, Z_S, \varphi, \omega, \kappa$。这种解题方法是以单张像片为基础,也称为单像空间后方交会。空间后方交会的数学模型是共线方程,即中心投影的构像方程式(3.18):

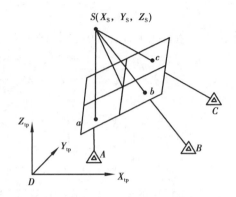

图 3.16　单像空间后方交会

$$
\left.
\begin{aligned}
x &= -f\,\frac{a_1(X - X_S) + b_1(Y - Y_S) + c_1(Z - Z_S)}{a_3(X - X_S) + b_3(Y - Y_S) + c_3(Z - Z_S)} \\
y &= -f\,\frac{a_2(X - X_S) + b_2(Y - Y_S) + c_2(Z - Z_S)}{a_3(X - X_S) + b_3(Y - Y_S) + c_3(Z - Z_S)}
\end{aligned}
\right\}
$$

由于共线方程式是非线性函数,为了便于计算机计算,需要非线性函数用泰勒级数展开呈线性形式,常把这一数学处理过程称为线性化。线性化处理在解析摄影测量中会经常用到。

将上式的共线方程线性化,并取一次小值项得:

$$
\left.
\begin{aligned}
x &= (x) + \frac{\partial x}{\partial X_S}\mathrm{d}X_S + \frac{\partial x}{\partial Y_S}\mathrm{d}Y_S + \frac{\partial x}{\partial Z_S}\mathrm{d}Z_S + \frac{\partial x}{\partial \varphi}\mathrm{d}\varphi + \frac{\partial x}{\partial \omega}\mathrm{d}\omega + \frac{\partial x}{\partial \kappa}\mathrm{d}\kappa \\
y &= (y) + \frac{\partial y}{\partial X_S}\mathrm{d}X_S + \frac{\partial y}{\partial Y_S}\mathrm{d}Y_S + \frac{\partial y}{\partial Z_S}\mathrm{d}Z_S + \frac{\partial y}{\partial \varphi}\mathrm{d}\varphi + \frac{\partial y}{\partial \omega}\mathrm{d}\omega + \frac{\partial y}{\partial \kappa}\mathrm{d}\kappa
\end{aligned}
\right\}
\tag{3.20}
$$

式中,(x)、(y) 为函数的近似值,是将外方位元素的初始值 X_{S0},Y_{S0},Z_{S0},φ_0,ω_0,κ_0 代入共线方程中所取得的数值。$\mathrm{d}X_S$,$\mathrm{d}Y_S$,$\mathrm{d}Z_S$,$\mathrm{d}\varphi$,$\mathrm{d}\omega$,$\mathrm{d}\kappa$ 为外方位元素近似值的改正数。$\dfrac{\partial x}{\partial X_S}$,$\cdots$,$\dfrac{\partial y}{\partial \kappa}$ 为函数的偏导数,是外方位元素改正数的系数。

对于每个已知控制点,把像点坐标 x,y 和对应地面点地面摄影测量坐标 X,Y,Z 代入式(3.18),可列出两个方程式。若像片内有 3 个已知地面控制点,就能列出 6 个方程式,从而求出 6 个外方位元素的改正数。由于式(3.18)中系数仅取至泰勒级数展开式的一次项,未知数的近似值改正数是粗略的,所以计算时必须采用逐渐趋近法,解求过程要反复趋近,直至改正值小于某一限值为止。

3.1.7　航摄像片的像点位移

航摄像片是地面的中心投影,地形图是地面的正射投影,只有当地面水平且航摄像片也水平时,中心投影才与正射投影等效。所以当像片倾斜或地面有起伏时,所摄取的影像均与理想情况(像片水平且地面水平)有差异。这一差异反映为一个地面点在地面水平的理想水平像片上的构像与地面有起伏时或倾斜像片上构像的点位不同,这种点位的差异称为像点位移。像片上某图形的像点发生位移,其结果是使像片上的几何图形与地面上相应的几何图形产生变形,反映为像片的影像比例

航片上的
像点位移

尺处处不等。

（1）像片倾斜引起的像点位移

假定地面水平，在同一摄影中心 S 对地面摄取两张像片，一张为倾斜像片 P，另一张为水平像片 P^0，如图 3.17 所示。为了建立二者之间的联系，像点坐标以公共的等角点 c 为坐标原点，以等比线 $h_c h_c$ 为 x 轴，主纵线为 y 轴的像平面坐标系。某地面点 A 在倾斜像片上的构像为 a，其像点坐标为 $x_c，y_c$；在水平像片上的构像为 a^0，其像点坐标为 $x_c^0、y_c^0$。若 $ca = r_c，ca^0 = r_c^0$，则 $r_c、r_c^0$ 分别称为 $a、a^0$ 的向径。向径 $r_c、r_c^0$ 分别与等比线正向的夹角为 $\varphi、\varphi^0$，$\varphi、\varphi^0$ 称为方向角，则有 $\tan \varphi = \dfrac{y_c}{x_c}，\tan \varphi^0 = \dfrac{y_c^0}{x_c^0}$，可以证明 $\varphi = \varphi^0$。由此可见，在倾斜像片上从等角点出发，引向任意像点的方向线，其方向角与水平像片上相应方向线的方向角恒等，这就是等角点命名的由来。

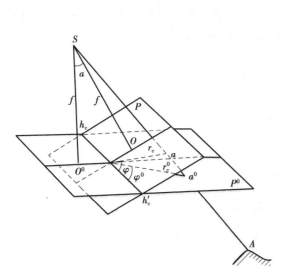

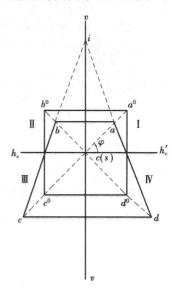

图 3.17　倾斜像片与水平像片的关系　　　　图 3.18　像片倾斜引起的像点位移

若将倾斜像片 P 绕等比线旋转直到与水平像片叠合，$a，a^0$ 必定位于一条过等角点的直线上，如图 3.18 所示。因像片倾斜，两向径 $r_c、r_c^0$ 的长度不等，两向径之差 $\delta_a = aa^0 = r_c - r_c^0$ 称为因像片倾斜引起的像点位移，其近似公式为

$$\delta_a = -\frac{r_c^2}{f} \sin \varphi \sin \alpha \tag{3.21}$$

式中，f 为像片主距，α 为像片倾角。

式（3.21）中，向径 r_c 和像片倾角 α 恒为正值，可见：

①当 $\varphi = 0,180°$ 时，$\delta_a = 0$，则 $r_c = r_c^0$，等比线上的点没有位移，所以当地面水平时，倾斜像片上等比线上的像点具有水平像片的性质。

②当 $\varphi < 180°$，$\delta_a < 0$，则 $r_c < r_c^0$，像点朝向等角点位移。

③当 $\varphi > 180°$，$\delta_a > 0$，则 $r_c > r_c^0$，像点背向等角点位移。

④当 $\varphi = 90°,270°$ 时，$\sin \varphi = \pm 1$，即在等向径的情况下，主纵线上 $|\delta_a|$ 为最大值。

以上讨论的是因像片倾斜引起的像点位移的规律，这种位移反映为水平像片上任意一正方形在倾斜像片上构像为任意四边形。图 3.18 所示即为水平地面上一个正方形在水平像片上的构像仍是正方形,而在倾斜像片上构像为梯形。在摄影测量中,对这种形变的改正称为像片纠正。

(2)地形起伏在水平像片上引起的像点位移

当地面有起伏时,无论是水平像片还是倾斜像片,都会因地形起伏而产生像点位移,这是中心投影与正射投影两种投影方法在地形起伏的情况下产生的差别,所以因地形起伏引起的像点位移也称投影差。

为了便于讨论和理解,仅推导像片水平时地形起伏引起的像点位移。

如图 3.19 所示,假设在某摄影中心 S 摄取一水平像片 P^0,摄影时相对于某一基准面 E 的航高为 H;某地面点 A 距基准面的高差为 h,它在像片上的构像为 a;地面点 A 在基准面上的投影为 A_0,A_0 在像片上的构像为 a_0,a_0a 即为因地形起伏引起的像点位移,用 δ_h 表示。令 $na=r_n$(r_n 为 a 点以像底点 n 为中心的向径),$NA_0=R$(R 为地面点到地底点水平距离),具有位移的像点 a 投影在基准面上为 A',A_0A' 则称为地面上的投影差,用 Δh 表示,根据相似三角形原理可得:

$$\frac{\Delta h}{R} = \frac{h}{H-h} \tag{a}$$

$$\frac{R}{H-h} = \frac{r_n}{f} \tag{b}$$

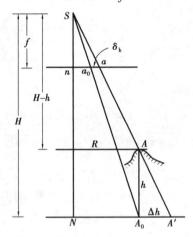

图 3.19　地形起伏引起的像点位移

由于

$$\delta_h = \frac{\Delta h}{m} = \frac{f}{H}\Delta h \tag{c}$$

利用(a)、(b)、(c)三式可得:

$$\delta_h = \frac{r_n h}{H} \tag{3.22}$$

该式即为地形起伏引起的像点位移的计算公式。

由式(3.22)可知,地形起伏引起的像点位移 δ_h 在以像底点为中心的辐射线上,当 h 为正时,δ_h 为正,即像点背离像底点方向位移;当 h 为负时,δ_h 为负,即像点朝向像底点方向位移;

当 $r_n=0$ 时，$\delta_h=0$，说明位于像底点处的像点不存在地形起伏引起的像点位移。

根据式（a）可以得到地面上投影差

$$\Delta h = \frac{Rh}{H-h} \tag{3.23}$$

由此可见，因地形起伏引起的像点位移也同样会引起像片比例尺及图形的变形，而且由于像底点不在等比线上，因此应综合考虑像片倾斜和地形起伏的影响，像片上任意一点都存在像点位移，且位移的大小随点位的不同而不同，由此可导致一张像片上不同点位的比例尺不相等。

3.1.8　航摄像片的比例尺

地面目标从不同高度，用不同摄影机拍摄的航摄像片其大小是不同的，称为比例尺不同。按照数学上的定义，在航摄像片上某一线段影像的长度与地面上相应线段距离之比，就是航摄像片上该像片的构像比例尺。

因像片倾斜和地形起伏影响，在中心投影的航摄像片上，在不同的点位上会产生不同的像点位移，因此各部分的比例尺是不相同的。只有当像片水平而地面也水平时，像片上各部分的比例尺才一致，这仅仅是理想状态下的特殊情况。现根据不同情形来分析和了解一下像片比例尺变化的一般规律。

（1）像片水平且地面为水平面的构像比例尺

设地面 E 是水平地面，且摄影时像片保持严格水平，从摄影中心 S 到地面的航高为 H，摄影机的主距为 f。水平地面上的任意线段 AB，在像片上的中心投影构像为线段 ab，如图 3.20 所示。于是按照像片比例尺的定义，有

$$\frac{1}{m} = \frac{ab}{AB}$$

由相似三角形得：

$$\frac{ab}{AB} = \frac{aS}{AS} = \frac{oS}{OS} = \frac{f}{H}$$

因此有

$$\frac{1}{m} = \frac{f}{H} \tag{3.24}$$

所以当像片水平和地面为水平面的情况下，像片比例尺是一个常数，这个常数就是摄影机主距与航高之比。

（2）像片水平而地面有起伏的构像比例尺

仍然假设摄影时像片光保持水平，地面点 A,B,C,D 在像片上的构像分别为 a,b,c,d，如图 3.21 所示。其中 A,B 两点位于同一水平面 E_1 上，C,D 两点位于起始水平面 E_0 上。摄影中心 S 相对于起始水平面 E_0 的航高为 H，E_1 相对于 E_0 的高差为 h，则 E_0 面上任意线段的构像比例尺为

$$\frac{1}{m_1} = \frac{cd}{CD} = \frac{f}{H}$$

而 E_1 面上任意线段的构像比例尺为

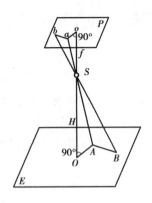

图 3.20　理想状态下的航片比例尺　　　图 3.21　地面有起伏的航片比例尺

$$\frac{1}{m_2} = \frac{ab}{AB} = \frac{f}{H-h}$$

　　可见,地面有起伏时,水平像片上不同部分的构像比例尺,依线段所在平面的相对航高而转移。若已知起始平面的航高 H 以及线段所在平面相对于起始平面的高差 h,则航摄像片上该线段构像比例尺为

$$\frac{1}{m} = \frac{f}{H-h} \tag{3.25}$$

式中 h 可能为正,也可能为负;起始平面一般取摄区的平均高程平面。

　　(3)像片倾斜而地面为水平面的构像比例尺

　　如图 3.22 所示,假设在摄影中心 S 摄取某倾斜像片 P,该像片面与水平地面 E 相交于透视轴 tt,摄影方向线为 VV。地平面 E 上有一格网图形 $ABCD$,各边分别与透视轴 tt 和摄影方向线 VV 相平行;该图形在像片上的构像为 $abcd$。则地面上与透视轴平行的诸边在像片上的构像为相互平行的像水平线,而且每条边上的等分线段在像片上的构像还是彼此相等;对于地面上与透视轴不平行的等长线段,其构像不在同一像水平线上,构像线段的长度也不相等。可见,每条像水平线上的构像比例尺为常数,而不同水平线上的构像比例尺是各不相同的。

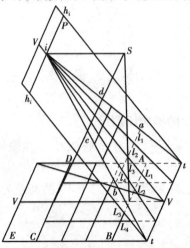

图 3.22　像片倾斜而地面水平的航片比例尺

为了使用量化公式来表示倾斜像片上不同像水平线的构像比例尺的差异,先定义像点的像平面坐标系为:像主点 o 为坐标原点,主纵线 vv 为 y 轴的右手系;地面坐标系为:地底点 N 为坐标原点,摄影方向线 VV 为 y 轴的右手系。

对于像片上任意一条像水平线的构像比例尺 $1:m_h$,可取像片 P 和地平面 E 上任意一对透视对应点的横坐标 x 和 X 作为有限长度的线段,二者相比可得:

$$\frac{1}{m_h} = \frac{x}{X}$$

而 x 与 X 有如下关系(这里仅给出结论):

$$X = \frac{H}{f \cos\alpha - y \sin\alpha} x$$

因此,像水平线上的构像比例尺为

$$\frac{1}{m_h} = \frac{x}{X} = \frac{f}{H}\left(\cos\alpha - \frac{y}{f}\sin\alpha\right) \tag{3.26}$$

在上述三式中:x,y 为像点在上面所定义的像平面坐标系中的坐标;X 为对应地面点在上面所定义的地面坐标系中的坐标;f 为摄影机主距;α 为像片倾角;H 为航高。

因此,通过航摄像片上各特征点的水平线上的构像比例尺为:

①通过像主点 o 的像水平线 $h_o h_o$,即主横线上的比例尺,此时 $y=0$,因而

$$\frac{1}{m_{ho}} = \frac{f}{H}\cos\alpha \tag{3.27}$$

②通过像底点 n 的像水平线 $h_n h_n$ 上的比例尺,此时 $y = -|on| = -f\tan\alpha$,因而

$$\frac{1}{m_{hn}} = \frac{f}{H\cos\alpha} \tag{3.28}$$

③通过等角点 c 的像水平线 $h_c h_c$,即等比线上的比例尺,此时 $y = -|oc| = -f\tan\dfrac{\alpha}{2}$,因而

$$\frac{1}{m_{hn}} = \frac{f}{H} \tag{3.29}$$

由此可见,在等比线上的构线比例尺,等于在同一摄站摄取的理想水平像片的构像比例尺,这就是等比线名称的由来。

除了各水平线上的构像比例尺为常数之外,其他任何方向线上的构像比例尺都是不断变化的。

综上所述,在地面起伏的倾斜航片上,很难找到构像比例尺完全相同的地方。所以,前面所说的像片比例尺 $1/m = f/H$ 只是一个近似值,称为主比例尺,主要供编制计划、管理、计算近似值等应用。

3.2　双像摄影测量基础

3.2.1　立体像对的点、线、面

以单张像片解析为基础的摄影测量通常称为单像摄影测量或平面摄影测量,根据前述分

析,这种摄影测量不能解决地面目标的三维坐标测定问题,解决这个问题需要依靠立体摄影测量。立体摄影测量也称为双像摄影测量,是以立体像对为基础,通过对立体像对的观察和测量确定地面目标的形状、大小、空间位置及性质的一门技术。

在立体摄影测量中由不同摄影站对同一地面景物摄取的、具有一定影像重叠的两张像片称为立体像对。图 3.23 所示为处于摄影位置的立体像对,S_1 和 S_2 为两个摄站,脚标 1、2 表示左右。$S_1 S_2$ 的连线称为摄影基线,记作 B。地面点 A 的投射线 AS_1 和 AS_2 称为同名射线或相应光线,同名射线分别与两像片面的交点 a_1、a_2 称为同名像点或对应像点。显然,处于摄影位置时的同名射线在同一个平面内,即同名射线共面,这个平面称为核面。广义地说,通过摄影基线的平面都称为核面。通过某一地面点的核面则称为该点的核面。例如通过地面点 A 的核面就称为 A 点的核面,记作 W_A。所以,在摄影时所有的同名光线都处在各自对应的核面内,即摄影时各对同名射线都是共面的,这是关于立体像对的一个重要几何概念。

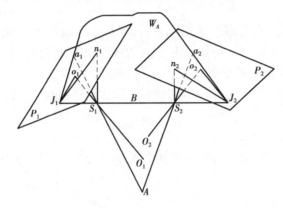

图 3.23　立体像对的点、线、面

通过像底点的核面称为垂核面,因为左右像底点的投射光线是平行的,所以一个立体像对有一个垂核面。过像主点的核面称为主核面,有左主核面和右主核面之分,由于两主光轴一般不在同一个平面内,所以左右主核面一般是不重合的。

基线或其延长线与像平面的交点称为核点,图中 J_1,J_2 分别是左右像片上的核点。核面与像平面的交线称为核线,与垂核面、主核面相对应有垂核线和主核线。同一个核面对应的左右像片上的核线称为同名核线,同名核线上的像点一定是一一对应的,因为它们都是同一个核面与地面切线上的点的构像。由此可知,左右像片上的垂核线也是同名核线,而左右主核线一般不是同名核线。由于所有核面都通过摄影基线,而摄影基线与像平面交于一点,即核点,所以像平面上所有的核线必会交于核点。由单张像片的解析可知,核点就是空间一组与基线方向平行的直线的合点。

3.2.2　立体像对的前方交会

(1)立体像对的前方交会公式

利用单张像片空间后方交会可以求得像片的外方位元素,但要利用单张像片反求相应地面点坐标仍然是不可能的,因为像的外方位元素和像片上的某一像点坐标,仅能确定像片的空间方位和相应地面点的空间方向。而利用立体像对上的同名像点,就能得到两条同名射线在空间的方向以及它们的交点,此交点就是该地面点的空间位置。

利用立体像对中两张像片的内外方位元素和同名像点的像平面坐标,解算相应模型点坐标的工作,称为立体像对的空间前方交会。

如图 3.24 所示,设 S_1 和 S_2 为两摄影站,摄取一对像片。任一地面点 A 在像对左右像片上的像点为 a_1,a_2。现已知两张像片上的内外方位元素,设想两张像片按内外方位元素置于摄影时的位置,显然同名射线 S_1a_1 和 S_2a_2 必交于地面 A 点。取左、右片像空间辅助坐标系 $S_1\text{-}u_1v_1w_1$ 和 $S_2\text{-}u_2v_2w_2$,其坐标轴分别平行于地面摄影测量坐标系 $D\text{-}XYZ$ 的坐标轴,因两张像片相对于该像空间辅助坐标的外方位元素已知,则可引用前面推导出的结论,将像点 a_1,a_2 的像空间坐标 $(x_1,y_1,-f)$、$(x_2,y_2,-f)$ 变换到像空间辅助坐标 (u_1,v_1,w_1)、(u_2,v_2,w_2),即

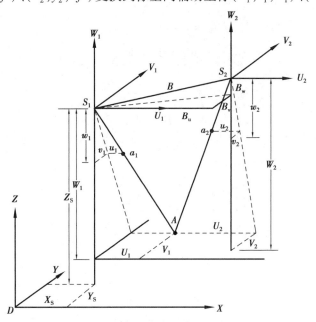

图 3.24 立体像对空间前方交会

$$\begin{bmatrix} u_1 \\ v_1 \\ w_1 \end{bmatrix} = \boldsymbol{R}_1 \begin{bmatrix} x \\ y \\ -f \end{bmatrix}, \qquad \begin{bmatrix} u_2 \\ v_2 \\ w_2 \end{bmatrix} = \boldsymbol{R}_2 \begin{bmatrix} x \\ y \\ -f \end{bmatrix} \tag{3.30}$$

右摄站 S_2 在 $S_1\text{-}u_1v_1w_1$ 坐标系中的坐标,也就是摄影基线 B 的 3 个坐标分量 B_u,B_v,B_w,可由外方位线元素计算出来:

$$\left.\begin{aligned} B_u &= X_{S2} - X_{S1} \\ B_v &= Y_{S2} - Y_{S1} \\ B_w &= Z_{S2} - Z_{S1} \end{aligned}\right\} \tag{3.31}$$

其中 X_{S1},Y_{S1},Z_{S1} 和 X_{S2},Y_{S2},Z_{S2} 是摄站在地面摄影测量坐标系中的坐标,即左、右像片的外方位线元素;B_u,B_v,B_w 是摄影基线 B 在地面摄影测量坐标系中 X,Y,Z 轴上的投影,或称为基线在 X,Y,Z 轴方向的分量。

另外,用 U_1,V_1,W_1 和 U_2,V_2,W_2 表示地面点 A 在左、右像片像空间辅助坐标系中坐标,因为摄站点、像点、地面点共线,由图 3.24 可得出:

$$\left.\begin{array}{l} \dfrac{S_1A}{S_1a_1} = \dfrac{U_1}{u_1} = \dfrac{V_1}{v_1} = \dfrac{W_1}{w_1} = N \\[3mm] \dfrac{S_2A}{S_2a_2} = \dfrac{U_2}{u_2} = \dfrac{V_2}{v_2} = \dfrac{W_2}{w_2} = N' \end{array}\right\} \quad (3.32)$$

式中 N, N' 称为左、右同名像点的投影系数,则

$$\left.\begin{array}{ll} U_1 = Nu_1 & U_2 = N'u_2 \\ V_1 = Nv_1 & V_2 = N'v_2 \\ W_1 = Nw_1 & W_2 = N'w_2 \end{array}\right\} \quad (3.33)$$

$$\left.\begin{array}{l} U_1 = B_u + U_2 \\ V_1 = B_v + V_2 \\ W_1 = B_w + W_2 \end{array}\right\} \quad$$

或写成

$$\left.\begin{array}{l} Nu_1 = B_u + N'u_2 \\ Nv_1 = B_v + N'v_2 \\ Nw_1 = B_w + N'w_2 \end{array}\right\} \quad (3.34)$$

利用上式中第一,三两式联立解求得

$$N = \frac{b_u w_2 - b_w u_2}{u_1 w_2 - w_1 u_2} \qquad N' = \frac{b_u w_1 - b_w u_1}{u_1 w_2 - w_1 u_2} \quad (3.35)$$

由此可以得到地面点 A 在地面摄影测量坐标系的坐标为:

$$\left.\begin{array}{l} X_A = X_{S1} + U_1 \\ Y_A = Y_{S1} + V_1 \\ Z_A = Z_{S1} + W_1 \end{array}\right\} \quad (3.36)$$

(2)双像空间后方交会—前方交会解求地面点坐标

双像解析摄影测量,就是利用解析计算的方法处理一个立体像对的影像信息,从而获得地面点的空间信息。采用双像解析计算的空间后方交会—前方交会方法计算地面点的空间坐标,其步骤为:

1)野外像片控制测量

在一个立体像对重叠部分的 4 个角,找出 4 个明显地物点,作为 4 个控制点。在野外判读出 4 个明显地物点的地面位置,做出地面标志,并在像片上准确刺出点位,背面加注说明。然后在野外用普通测量的方法计算出 4 个控制点的地面测量坐标并转换为地面摄影测量坐标 X, Y, Z。

2)量测像点坐标

将立体像对放在立体坐标量测仪上分别进行定向归心后,测出 4 个控制点及所有待求点的像点坐标 (x_1, y_1) 与 (x_2, y_2)。

3)空间后方交会计算两像片的外方位元素

根据计算机中事先编好的程序,按要求输入控制点的地面坐标及相应的像点坐标,对两张像片各自进行空间后方交会,计算各自的 6 个外方位元素 X_{S1}, Y_{S1}, Z_{S1}, φ_1, ω_1, κ_1 和 X_{S2}, Y_{S2},

后方交会—
前方交会
解算地面点
坐标

$Z_{S2}, \varphi_2, \omega_2, \kappa_2$。

4）空间前方交会计算待定点地面坐标

用各片的外方位角元素计算左、右片的方向余弦值，组成旋转矩阵 $\boldsymbol{R}_1$ 与 $\boldsymbol{R}_2$；逐点计算像点的像空间辅助坐标 (u_1, v_1, w_1) 及 (u_2, v_2, w_2)；根据外方位元素计算基线分量 (B_u, B_v, B_w)；计算投影系数 (N, N')；计算待定点在各自的像空间辅助坐标系中的坐标 (U_1, V_1, W_1) 及 (U_2, V_2, W_2)；最后计算待定点的地面摄影测量坐标 (X, Y, Z)。

3.2.3 立体像对的相对定向元素和立体模型的绝对定向元素

如前所述，确定一张航摄像片（或摄影光束）在地面坐标系统中的方位，需要 6 个外方位元素，即摄站的 3 个坐标和确定摄影光束空间姿态的 3 个角元素。因此，要确定一个立体像对的两张像片（或光束）在该坐标系中的方位，则需要有 12 个外方位元素，即

左片：$X_{S1}, Y_{S1}, Z_{S1}, \varphi_1, \omega_1, \kappa_1$；

右片：$X_{S2}, Y_{S2}, Z_{S2}, \varphi_2, \omega_2, \kappa_2$。

恢复立体像对中两张像片的 12 个外方位元素即能恢复其绝对位置和姿态，重建被摄地面的绝对立体模型。

在摄影测量中，上述过程可以通过另一途径来完成。首先暂不考虑像片的绝对位置和姿态，而只恢复两张像片之间的相对位置和姿态，这样建立的立体模型称为相对立体模型，其比例尺和方位均是任意的；然后在此基础上，将两张像片作为一个整体进行缩放、平移和旋转，达到绝对位置。这种方法称为相对定向—绝对定向。

用于描述两张像片相对位置和姿态关系的参数，称为相对定向元素。用解析计算的方法解求相对定向元素的过程，称为解析法相对定向。由于不涉及像片的绝对位置，因此，相对定向只需要利用立体像对内在的几何关系来进行，不需要地面控制点。

确定像片对在地面坐标系统中的绝对位置和姿态的参数，称为绝对定向元素。用解析计算的方法解求绝对定向元素的过程，称为立体模型绝对定向。

（1）立体像对的相对定向元素

1）连续像对相对定向系统

这一系统是把立体像对中的左像片平面当作一个假定的水平面，而求右片相对于左片的相对方位。这也就是说，这种相对方位元素系统是以左片的像空间坐标系 S_1-$x_1 y_1 z_1$ 作为参照基准的。

如图 3.25 所示，现取左片的像空间坐标系为 S_1-$x_1 y_1 z_1$ 作为像空间辅助坐标系 S_1-$U_1 V_1 W_1$，则可认为左片在此像空间辅助坐标系统 S_1-$U_1 V_1 W_1$ 中的相对方位元素全部为零。因此，右片对于左片的相对方位元素，就是右片在像空间辅助坐标系 S_1-$U_1 V_1 W_1$ 中的相对方位元素，即

左像片：$U_{S1} = V_{S1} = W_{S1} = 0$，$\varphi_1 = \omega_1 = \kappa_1 = 0$

右像片：$U_{S2} = b_u, V_{S2} = b_v, W_{S2} = b_w, \varphi_2, \omega_2, \kappa_2$

φ_2 为右像片主光轴 $S_2 O_2$ 在 $U_2 W_2$ 坐标面上的投影与 W_2 轴的夹角；ω_2 为右像片主光轴 $S_2 O_2$ 与 $U_2 W_2$ 坐标面之间的夹角；κ_2 为 V_2 轴在右像片平面上的投影与右像片像平面坐标系 y_2 轴之间的夹角。

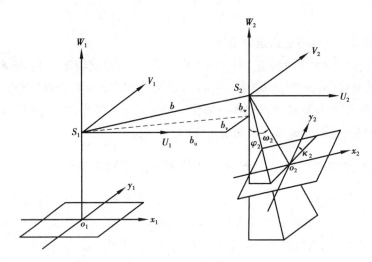

图 3.25　连续像对相对定向元素

b_u, b_v, b_w 为摄影基线 b 在像空间辅助坐标系中的 3 个坐标轴上的投影,称为摄影基线的 3 个分量。其中 b_u 只影响相对定向后建立模型的大小,而不影响模型的建立,因此相对定向需要恢复或解求的相对定向元素仅有 5 个,即 $b_v, b_w, \varphi_2, \omega_2, \kappa_2$,人们称其为连续像对相对定向元素。

这种相对方位元素系统的特点是,在相对定向过程中,只需移动和旋转其中一张像片(或光束),另一个则始终固定不变。

2)单独像对相对定向系统

在这一系统中,以左摄站 S_1 为像空间辅助坐标系原点,摄影基线 b 为 U 轴,左主光轴与摄影基线组成的左主核面为 UW 面,V 轴垂直于该面构成右手直角坐标系,如图 3.26 所示。这一类像空间辅助坐标系也称为基线坐标系。所以说,单独像对相对定向系统是以基线坐标系为参考基准的。

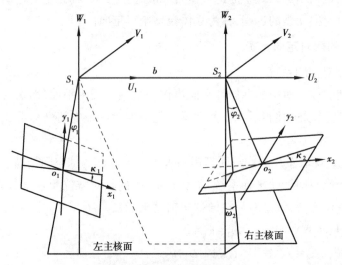

图 3.26　单独像对相对定向元素

左、右像片的相对方位元素为:

左像片:$U_{S1} = V_{S1} = W_{S1} = 0$, $\varphi_1, \omega_1 = 0, \kappa_1$

右像片：$U_{S2}=b_u=b,V_{S2}=b_v=0,W_{S2}=b_w=0,\varphi_2,\omega_2,\kappa_2$

同样，b 只涉及模型比例尺的大小，而不影响模型的建立，因此，单独像对相对定向元素系统由 5 个角元素 $\varphi_1,\kappa_1,\varphi_2,\omega_2,\kappa_2$ 组成。

其中：

ω_2 为左右两像片主核面之间的夹角。由左主核面起算，逆时针为正，图中为正值。

φ_1,φ_2 为左、右主核面上左、右主光轴与摄影基线垂线之间的夹角，由垂线起算，顺时针为正，图中 φ_1 为负值，φ_2 为正值。

κ_1,κ_2 为左、右主核线与左、右像平面坐标系 x 轴间的夹角，由主核线起算，逆时针至 x 轴正方向为正，图中 κ_1,κ_2 角为负值。

这种相对方位元素系统的特点是，在相对定向过程中，只需分别旋转两张像片便可确定两光束的相对方位，无须平移。

（2）立体像对（模型）的绝对方位元素

经相对定向后，恢复了立体像对的两张像片（光线束）的相对方位，同名光线成对相交，这些交点的总和，形成了一个与实地相似的几何模型。但这个几何模型是在像空间辅助坐标系中建立的，它在地面摄影测量坐标系中的方位是任意的，模型的比例尺也是任意的。要确定模型在地面摄影测量坐标系中的方位和大小，需要利用已知的地面控制点来进行坐标变换。用来确定立体模型在地面摄影测量坐标系中的正确方位和比例尺所需要的参数，称为立体模型（立体像对）的绝对定向元素。

如前所述，立体像对共有 12 个外方位元素，相对定向求得 5 个元素后，待解求的绝对定向元素应有 7 个，对模型进行平移、旋转和缩放，这 7 个元素是：

$$B,X_S,Y_S,Z_S,\Phi,\Omega,K$$

(X_S,Y_S,Z_S)——某一摄站（如左摄站）在地面摄影测量坐标系 $D\text{-}X_{tp}Y_{tp}Z_{tp}$ 中的坐标（也可以用模型中某一已知点的地面坐标）；

B——摄影基线长，用以确定模型的比例尺；

Φ——模型在 X 方向（航线方向）的倾斜角；

Ω——模型在 Y 方向（旁向）的倾斜角；

K——模型在 XY 平面内的旋转角。

上述立体模型（像对）绝对定向元素的含义，还可以用解析几何学中坐标变换的方法来说明。假如在确定像对的相对定向元素时，是以像空间辅助坐标系 $S\text{-}UVW$ 为参照基准的，那么，立体模型（像对）的绝对定向元素就是确定像空间辅助坐标系 $S\text{-}UVW$ 在地面摄影测量坐标系 $D\text{-}X_{tp}Y_{tp}Z_{tp}$ 中的方位和统一长度单位所需要的参数。为此，就需要有下述的参数：

(Φ,Ω,K)——像空间辅助坐标系 $S\text{-}UVW$ 对于地面摄影测量坐标系 $D\text{-}X_{tp}Y_{tp}Z_{tp}$ 的 3 个旋转角；

(X_S,Y_S,Z_S)——像空间辅助坐标系 $S\text{-}UVW$ 的坐标原点 S 在地面摄影测量坐标系 $D\text{-}X_{tp}Y_{tp}Z_{tp}$ 中的坐标；

λ——两坐标系的单位长度的比值，也就是模型的比例尺分母。

这样，立体像对的绝对定向元素为下述 7 个：$\lambda,X_S,Y_S,Z_S,\Phi,\Omega,K$。

3.2.4　立体像对的相对定向

（1）像对相对定向的共面条件

像对的相对定向无论是模拟法或解析法，都是以同名射线对对相交即完成摄影时三线共面的条件作为求解的基础，模拟法相对定向是利用投影仪器的运动，使同名射线对对相交，建立起地面的立体模型。而解析法相对定向是通过计算相对定向元素，建立地面的立体模型。

相对定向-
绝对定向
解算地面点
坐标

解析法相对定向时，共面条件是借助像空间辅助坐标系中的坐标关系来表达的。像空间辅助坐标采用 $S\text{-}uvw$ 符号表示，今后用 u,v,w 表示像点在像空间辅助坐标系中的坐标，而模型点在此坐标系中的坐标相应地用 (U,V,W) 表示。图 3.27 表示航空摄影过程中的一个像对。其中 S_1,S_2 为左右摄影站，地面点 A 在左、右像片上的构像为 a_1 和 a_2。若射线 S_1a_1 用向量 $\overrightarrow{S_1a_1}$ 表示，射线 S_2a_2 用向量 $\overrightarrow{S_2a_2}$ 表示，而空间摄影基线 b 用向量 $\overrightarrow{S_1S_2}$ 表示，那么当同名射线相交时，3 个向量应在同一个面内。根据向量代数，三向量共面，它们的混合积等于零，即

$$\overrightarrow{S_1S_2} \cdot (\overrightarrow{S_1a_1} \times \overrightarrow{S_2a_2}) = 0 \tag{3.37}$$

式（3.37）是共面条件方程式，用于解求立体像对的相对定向元素。

由于相对定向所取的像空间辅助坐标系不同，常用的有连续像对相对定向和单独像对相对定向两种方式，下面分别推导它们的相对定向元素解求关系式。

（2）连续像对的相对定向

连续像对法相对定向是以左方像片为基准，求出右方像片相对于左方像片的相对方位元素。

如图 3.27 所示，设在左、右摄站 S_1 和 S_2 处，建立左、右空间辅助坐标系 $S_1\text{-}u_1v_1w_1$ 和 $S_2\text{-}u_2v_2w_2$，两者的相应坐标轴相互平行。此时取左方像片为基准，即左方像片相对于像空间辅助坐标系左 $S_1\text{-}u_1v_1w_1$ 的外方位元素认为是已知的，欲确定右方像片相对于左方像片的相对位置，只需要确定出右方像片相对于左像空间辅助坐标系 $S_1\text{-}u_1v_1w_1$ 的外方位元素，进而求得像对的相对定向元素。此时待求的相对定向元素为 $\varphi_2,\omega_2,\kappa_2,b_v,b_w$。

当同名光线对对相交时，按三向量共面条件式（3.37），用坐标形式表达为：

$$F = \begin{vmatrix} b_u & b_v & b_w \\ u_1 & v_1 & w_1 \\ u_2 & v_2 & w_2 \end{vmatrix} = 0 \tag{3.38}$$

式中，u_1,v_1,w_1 是左片像点 a_1 在左片像空间辅助坐标系 $S_1\text{-}u_1v_1w_1$ 中的坐标；u_2,v_2,w_2 是右片像点 a_2 在右片像空间辅助坐标系 $S_2\text{-}u_2v_2w_2$ 中的坐标；b_u,b_v,b_w 是右摄站 S_2 在 $S_1\text{-}u_1v_1w_1$ 坐标系中的坐标，即摄影基线 b 在 $S_1\text{-}u_1v_1w_1$ 坐标系中的分量。式中 b_u 只涉及模型比例尺，相对定向中可给予定值。共面条件式（3.36）是非线性函数，需按泰勒级数展开，取小值一次项，使之线性化。

由于左像片外方位元素为已知，故左方像点的坐标 u_1,v_1,w_1 也为已知定值。而右像点的坐标 u_2,v_2,w_2 乃是右像片角元素 $\varphi_2,\omega_2,\kappa_2$ 的函数。所以式（3.38）中有 5 个未知数 $b_v,b_w,\varphi_2,$

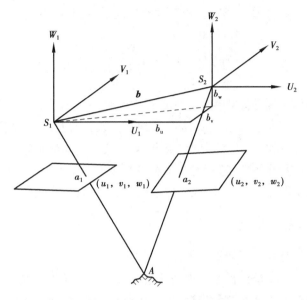

图 3.27　连续像对相对定向共面条件

ω_2 和 κ_2，也就是连续像对法的 5 个相对定向元素。在立体像对中每量测一对同名像点就可列出一个方程式，一般量测多于 5 对同名像点，则按最小二乘法求解。

前一像对右像片的相对定向角元素，对后一像对而言，是左像片的角元素，此时已成为已知值，这是连续像对相对定向法的一个特征。

（3）单独像对的相对定向

图 3.28 表示已完成相对定向的一个像对。今取左方的像空间辅助坐标系 S_1-$u_1v_1w_1$ 中的 u_1 轴与摄影基线 b 重合，v_1 轴与左像片的主核面相垂直，则 w_1 轴在左像片的主核面内。这样所取的像空间辅助坐标系也称基线坐标系。而右方像空间辅助坐标系 S_2-$u_2v_2w_2$ 中的 u_2 轴与 u_1 轴重合，v_2，w_2 轴与 v_1，w_1 轴平行，这样 b_v 和 b_w 等于零。同名像点 a_1 和 a_2 在各自的像空间辅助坐标系中的坐标分别为 u_1，v_1，w_1 和 u_2，v_2，w_2。

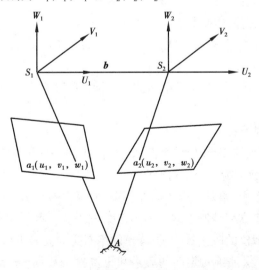

图 3.28　单独像对相对定向共面条件

由于 b_v 和 b_w 等于零,由式(3.37)得单独像对定向的共面条件,用坐标形式表达为:

$$\begin{vmatrix} b & 0 & 0 \\ u_1 & v_1 & w_1 \\ u_2 & v_2 & w_2 \end{vmatrix} = b \begin{vmatrix} v_1 & w_1 \\ v_2 & w_2 \end{vmatrix} = 0 \qquad (3.39)$$

像点的像空间辅助坐标是像片相对于所取像空间辅助坐标系的角元素的函数。单独像对的相对定向元素由 5 个角元素 $\varphi_1, \kappa_1, \varphi_2, \omega_2, \kappa_2$ 组成。在立体像对中每量测一对同名像点就可列出一个方程式,一般量测多于 5 对同名像点,则按最小二乘法求解。

共面条件式(3.39)是非线性函数,需按泰勒级数展开,取小值一次项,使之线性化。解算时类似连续像对相对定向元素的解算方法,逐次趋近运算,直到满足所需要的精度为止。

3.2.5 立体模型的绝对定向

像对相对定向仅仅是恢复了摄影时像片之间的相对位置,所建立的立体模型相对于地面的绝对位置并没有恢复。要求出模型在地面测量坐标系中的绝对位置,就要把模型点在像空间辅助坐标系的坐标转换为地面测量坐标,这项作业称为模型的绝对定向。模型的绝对定向是根据地面控制点进行的。

地面测量坐标系是左手直角坐标系,而摄影测量的各种坐标系均为右手直角坐标系(图3.6,图3.7),为方便转换,一般先将按大地测量得到的地面控制点坐标转换至过渡的地面摄影测量坐标系中,再利用它们把立体模型通过平移、旋转、缩放(即绝对定向)转换至地面摄影测量坐标系中来,求得整个模型的地面摄影测量坐标,最后再将立体模型转换到地面测量坐标系中去。

模型的绝对定向就是将模型点在像空间辅助坐标系的坐标变换到地面摄影测量坐标系中,实质上就是两个坐标系的空间相似变换问题,由下式表示:

$$\begin{bmatrix} X \\ Y \\ Z \end{bmatrix} = \lambda \cdot \boldsymbol{R} \begin{bmatrix} U \\ V \\ W \end{bmatrix} + \begin{bmatrix} X_S \\ Y_S \\ Z_S \end{bmatrix} \qquad (3.40)$$

式中 U, V, W 为模型点在像空间辅助坐标系中的坐标;

X, Y, Z 为模型点在地面摄影测量坐标系中的坐标(为方便起见,用 $D\text{-}XYZ$ 表示 $D\text{-}X_{tp}Y_{tp}Z_{tp}$);

X_S, Y_S, Z_S 为模型平移量,也就是像空间辅助坐标系的原点在地面摄影测量坐标系中的坐标值;

λ 为模型缩放比例因子;

$\boldsymbol{R}$ 为旋转矩阵,由轴系的 3 个转角 $\varPhi, \varOmega, K$ 组成,式(3.40)共有 7 个未知数: X_S, Y_S, Z_S, λ, $\varPhi, \varOmega$ 和 K。这 7 个未知数称为 7 个绝对定向元素。

在上述绝对定向模型中,给定一个平高控制点,便可以按照式(3.40)列出一组方程式;给定两个平高控制点和一个高程控制点即可列出 7 个方程式。联立求解这 7 个方程式,便可求得 7 个绝对定向元素近似值的改正数;加上修正的绝对定向元素近似值,从而取得更精确的绝对定向元素值。但是,为保证绝对定向的质量和提供检核数据,通常总是有多余的地面控制点。这就要求按最小二乘法求解绝对定向元素。

式(3.40)是非线性函数,需按泰勒级数展开,取小值一次项,使之线性化,然后取近似值,按照间接平差原理不断修正改正数解算绝对定向元素,逐次趋近运算,直到满足要求为止。

在取得 7 个绝对定向元素之后,就可应用绝对定向的空间相似变换将各模型点坐标 U,V,W 换算到地面摄影测量坐标系中坐标值 X,Y,Z。

本章小结

本章是本课程后续学习的基础。重点介绍解析摄影测量基本知识,包括单张像片解析与双像解析。其中单张像片解析介绍了常用的摄影测量坐标系、内外方位元素、共线方程、像点偏移及像片比例尺等内容;双像解析主要介绍前方交会、相对定向及绝对定向等内容。本章公式较多且较为复杂,在实际学习中,应根据高职院校学生实际情况,着重介绍基本原理和基本概念,弱化公式推导过程。

思考与习题

1.航摄像片与地形图的主要区别有哪些?
2.摄影测量中常用的坐标系有哪些? 各坐标系是如何定义的? 各有何用途?
3.内方位元素与外方位元素有哪些? 内方位元素的作用是什么?
4.共线方程在摄影测量中有何应用?
5.什么是投影误差? 投影误差有哪些特性?
6.空间后方交会的目的是什么? 求解中有多少未知数? 至少需要几个地面控制点?

4

立体观察和立体量测

單张像片只能确定地面点的方向,不能确定地面点的三维空间位置,而通过立体像对构建立体模型,可求解地面点的空间位置。用数学或模拟的方法,重建地面立体模型并进行立体量测,获取地面的三维信息,是摄影测量的主要任务。通过本章的学习,要求了解立体像对的概念;掌握立体像对的基本点、线、面;理解像对立体观测的原理;了解立体像对观测与量测的方法;掌握立体测图的基本方法及步骤。

4.1 人眼的立体视觉与人造立体视觉

4.1.1 人眼的立体视觉

(1)人眼的构造

人的眼睛就像一架完善的自动调焦摄影机,网膜窝中心与水晶体后节点的连线称为眼的视轴,当人们观测远近不同的物体时,眼球像中的水晶体自动调焦,在网膜窝上能得到清晰的图像(图4.1),而瞳孔的作用好似光圈。

单眼观察景物时,人眼能观察到的仅是景物的透视像,不能正确判断景物的远近。而用双眼观察景物,两眼会本能地使物体的成像落于左右两网膜窝中心,即视轴交会与所注视的物点上。因此,摄影测量中需要从不同的摄站拍摄同一地面的两张像片(一个立体像对),才能构成立体模型。

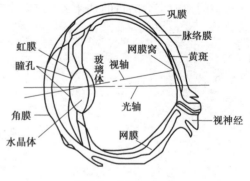

图 4.1 人眼的构造

(2)人眼的立体视觉

人眼为什么能观察景物的远近呢? 在双眼观察(立体观察)时,两眼水晶体中心之间的距离称为眼基线 be。眼基线的平均长度约为 65 mm。当人们以双眼注视某一物点 M(图4.2)时,需要转动头部,使注视点相对于两眼处于对

立体视觉

称位置;同时,两眼球也各自随眼球中心转动,使两眼的视线即水晶体中心与网膜窝中心的连线,正好对准注视点。两眼视线总是相交于注视点上的,这种性能称为眼的交向本能。在眼的交向过程中同时进行着眼的凝视,可使注视点同时在左右两眼的网膜窝处得到清晰的影像 m_1, m_2。这两个影像经过大脑的作用融合为一,使人感觉到有一个空间点 M 的存在。此时两眼视线的交会角称为交向角 γ。显然注视点 M 到眼基线的距离 L 与交向 γ 的关系可用下式表示:

$$\tan \frac{\gamma}{2} = \frac{b_e}{2L}$$

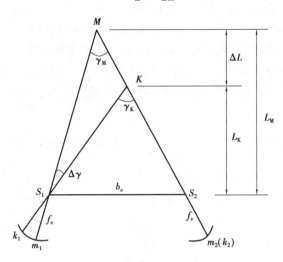

图 4.2　双眼立体观察原理

在角 γ 为小值时,上式可简化为:

$$L = \frac{b_e}{\lambda} \tag{4.1}$$

眼的最适宜的交向角相当于 L 在明视距离下的情况,为 $13° \sim 15°$。由于网膜窝的视场角有 $1°$ 左右,在注视点 M 的视场范围内设有另一点 K,那么在两眼的网膜窝处也将得到点 K 的影像 k_1 和 k_2,于是在两眼网膜窝处得到弧长 $\overset{\frown}{m_1 k_1}$ 和 $\overset{\frown}{m_2 k_2}$,设点 K 和 M 与眼基线在同一个平面内,弧 $\overset{\frown}{m_1 k_1}$ 和 $\overset{\frown}{m_2 k_2}$ 之差称为生理视差 σ,即

$$\sigma = \overset{\frown}{m_1 k_1} - \overset{\frown}{m_2 k_2} \tag{4.2}$$

以注视点构像 m_1 和 m_2 为准,点 k_1 和 k_2 在注视点的左侧时弧长取正号。若 $\sigma > 0$,表示点 K 较注视点 M 近一些。为了解释方便起见,设点 K 和 M 在左片眼膜窝处的弧长为 $\overset{\frown}{m_1 k_1}$,在右眼网膜窝处的弧长 $\overset{\frown}{m_2 k_2}$,即两影像合于一点,则令两点的交向角之差 $\Delta \gamma$,即 $\Delta \gamma = \gamma_M - \gamma_K$,则:

$$\gamma_M = \frac{b_e}{L_M}, \gamma_K = \frac{b_e}{L_K}$$

由此:

$$\Delta \gamma = \frac{b_e}{L_M} - \frac{b_e}{L_k} = -\frac{b_e}{L_M^2} \Delta L$$

或说点 K 相对于注视点 M 的深度位移 ΔL 朝向观察者（$L_M > L_K$）时取正号，即

$$\Delta L = -\frac{L_M^2}{b_e}\Delta\gamma = -\frac{L_M^2}{b_2}\cdot\frac{\sigma}{f_e} \tag{4.3}$$

这就是根据交向角差 $\Delta\gamma = \gamma_M - \gamma_K$ 或生理视差 $\sigma = \widehat{m_1 k_1} - \widehat{m_2 k_2}$ 判断点位深度位移 $\Delta L = L_M - L_K$ 的公式，其中 f_e 为眼的主距，约为 17 mm，取 $\Delta L/L_M$ 作为判断点位深度的相对误差。所以说，生理视差是判断景物远近的根源。

要提高判断能力，一是采取间接增大眼基线 b_e 之值，在很多量测仪器上会采用这一措施；二是使眼的生理视差 σ 的分辨率增大。当物体是点状时，相应的 $\sigma_{最小} \approx 0.002$ mm；当物体为平行线状时，$\sigma_{最小} \approx 0.001$ mm，这导致将在某些量测仪器上采用线状测标。如果通过有放大倍率的光学系统进行观测，即相当于缩短了实际的 LM 值，对判断深度有利。

另外，两眼网膜窝处同一物体的两个影像会聚成为一个空间存在，是在 $|\sigma| \leq 0.4$ mm 和两影像基本位于同一个眼基线平面内才会有这种会聚本能。否则左右眼的两个影像就不能融合为一，也就是说出现了点分裂。

4.1.2 人造立体视觉

当人们用双眼观测空间远近不同的目标 M,K 时，两眼内产生生理视差，得到立体视觉，可以判断景物的远近。如果此时人们在双眼的前方各安置一块玻璃片，如图4.3所示，P_1 和 P_2 点上。当移开实物 M,K 后，两眼观看各自玻璃上的构像，仍能看到与实物一样的空间景物 M,K，这就是空间景物在人眼网膜窝上产生生理视差的人眼立体视觉效应。其过程为：空间景物在感光材料上的构像，再利用人眼观察构像的像片产生生理视差，重建空间景物的立体视觉，所看到的空间景物称为立体影像，产生的立体视觉称为人造立体视觉。人造立体效能的获得是因半透明玻璃片的构像真实地记录

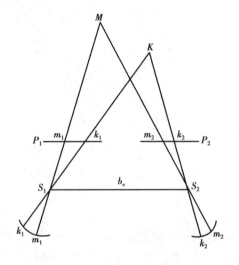

图 4.3 人造立体视觉

了空间物体的相互几何位置关系，它作为中间媒介资料，将空间实物与网膜窝上生理视差的自然界立体观察的直接关系，分为空间物体与构像信息和构像信息与生理视差两个阶段。

对照航空摄影情形，相邻两像片航向重叠65%，地面上同一物体在相邻两像片上都有影像，真实记录了所摄物体相互关系的几何信息，完全类似于上述两个半透明玻璃片。人们利用相邻像片组成的像对进行双眼观察，用样也会获得所摄地面的立体空间感觉。这种方法所感觉到的实物的视觉立体模型称为视模型。

根据实物在像对上所记录的构像信息建立人造立体效能，必须符合自然界立体观察的条件。

①由两个摄影站点摄取同一景物而组成立体像对，即要有立体像对。

②每只眼睛必须分别观察像对的一张像片，即分视。

③两条同名像点的视线与眼基线应在一个平面内，即同名射线对对相交。

④两张像片的比例尺应相近(差别小于15%)。

人造立体效能的应用使摄影测量初期的单像量测发展为双像的立体量测,不仅提高了量测的精度和摄影测量的工作效率,更重要的是扩大了摄影测量的应用范围,奠定了立体摄影测量的基础。人造立体效能在使用中最常见的有两种,即正立体效能和反立体效能。立体观察像对所获得的人造立体效能,也称视立体模型,与实物的凸凹远近相同者称为正立体效能。此时,左眼观察左像片,右眼观察右像片,保持了直接观察实物时生理视差的原有符号。立体观察像对所获得的视模型与实物的凸凹远近正好相反者称为反立体效能。为获得反立体效能,必须使由观察像对所产生的生理视差与自然界观察实物所产生的生理视差符号相反。可以把像对的左右像片对调,左眼观察右像片,右眼观察左像片,或者把一对像片原位各自旋转180°,这样就把像片对的 Δp 位置改变了符号,导致生理视差也反向。

人造立体效能的条件之一是每只眼睛只观察一张像片,这首先违反了人们日常观察自然界景物时眼的交会的本能习惯。其次,在人造立体效能中观察的是像片平面,凝视的条件要求不改变,而交向的地方是视模型,随点位的远近而异,这又违反了眼交会本能和凝视本能同时协调的习惯。因此就有必要采取某种措施来帮助完成人造立体效能应具备的条件和改善眼的视觉本能的状况。

4.2 像对的立体观察与量测

在航空摄影过程中,航带方向相邻像片都有约65%的航向重叠,任意两相邻航摄影像片都能组成一个立体像对。在摄影测量中常借助人造立体效能来看所摄地面的视模型,在人造立体视觉观察中,必须满足4个条件,关键是如何满足每只眼睛只观察像对中的一张像片。如果观察时强迫两只眼睛分开只看一张像片,这样肉眼也能看到立体效应,此时相当于两只眼睛调焦在像平面而交会在视模型上,从而违背了人眼的调焦和交会相统一的凝视本能。所以,这样的立体像对观察方法只有经过专门训练的人才能做到。即使如此,人眼也很容易疲劳。因此,必须借助立体观察仪器来进行立体观察。

常用的立体观察仪器有:桥式立体镜、反光立体镜、偏振光立体镜、液晶闪闭法、变焦距双筒立体镜等,还可用互补色法(如用双投影器法或互补色像片等)来实现。

4.2.1 立体观测

(1)立体镜法

实现人造立体效能的困难条件是两只眼睛要分别观察像对的左右像片。为达到一只眼睛只看一张像片的要求,最简单的想法是在两眼中间放一块隔板,机械地使两眼分别观察左右像片。这种方法虽能达到分像目的,但交向本能和凝视本能所产生的矛盾没有解决,因为像片总是放在明视距离的地方,而交向是在视模型处,这就容易引起眼疲倦,不能长时间地进行立体观察。如果在两眼的前面各放置一个凸透镜,像片放在凸透镜的焦面上,或约小于焦距,此时凸透镜就具有了投影中心的作用,凸透镜到像片的垂距就是投影光束的主距,以 f_c 表示。像片上构像的投影光线经凸透镜后形成平行光线进入眼内,而两眼的视线也几乎平行。这就相当于人们对自然界无穷远处的观察,眼睛轻松舒适,凝视本能和交向本能得以协调。

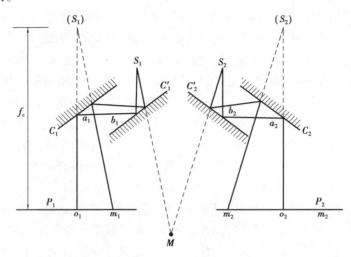

图 4.4　反光立体镜的立体观察

反光立体镜是立体观察航摄像片对的工具,就是按照上述设想制作的。反光立体镜有相同的左右两组反光镜系 $C_1//C_1'$ 和 $C_2//C_2'$(图 4.4),反光镜系 $C_1//C_1'$ 和 $C_2//C_2'$,镜面与桌面成 45°,在反光镜 C_1 和 C_2 下面的桌子上分别安放像对的左右像片。两眼在反光镜 C_1' 和 C_2' 上面 S_1 和 S_2 处观察。像片主点 o_1 和 o_2 的投影光线 $o_1a_1b_1S_1$ 和 $o_2a_2b_2S_2$ 延展伸直后得 $o_1a_1(S_1)$ 和 $o_2a_2(S_2)$,垂直于像片平面。数值 $o_1(S_1) = o_2(S_2) = f_c$ 称为立体镜主距。此外像片对还要绕像主点旋转,使左、右同名像主点在一条直线上,并与眼基线 S_1S_2 平行,这样像片上的任一对同名像点如点 m_1 和 m_2 就落在同一个眼基线平面内,用立体镜观察同名像点就能得到视模型点 M。当立体镜主距 f_c 与像片主距 f 相等时,观察感觉的视模型与实地相似。一般立体镜主距约为 250 mm。若像片主距为 70 mm 或 100 mm,小于立体镜主距时,视模型将夸大实物的远近凸凹的深度,这种现象称为视模型的扭曲变形。一般反光立体镜的两反光镜之间还设置有一凸透镜,此时立体镜主距为透镜到像片平面之间的距离。

在很多立体测量仪器上采用双筒望远镜立体观测系统,它是在像点的投射光路中有一系列透镜,以增大构像放大率,可以提高量测的精度,其立体观察原理基本与上述内容相同。

(2)**互补色法**

互补色法是利用互补色的特性达到分像视目的立体观察。最常用的互补色为绿—品红。互补色法分像可分为互补色加法和互补色减法两种。

1)互补色加法

互补色加法分像用于投影影像的立体观察,如图 4.5 所示。将一对透明的像片分别置于仪器的左、右两投影器内,在暗室内用白光照明像片。在投影器物镜前面分别放置品红色滤光片和绿色滤光片,那么在共同的白色承影面上得到一对品红色和绿色混杂在一起的影像,而在投影像幅区域之外的是黑色背景。设投影在承影面上的同名像点 a_1(左红)和 a_2(右绿)的连线已经满足平行于眼基线的条件,观察者左、右眼也戴上品红—绿色的眼镜,去观察承影面上的彩色投影影像。由于右投影器的绿色投影影像不能透过观察者左眼前的品红色镜片,对观察者左眼而言像点 a_2(右绿)成为黑色,融合于黑色背景中。这就是说,戴红色镜片的左眼看不见承影面上右像片的绿色投影影像。与此相反,左投影器的品红色影像可以通过左眼红色镜片而为左眼所见,即看见了像点 a_1(左红)。同理,左像片的红色影像不能透过右眼前的绿色镜片,对右眼而言成为黑色,融合于黑色背景中,即右眼看不见承影面上左像片的红色影像,达到了分像的目的。在眼基线平行于同名影像连线时,两条视线相交就获得视模型点 A'。如果观察者两眼位置变动,视模型点 A' 的位置也会随之而变。图中 S_1a_1 与 S_2a_2 两投影射线空中相交的 A 点,形成了稳定不变的几何模型点。

2)互补色减法

互补色减法分像用于互补色印刷品的立体观察。在同一张白纸上分别用品红—绿互补色印刷一对像片,得到一张互补色构像交错在一起的彩色立体图画,图4.6为其示意图。观察者左、右眼戴上品红—绿互补色眼镜,在明室对立体图画进行观察。对于戴品红色眼镜的左眼而言,把白色图纸的背景看出品红色,致使立体图画中用品红色印刷的图像与背景融合在一起,左眼无法再分辨出品红色图像,或者说看不见品红色图像;而用绿色印刷的图像,由于不能透过左眼前红色镜片而看成黑色。如此,左眼观察的视觉是为品红色背景的黑色绿像图形。同理,右眼观察的视觉为绿色背景的黑色红像图形。这样就达到了分像的目的。立体观察出白色背景的黑色立体视模型。

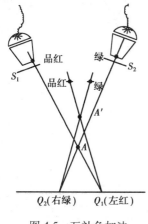

图4.5　互补色加法

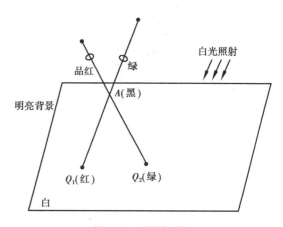

图4.6　互补色减法

（3）偏振光法

光线通过偏振器分解出偏振光。偏振光的横向光波波动只在偏振平面内进行。在偏振光的光路中如有另一个偏振器,偏振光通过这第二个偏振器后,光的强度将随两偏振器的偏振平面相对旋角 α 而改变,即 $I_2 = I_1 \cos 2\alpha$,其中 I_1 为偏振光的强度,I_2 为通过第二个偏振器后的光强。当两偏振平面相互平行,即 $\cos \alpha = \cos 0 = 1$ 时,则可取得最大光强的偏振光。当两偏振平面相垂直时,$\cos \alpha = \cos 90° = 0$,则 $I_2 = 0$,表示偏振光不能通过第二个偏振器,在偏振器的另一边就看不见光线。利用这种特性,在一对像片的投影光路中放置一个与偏振平面相互垂直偏振器,以两组横向光波波动成相互垂直方向偏振光,将影像投影到特制的共同承影面上。观察者戴上偏振光眼镜,两镜片的偏振平面也相互垂直,且分别与投影光路中偏振器偏振平面相平行或垂直。这样双眼观察承影面上一对混杂在一起的投影影像时,就能达到分像的目的,从而得到人造立体效能。偏振光法可用于彩色影像的立体观察,可获得彩色的立体视模型。

4.2.2 像对立体观察的效果

进行像对立体观察时,在满足上述条件的情况下,如果像片相对眼睛安放的位置不同,可以得到不同的立体效果。即可能产生正立体、反立体和零立体效应。

（1）正立体

正立体是指观察立体像对时形成的与实地景物起伏（远近）相一致的立体感觉。当左、右眼分别观察置于阳位的立体像对的左、右像片时就产生正立体效应,如图 4.7(a)所示。在此基础上将立体像对的两张像片作为一个整体,在其自身平面内旋转 180°,观察位置不变。使左眼看右像、右眼看左像,得到的仍是正立体,仅方位相差 180°,如图 4.7(b)所示。

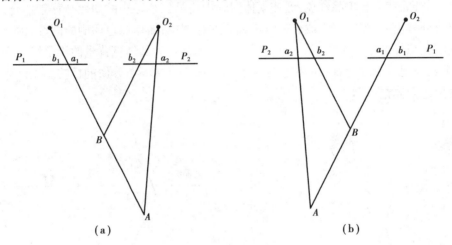

图 4.7　正立体观察

（2）反立体

反立体是指观察立体像对时产生的与实地景物起伏（远近）相反的一种立体感觉。在正立体效应图 4.7(a)的基础上,将两张像片在各自平面内旋转 180°或者将左、右像片对调(不旋转)都可以产生反立体,如图 4.8(a)、(b)所示。图 4.8(a)是各自旋转 180°的结果,图 4.8(b)是左右像片对调的结果。显然(a)和(b)这两种反立体的方位是相反的。

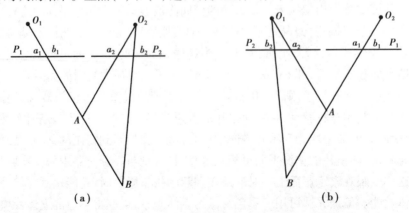

图 4.8　反立体观察

（3）零立体

像对立体观察中形成的原景物起伏（远近）消失了的效应，称为零立体效应。这是将立体像对的两张像片各旋转90°，使同名像点的连线都相等，并且原左、右视差方向改变为与眼基线垂直所得到的结果。这时所有同名像点的生理视差都变为零，故消失了远近的感觉。零立体效应并不总是使景物被感觉为平面，对于一般立体像对，当像片转置90°后，上下视差将成为左右视差较，形成模型有系统性的起伏变形。这一点在摄影测量的发展过程中曾得到应用。对于起伏很大的景物，由于转置之后左右视差较成为上下视差，所以有可能严重破坏立体观察第3个基本条件而得不到清晰的零立体感觉。

3种立体效应像片的放置位置如图4.9所示，图中（a）为正立体，像对影像重叠向内，（b）图为反立体，重叠向外，（c）为零立体。

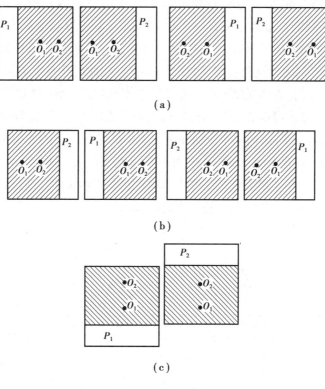

（a）

（b）

（c）

图4.9　零立体观察

4.2.3　像对的立体量测

在地面上测量时，有时需要在测求的地形点上树立人造的清晰标志，以便于辨认，观测时借助仪器望远镜的十字丝去视准该点，在摄影测量中为求得地形点的空间位置，首先要在一对像片上辨认出地形点的同名像点，这就比较困难，用相当于十字丝作用的测标去对准单张像片上没有明显特征的地形点影像，就很难准确。因此，摄影测量仪器都要采用像对的立体观察方法，以浮游测标切准视模型点作为测量的手段。

在摄影测量仪器中建立瞄准用的浮游测标，可使用双测标和单测标两种方法，这里提出浮游测标是因为测量空间点位时测标需作三维运动。双测标法是用两个真实测标放在左、右两像片上或左、右像点的观察视线的光路中,在立体观察像片对时,左、右两测标可当作一对同名像点看待,同样可以获得一个视觉的空间虚测标,可用这个虚测标去量测视模型。设定像对已定向好,满足了人造立体效能的条件,其上有一对同名像点 a_1 和 a_2(图 4.10),在立体观察下能得到视模型点 A。现若像片上各有一个真实测标 M_1 和 M_2,在立体观察下得虚测标 M',虚测标 M' 正好与视模型点 A 相重合,即完成了瞄准工作。这时真实测标 M_1 和 M_2 就分别落在同名像点 a_1 和 a_2 上。根据测标 M_1 和 M_2 在像片上的位置就能辨认出一对像片上的坐标值了。

过去的立体摄影测量仪器多数采用双筒光学系统的立体镜作为立体观察系统,所以也都是采取双测标法进行立体测量。双测标法的测标有圆点、圆圈、T 形、斜 T 形和直线等形状。单测标法是用一个真实测标去量测视模型。在互补色法立体观察时,在大承影面 E_0 上(图 4.11)放置一个量测台,量测台上有一个小承影面 e,其上有实测标 M,多采用圆形亮点。量测台可以在大承影面上作平面运动(YX),而小承影面 e 相对于 E_0 可作升降运动(Z)。设小承影面位于 e 处,低于同名像点射线相交的几何模型点 A,此时在小承影面上就会有两个同名射线的投影点 a_1 和 a_2,在立体观测下得到视模型点 A',不会与测标 M 相重合。将小承影面连同其上的测标相对于大承影面 E_0 向上升高,同名射线在 e 面上两投影点间的距离会逐渐缩短,视模型点看起来就向下降,向小承影面靠拢。当小承影面位于 e' 处,正好通过模型点 A 时,两投影点会合在一起,视模型点 A' 就正好与几何模型点 A 同高。移动量测台把实测标 M 与点 A 重合,这就完成了立体瞄准和量测的工作。这时测标在大承影面上的正射投影点 M_0 和小承影面的高度确定了模型点 A 的空间位置。由此可知,观察的和量测的都是视模型,但量测的结果却正好是几何模型点的数值。

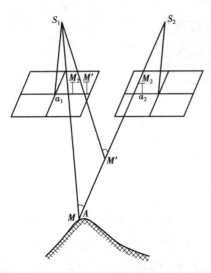

图 4.10 双测标观察系统

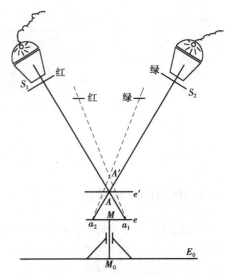

图 4.11 单测标观察系统

本章小结

像对的立体观察和量测是摄影测量的基本技能和基础,它不仅增强了辨认像点的能力,而且提高了测量精度。立体摄影测量仪器都是在对像对进行立体观察和立体量测的条件下进行的作业。通过本章的学习,要求系统掌握立体观察和立体量测的基本概念和原理。

思考与习题

1.人眼的构造如何?

2.人眼为什么能看出立体效果,为什么人眼的观察范围有一定限制?

3.简述像对立体观察应该满足的条件。

4.什么是人造立体视觉?

5.什么是立体观察的正立体效应、反立体效应、零立体效应?

6.摄影测量中观察立体的方法有哪些?各自有什么优缺点?

5

解析空中三角测量

5.1 概 述

5.1.1 解析空中三角测量的目的和意义

用双像解析摄影测量方法能解求出待定点的地面坐标,但是如果仅以一个立体像对为量测单元解求测图所需要的控制点,工作效率不高。况且用双像解析摄影测量方法解求待定点的地面坐标,每个像对都要在野外测求 4 个地面控制点,这样外业工作量大。能否只在一个航带内十几个像对中,或几条航带构成的一个区域内,只测定少量的外业控制点,在内业按一定的数学模型平差计算出该区域内待定点的坐标,然后作为控制点用于双像测图、像片纠正等? 答案是肯定的,解析空中三角测量就是为了解决这个问题而提出的。

空中三角测量

所谓解析空中三角测量就是利用一个区域中多幅像片连接点的像点坐标和少量已知地面控制点坐标及其对应像点坐标,通过平差计算解求像片连接点的地面坐标和像片外方位元素的工作。这些像片连接点称为加密点。该方法将空中摄站及像片放到整个网中,起到点的传递和构网的作用,也称解析空三加密。空中三角测量是后续系列摄影测量处理与应用的基础,如创建数字高程模型(DEM)、数字正射影像(DOM)、立体测编等。采用大地测量测定地面点三维坐标的方法历史悠久,至今仍有十分重要的地位。但随着摄影测量与遥感技术的发展和电子计算机技术的进步,用摄影测量方法进行点位测定的精度有了明显提高,其应用领域不断扩大,而且对某些任务则只能用摄影测量方法才能使问题得到有效解决。

摄影测量方法测定(或加密)点位坐标的意义在于:

①不需直接触及被量测的目标或物体,凡是在影像上可以看到的目标,不受地面通视条件限制,均可以测定其位置和几何形状。

②可以快速地在大范围内同时进行点位测定,从而可节省大量的野外测量工作量。

③在进行摄影测量平差计算时,加密区域内部精度均匀,且很少受区域大小的影响。

所以,摄影测量加密方法已成为一种十分重要的点位测定方法,其主要有以下 5 种应用:

①为立体测绘地形图、制作影像平面图和正射影像图提供定向控制点(图上精度要求在

0.1 mm 以内)和内、外方位元素。

②取代大地测量方法,进行三、四等或等外三角测量的点位测定(要求精度为厘米级)。

③用于地籍测量以测定大范围内界址点的国家统一坐标,称为地籍摄影测量,以建立坐标地籍(要求精度为厘米级)。

④单元模型中解析计算大量点的地面坐标,用于诸如数字高程模型采样或桩点法测图。

⑤解析法地面摄影测量,例如各类建筑物变形测量、工业测量以及用影像重建物方目标等。此时,所要求的精度往往较高。

概括起来讲,解析空中三角测量的目的可以分为两个方面:第一是用于地形测图的摄影测量加密;第二是高精度摄影测量加密,以用于各种不同的应用目的。

5.1.2 解析空中三角测量的分类

利用电子计算机进行解析空中三角测量可以采用各种不同的方法。从传统方法上讲,根据平差中采用的数学模型可分为航带法、独立模型法和光束法。航带法是通过相对定向和模型连接先建立自由航带,以点在该航带中的摄影测量坐标为观测值,通过非线性多项式中变换参数的确定,将自由网纳入所要求的地面坐标系,并使公共点上不符值的平方和为最小。独立模型法平差是先通过相对定向建立起单元模型,以模型点坐标为观测值,通过单元模型在空间的相似变换,将之纳入规定的地面坐标系,并使模型连接点上残差的平方和为最小。而光束法则直接由每幅影像的光线束出发,以像点坐标为观测值,通过每个光束在三维空间的平移和旋转,使同名光线在物方最佳地交会在一起,并将之纳入规定的坐标系,从而加密出待求点的物方坐标和影像的方位元素。

根据平差范围的大小,解析空中三角测量可分为单模型法、单航带法和区域网法。单模型法是在单个立体像对中加密大量的点或用解析法高精度地测定目标点的坐标。单航带法是对一条航带进行处理,在平差中无法顾及相邻航带之间公共点条件。而区域网法则是对由若干条航带(每条航带有若干个像对或模型)组成的区域进行整体平差,平差过程中能充分利用各种几何约束条件,并尽量减少对地面控制点数量的要求。

解析空中三角测量按加密区域分为单航带法和区域网法。单航带解析空中三角测量是以一条航带为加密单元进行解算。它是采用连续像对相对定向的方法,借助相邻模型间的公共点统一模型比例尺,将该航带拼接为一条自由的航带模型,进而求得各模型点在统一的航线摄影测量坐标系中的坐标。然后根据已知地面控制点进行航带网的绝对定向和航带模型非线性变形改正,解算出各加密点的地面坐标。区域网法是在单航带法的基础上发展起来的一种多航带区域摄影测量加密控制点的方法,是利用区域内已知地面控制点,按照最小二乘法进行整体平差,取得区域内所有加密点的过程。与单航带法相比,区域网法需要较少的地面控制点数,加密成果具有较高的精度和整体性。

根据区域网法整体平差时所采用平差单元的不同,可将区域网空中三角测量分为航带法区域网空中三角测量、独立模型法区域网空中三角测量和光线束法区域网空中三角测量。航带法区域网平差是以航带作为整体平差的基本单元,独立模型区域网法平差是以单元模型作为平差单元,光线束法区域平差是以每张像片相似投影光束作为平差单元来计算各个加密点的地面坐标。

5.2　像点坐标量测与系统误差改正

由中心投影构像的共线方程可知,在摄影瞬间,地面点、摄影站点和像点应处于一条直线上,但是像片在摄影和摄影处理过程中,由于摄影底片的变形、摄影机物镜畸变差、大气折光、地球曲率等因素的影响,地面点在像片的像点位置发生了位移,偏离了三点共线。上述因素对每张像片的影响都有相同的规律性,像点位移属于一种系统误差。这种误差在像对的立体测图时对成图精度影响不大,一般可不考虑。但是在空中三角测量加密控制点时,由于误差的积累,对加密点的成果精度有很大影响。因此,有必要事先改正原始数据中像点坐标的系统误差。像点坐标的系统误差主要包括航摄像片的底片变形、航摄仪物镜畸变差、大气折光差和地球曲率改正4个方面。

5.2.1　航摄像片的底片变形

航摄像片在摄影、摄影处理和保存过程中,由于受到不均匀外力、温度、湿度等外界因素变化的影响,都会产生不同程度的变形。底片变形情况比较复杂,从总的变形分析,可概略地分为均匀变形和非均匀变形,所引起的像点位移可通过量测框标坐标或量测框标距来进行改正。

若量测了4个框标的坐标时,可采用下式进行像点坐标改正:

$$\left. \begin{array}{l} x' = a_0 + a_1 x + a_2 y + a_3 xy \\ y' = b_0 + b_1 x + b_2 y + b_3 xy \end{array} \right\} \tag{5.1}$$

式中　x,y——像点坐标的量测值;

　　　x',y'——像点坐标经改正后的值;

　　　a_i,b_i——待定的系数,$i=0,1,2,3$。

将4个框标的理论坐标值和量测值代入式(5.1)中,求得待定的8个系数,然后再用该式即可得到经过摄影材料变形改正后的坐标。式(5.1)用的是多项式数学模型,一般认为能同时顾及均匀和不均匀变形的改正。

若量测4个框标距时,可采用以下变形公式:

$$\left. \begin{array}{l} x' = x\dfrac{L_x}{l_x} \\ y' = y\dfrac{L_y}{l_y} \end{array} \right\} \tag{5.2}$$

式中　l_x,l_y——x向和y向是框标距的实际量测值;

　　　L_x,L_y——x向和y向是框标距的理论值;

　　　其他符号的含义同式(5.1)。

实际上,在影像的内定向过程中已部分地顾及了影像变形误差的改正,所以,若像点坐标的量测包括了内定向步骤,也可不必另行作摄影材料的变形改正。

5.2.2　航摄仪物镜畸变差

航摄仪物镜在加工、安装和调试过程中难免存在一定的残余像差,这一残余像差会引起物

镜畸变。物镜畸变包括对称畸变和非对称畸变,对称畸变在以像主点为中心的辐射线上,辐射
距相等的点,畸变相等;而非对称畸变是因物镜各组合透镜不同心引起的,其畸变误差仅是对
称畸变的1/3,故一般只对对称畸变进行改正。对称畸变差可用以下形式的多项式来表达:

$$\left.\begin{array}{l} \Delta x = - x'(k_0 + k_1 r^2 + k_2 r^4) \\ \Delta y = - y'(k_0 + k_1 r^2 + k_2 r^4) \end{array}\right\} \tag{5.3}$$

式中　$\Delta x, \Delta y$——像点坐标改正数;

　　　　x', y'——改正底片变形后的像点坐标;

　　　　k_0, k_1, k_2——物镜畸变差改正系数,由摄影机检定获得;

　　　　r——像主点为极点的向径,$r = \sqrt{x'^2 + y'^2}$。

5.2.3　大气折光差

　　大气密度随着高度的增大而减少,大气的折射率也
随着高度增大而减小,因此,摄影光线通过大气层时不是
沿理想的直线前进,而是一条折线(图 5.1)。地面点 A 的
理想构像为 a,实际光线通过物镜后成像于 a',aa' 是大气
折光引起的像点位移,用 Δr 表示。大气折光引起像点在
辐射方向上的改正为:

$$\left.\begin{array}{l} \Delta r = - \left(f + \dfrac{r^2}{f}\right) \cdot r^f \\ r^f = \dfrac{n_0 - n_H}{n_0 + n_H} \cdot \dfrac{r}{f} \end{array}\right\} \tag{5.4}$$

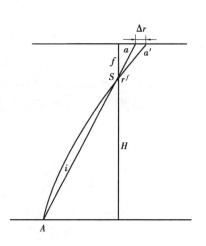

图 5.1　大气折光引起的像点误差

式中　r——像主点为极点的向径,$r = \sqrt{x'^2 + y'^2}$;

　　　　f——摄影机主距;

　　　　r^f——折光差角;

　　　　n_0, n_H——地面及高度为 H 处的大气折射率,可由气象资料或大气模型获得。

　　因此,大气折光引起的像点坐标的改正值为:

$$\left.\begin{array}{l} \mathrm{d}x = \dfrac{x'}{r}\Delta r \\ \mathrm{d}y = \dfrac{y'}{r}\Delta r \end{array}\right\} \tag{5.5}$$

式中　x', y'——大气折光改正前的像点坐标。

5.2.4　地球曲率改正

　　以上各种系统误差都破坏了物像间的中心投影关系,而地球曲率影响则属于投影变换不
同引起的差异。大地水准面是一个椭球面,而地图制图中采用的地面坐标系是以平面作为基
准面的,这种差异会影响解析空中三角测量的成果精度,故必须进行改正。

　　如图 5.2 所示,当不考虑大气折光影响时,地面点 A 在像片上的构像为 a,A 点在基准平面

E 上的投影为 A_0，A_0 点像片上的构像为 a'，aa' 就是由地球曲率引起的像点位移，用 δ 表示。地球曲率引起像点坐标在辐射方向的改正为：

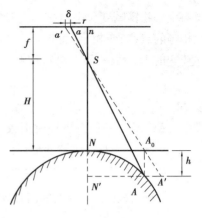

图 5.2　地球曲率引起的像点误差

$$\delta = \frac{H}{2Rf^2}r^3 \Big\}\tag{5.6}$$

式中　H——摄站点航高；

　　　R——地球曲率半径。

则像点坐标的改正数为：

$$\left.\begin{array}{l} \delta_x = \dfrac{x'}{r}\delta = \dfrac{x'Hr^2}{2f^2R} \\[2mm] \delta_y = \dfrac{y'}{r}\delta = \dfrac{y'Hr^2}{2f^2R} \end{array}\right\}\tag{5.7}$$

式中　x'，y'——地球曲率改正前的像点坐标。

最后，经摄影材料变形、摄影物镜畸变差、大气折光差和地球曲率改正后的像点坐标为：

$$\left.\begin{array}{l} x = x' + \Delta x + \mathrm{d}x + \delta_x \\ x = y' + \Delta y + \mathrm{d}y + \delta_y \end{array}\right\}\tag{5.8}$$

式中　(x,y)——经过各项误差改正后的像点坐标；

　　　(x',y')——经过摄影材料变形改正后的像点坐标；

　　　$(\Delta x,\Delta y)$——物镜畸变差引起的像点坐标改正值；

　　　$(\mathrm{d}x,\mathrm{d}y)$——大气折光引起的像点坐标改正值；

　　　(δ_x,δ_y)——地球曲率引起的像点坐标改正值。

5.3　航带法空中三角测量

航带法区域网空中三角测量是在每条航线构成航带模型后，各航带依次根据本航带地面控制点和上一条相邻航带公共点进行概略定向，使全区域的各条航带统一在共同的坐标系中。然后以单个航带模型作为一个基本单元，利用地面控制点的摄影测量坐标与实际地面坐标相等以及相邻航带公共点坐标应相等为条件，将这些点经概略绝对定向后的坐标作为观测值，用平差方法在全区域同时整体解算各条航带模型的非线性变形纠正系数，从而求得各个加密点的地面坐标。

5.3.1　航带模型的建立

建立航带模型实际就是求得各模型点在统一的航带像空间辅助坐标系中的坐标，包括按连续像对法进行像对的相对定向建立像对立体模型和统一模型比例尺两项工作。在建立航带模型之前，每张像片的像点坐标都应进行由于底片变形、摄影物镜畸变差、大气折光和地球曲率所引起的像点误差改正。

（1）像对的相对定向

通常是以航线首张像片的空间坐标系作为航带像空间辅助坐标系。如果像对从左向右编号,第一个像对的左片相对于统一的航带空间辅助坐标系的角元素为零。经像对的相对定向求出的本像对右片相对于航带空间辅助坐标系的相对定向角元素 $\varphi_2,\omega_2,\kappa_2$,该值对下一个像对而言,就是左片的已知的角元素。

若像对内有多对同名像点参加相对定向,可列多个误差方程式,根据最小二乘原理列立法方程,求出未知相对定向元素,计算出各模型点在各自像对模型中的坐标。

(2)模型比例尺归化

每个像对模型的比例尺是按其相对定向时所取的 b_u 而定,大小不确定。为了建立航带模型,应将各像对模型归化到统一的比例尺中,称为归化或模型连接。

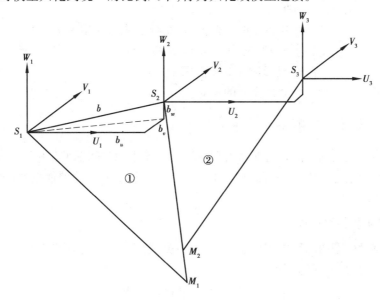

图 5.3　模型比例尺归化

如图 5.3 所示,对于第一个像对而言,模型①的比例尺是任意的,可将此比例尺作为整条航带模型的比例尺。对第二个像对进行相对定向,得到模型②,由于两个模型比例尺不等,其公共点 M 分别位于 M_1 和 M_2 处,对模型②进行比例尺归化,使其和模型①的比例尺相同,即使 M_1 和 M_2 点重合($S_1M_1=S_2M_2$)。按下式计算模型归化系数 k:

$$k=\frac{S_1M_1}{S_2M_2}=\frac{(N_2w_2)_{模型1}}{(N_1w_1)_{模型2}}=\frac{(N_1w_1)_{模型1}-b_w}{(N_1w_1)_{模型2}} \tag{5.9}$$

求出模型归化系数 k 后,将后一对像对模型的所有模型点、摄站点坐标和基线分量均乘以 k,即可将比例尺统一于前一像对的模型比例尺中。各个像对依次按上述方法进行比例尺归化,进而建立统一比例尺的航带模型。

为使以后的整体平差计算方便,将所有模型坐标 U,V,W 和基线分量 b_u,b_v,b_w 都乘以一个比例尺分母 M,这相当于把模型放大到与实地一样。因前一模型的右摄站是后一模型的左摄站,顾及模型比例尺归化系数,则第二个模型及以后各模型的摄站点在全航带统一的坐标为:

$$\left.\begin{array}{l} U_{S2}=U_{S1}+kMb_u \\ V_{S2}=V_{S1}+kMb_v \\ W_{S2}=W_{S1}+kMb_w \end{array}\right\} \tag{5.10}$$

第二个模型及以后各模型中的模型点在全航带统一的坐标为:

$$
\left.\begin{aligned}
U &= U_{S1} + kMN_1 u_1 \\
V &= V_{S1} + \frac{1}{2}(kMN_1 v_1 + kMN_2 v_2 + kMb_v) \\
W &= W_{S1} + kMN_1 w_1
\end{aligned}\right\} \tag{5.11}
$$

$$
\left.\begin{aligned}
N &= \frac{b_u w_2 - b_w u_2}{u_1 w_2 - w_1 u_2} \\
N' &= \frac{b_u w_1 - b_w u_1}{u_1 w_2 - w_1 u_2}
\end{aligned}\right\} \tag{5.12}
$$

式中　U,V,W——模型点坐标值;

$\quad\quad U_{S1},V_{S1},W_{S1}$——本像对左摄站的坐标值,均由前一像对模型求得;

$\quad\quad u_1,v_1,w_1$——左像点的像空间辅助坐标,v_2 为右像点的像空间辅助坐标;

$\quad\quad N_1,N_2$——本像对左、右投影射线的比例因子。

至此完成了统一比例尺的航带模型的建立。

5.3.2　航带模型的概略绝对定向

航带模型绝对定向的目的是将航带模型在统一的航带像空间辅助坐标系的坐标转换到航带统一的地面参考坐标系中(即地面摄影测量坐标系),取得模型的地面概略坐标,为全区域整体平差作准备。

(1)地面参考坐标系的建立

根据首条航带模型内两地面控制点 A 和 B,根据式(5.13)将地面坐标系统转换到 x 轴大致与航带平行的地面参考坐标系。

$$
\begin{pmatrix} X \\ Y \\ Z \end{pmatrix} = \begin{pmatrix} a & b & 0 \\ b & -a & 0 \\ 0 & 0 & \lambda \end{pmatrix} \begin{pmatrix} X_t - X_{tA} \\ Y_t - Y_{tA} \\ Z_t \end{pmatrix} \tag{5.13}
$$

式中　X,Y,Z——控制点地面参考坐标;

$\quad\quad X_t,Y_t,Z_t$——控制点地面坐标;

$\quad\quad X_{tA},Y_{tA}$——A 点在地面坐标系中的坐标;

$\quad\quad a = \dfrac{\Delta U_{B-A}\Delta X_{B-A} - \Delta V_{B-A}\Delta Y_{B-A}}{\Delta X_{tB-A}^2 + \Delta Y_{tB-A}^2}$

$\quad\quad b = \dfrac{\Delta U_{A-B}\Delta Y_{tB-A} + \Delta V_{B-A}\Delta X_{tB-A}}{\Delta X_{tB-A}^2 + \Delta Y_{tB-A}^2}$

$\quad\quad \lambda = \sqrt{a^2 + b^2}$

$\quad\quad \Delta U,\Delta V$——模型点坐标差;

$\quad\quad \Delta X,\Delta Y,\Delta X_t,\Delta Y_t$——地面参考坐标差、地面坐标差。

(2)坐标重心化

地面参考坐标系中地面控制点坐标的重心化,重心坐标为:

$$
X_G = \frac{\sum X}{n}, \quad Y_G = \frac{\sum Y}{n}, \quad Z_G = \frac{\sum Z}{n}
$$

重心化坐标为:

$$\bar{X} = X - X_G, \bar{Y} = Y - Y_G, \bar{Z} = Z - Z_G \qquad (5.14)$$

航带模型辅助坐标系中模型点坐标的重心化,重心坐标为:

$$U_G = \frac{\sum U}{n}, \quad V_G = \frac{\sum V}{n}, \quad W_G = \frac{\sum W}{n}$$

重心化坐标为:

$$\bar{U} = U - U_G, \quad \bar{V} = V - V_G, \quad \bar{W} = W - W_G$$

求重心坐标时,地面控制点和模型点的数目和点号应一一对应。

(3)航带模型的概略定向

航带模型的概略定向是将航带模型作为一个整体,通过空间相似变换来实现,其公式如下:

$$\begin{pmatrix} \bar{X} \\ \bar{Y} \\ \bar{Z} \end{pmatrix} = \lambda R \begin{pmatrix} \bar{U} \\ \bar{V} \\ \bar{W} \end{pmatrix} + \begin{pmatrix} \Delta X_G \\ \Delta Y_G \\ \Delta Z_G \end{pmatrix} \qquad (5.15)$$

式中 $\bar{X}, \bar{Y}, \bar{Z}$——模型点经空间变换后的重心化地面参考坐标;

$\Delta X_G, \Delta Y_G, \Delta Z_G$——航带模型重心平移值;

λ, R——相似变换参数。

根据参加概略定向的控制点列出误差方程式(5.16),求得变换参数的改正值,第一条航带模型是根据本航带内已知地面控制点进行概略绝对定向,而其他航带模型取本航带内地面控制点的地面参考坐标和上一航带公共点的地面概略坐标进行坐标重心化和航带模型的概略绝对定向。进而求得区域内各航带模型点在地面参考坐标系的地面概略坐标。

$$\begin{bmatrix} v_{\bar{U}} \\ v_{\bar{V}} \\ v_{\bar{W}} \end{bmatrix} = \begin{bmatrix} 0 & -\bar{W} & -\bar{V} & \bar{U} & 1 & 0 & 0 \\ -\bar{W} & 0 & \bar{U} & \bar{V} & 0 & 1 & 0 \\ \bar{V} & \bar{U} & 0 & \bar{W} & 0 & 0 & 1 \end{bmatrix} \begin{bmatrix} \Delta\Omega \\ \Delta\Phi \\ \Delta K \\ \Delta\lambda \\ d\Delta X_G \\ d\Delta Y_G \\ d\Delta Z_G \end{bmatrix} - \begin{bmatrix} l_{\bar{U}} \\ l_{\bar{V}} \\ l_{\bar{W}} \end{bmatrix} \qquad (5.16)$$

其中:$\begin{pmatrix} l_{\bar{U}} \\ l_{\bar{V}} \\ l_{\bar{W}} \end{pmatrix} = \begin{pmatrix} \bar{X} \\ \bar{Y} \\ \bar{Z} \end{pmatrix} - \begin{pmatrix} \Delta X_G \\ \Delta Y_G \\ \Delta Z_G \end{pmatrix} - \lambda_0 R_0 \begin{pmatrix} \bar{U} \\ \bar{V} \\ \bar{W} \end{pmatrix}$。

5.3.3 航带法区域网平差

航带法区域网平差的任务是在全区域整体解算各条航带模型的非线性改正式的系数,然后利用所求得的各条航带模型改正系数,求出待定点坐标,进而得到各加密点的地面坐标。在航带模型构建过程中,由于误差积累会产生非线性变形。通常采用一个多项式曲面来代替复杂的变形曲面,使曲面经过航带模型已知控制点时,所求得的坐标变形值与实际变形值相等或其差的平方和最小。

一般采用的多项式有两种,一种是对 X,Y,Z 坐标分列的二次和三次多项式,另一种是平面坐标改正采用三次或二次正形变换多项式,而高程采用一般多项式。二次和三次多项式改正公式:

$$
\left.
\begin{aligned}
\Delta X &= a_0 + a_1\overline{X} + a_2\overline{Y} + a_3\overline{X}^2 + a_4\overline{X}\,\overline{Y} + a_5\overline{X}^3 + a_6\overline{X}^2\overline{Y} \\
\Delta Y &= b_0 + b_1\overline{X} + b_2\overline{Y} + b_3\overline{X}^2 + b_4\overline{X}\,\overline{Y} + b_5\overline{X}^3 + b_6\overline{X}^2\overline{Y} \\
\Delta Z &= c_0 + c_1\overline{X} + c_2\overline{Y} + c_3\overline{X}^2 + c_4\overline{X}\,\overline{Y} + c_5\overline{X}^3 + c_6\overline{X}^2\overline{Y}
\end{aligned}
\right\}
\tag{5.17}
$$

式中 $\Delta X, \Delta Y, \Delta Z$——航带模型经概略绝对定向后模型点的非线性变形坐标改正值;

$\overline{X}, \overline{Y}, \overline{Z}$——航带模型经概略绝对定向后模型点重心化概略坐标;

a_i, b_i, c_i——非线性变形多项式的系数。

平面坐标的正形变换改正公式:

$$
\left.
\begin{aligned}
\Delta X &= A_1 + A_3\overline{X} - A_4\overline{Y} + A_5\overline{X}^2 - 2A_6\overline{X}\,\overline{Y} + A_7\overline{X}^3 - 3A_8\overline{X}^2\overline{Y} \\
\Delta Y &= A_2 + A_4\overline{X} + A_3\overline{Y} + A_6\overline{X}^2 + 2A_5\overline{X}\,\overline{Y} + A_8\overline{X}^3 + 3A_7\overline{X}^2\overline{Y}
\end{aligned}
\right\}
\tag{5.18}
$$

对式(5.17)、式(5.18)而言,去掉三次项即得二次项变换公式。

航带模型的非线性改是根据实际布设控制点情况,来确定采用二次项公式还是三次项公式。对单航带解析空中三角测量,若采用三次多项式作非线性变形改正,则每个式中包含 7 个参数,共计 21 个参数,解算至少需要 7 个平高控制点。

假设采用二次多项式进行航带模型的非线性改正,则控制点的误差方程式:

$$
\left.
\begin{aligned}
-v_X &= a_0 + a_1\overline{X} + a_2\overline{Y} + a_3\overline{X}^2 + a_4\overline{X}\,\overline{Y} - l_X \\
-v_Y &= b_0 + b_1\overline{X} + b_2\overline{Y} + b_3\overline{X}^2 + b_4\overline{X}\,\overline{Y} - l_Y \\
-v_Z &= c_0 + c_1\overline{X} + c_2\overline{Y} + c_3\overline{X}^2 + c_4\overline{X}\,\overline{Y} - l_Z
\end{aligned}
\right\}
\tag{5.19}
$$

式中

$$
\left.
\begin{aligned}
l_X &= X - X_G - \overline{X} \\
l_Y &= Y - Y_G - \overline{Y} \\
l_Z &= Z - Z_G - \overline{Z}
\end{aligned}
\right\}
\tag{5.20}
$$

利用控制点建立误差方程式,建立相应的法方程,求解非线性变形改正式系数 a_i, b_i, c_i,然后利用式(5.17)解求航带模型经概略绝对定向后模型点的非线性变形坐标改正值,进而求得模型点的地面参考坐标。最后经过坐标旋转式(5.13)的逆变换得到最终的地面点坐标。

5.4　独立模型法区域网空中三角测量

独立模型法区域网空中三角测量是以构成的每一个单元模型为一个独立单元,参加全区域的整体平差计算,实际每个单元都被视为一个刚体,只作平移、缩放和旋转,最终达到整个区域内各单元模型处于最或是位置。

5.4.1　单元模型的建立

建立单元模型就是为获取包括地面控制点、摄影测量加密点和摄影站点等模型点的坐标。单元模型可以由一个像对构成,也可以由若干个相邻像对所构成。建立单元模型一般采用单独像对法,根据单独像对相对定向误差方程式建立法方程,求解像对的相对定向独立参数。单独像对相对定向完成,亦即求得了左、右像片的旋转矩阵的独立参数,可将像点的像空间坐标换算为像空间辅助坐标系中的坐标,并计算其模型点坐标。

5.4.2　区域网的建立

相对定向完成后,由于每个单元模型的像空间辅助坐标系的轴系方向不一致,导致同一地面模型点在相邻单元模型中的坐标值不相同。现在要将各单元模型归化到同一个坐标系,即建立区域网。

在单元模型归化至统一的坐标系过程中,利用相邻两单元模型间的公共点坐标值应相等的条件,通过后一模型单元相对于前一模型作旋转、缩放和平移的空间相似变换,把后一单元模型归化到前一模型的坐标系中,依次类推,直至进行到最后一个单元模型为止。经空间相似变换的单元模型,依然保持模型的原来形状和独立性。

5.4.3　全区域单元模型的整体平差

区域网整体平差依然将区域内的单元模型视为刚体作为平差单元,按照在整个区域内相邻模型公共点在各单元模型上的坐标相同,以及地面控制点的模型计算坐标和实测坐标相同的原则,依据最小二乘原理,经旋转、缩放和平移的空间相似变换,确定出每个单元模型在区域中的最或是位置。区域网的建立与整体平差,实际上可用相同的数学模型一次解算完成。

(1)单元模型坐标的重心化

为了计算方便,在区域网整体平差中,对每个单元模型进行坐标重心化。可取单元模型内参加整体平差的模型连接点和地面控制点的坐标,计算出单元模型的重心坐标。此时摄影站点不参与测求重心坐标。

单元模型重心的坐标:$U_G = \dfrac{\sum U}{n}$,$V_G = \dfrac{\sum V}{n}$,$W_G = \dfrac{\sum W}{n}$

式中　n——所取控制点和连接点个数之和。

单元模型上模型点重心化坐标:$\bar{U} = U - U_G$,$\bar{V} = V - V_G$,$\bar{W} = W - W_G$。

单元模型内相应地面点重心的地面参考坐标:

$$X_G = \frac{\sum X}{n}, \quad Y_G = \frac{\sum Y}{n}, \quad Z_G = \frac{\sum Z}{n}$$

式中　X,Y,Z 对控制点而言,是其地面参考坐标值;对模型公共连接点而言,取该点在各相邻模型上诸坐标的平均值。

单元模型内相应地面点重心化地面参考坐标:

$$\overline{X} = X - X_G, \quad \overline{Y} = Y - Y_G, \quad \overline{Z} = Z - Z_G$$

（2）整体平差误差方程式的建立

对于每个单元模型在整体平差中的空间变换矩阵为：

$$\begin{bmatrix} X \\ Y \\ Z \end{bmatrix} = \lambda R \begin{bmatrix} \overline{U} \\ \overline{V} \\ \overline{W} \end{bmatrix} + \begin{bmatrix} X_G \\ Y_G \\ Z_G \end{bmatrix} \tag{5.21}$$

对式（5.22）线性化,可得误差方程形式为：

$$-\begin{bmatrix} v_U \\ v_V \\ v_W \end{bmatrix}_{i,j} = \begin{bmatrix} 1 & 0 & 0 & \overline{U} & -\overline{W} & 0 & -\overline{V} \\ 0 & 1 & 0 & \overline{V} & 0 & -\overline{W} & \overline{U} \\ 0 & 0 & 1 & \overline{W} & \overline{U} & \overline{V} & 0 \end{bmatrix}_{i,j} \begin{bmatrix} \mathrm{d}X_G \\ \mathrm{d}Y_G \\ \mathrm{d}Z_G \\ \mathrm{d}\lambda \\ \mathrm{d}\varphi \\ \mathrm{d}\omega \\ \mathrm{d}\kappa \end{bmatrix}_j - \begin{bmatrix} \Delta X \\ \Delta Y \\ \Delta Z \end{bmatrix}_{i,j} - \begin{bmatrix} l_U \\ l_V \\ l_W \end{bmatrix}_{i,j} \tag{5.22}$$

其中：

$$\begin{bmatrix} l_U \\ l_V \\ l_W \end{bmatrix}_{i,j} = \begin{bmatrix} X_0 \\ Y_0 \\ Z_0 \end{bmatrix} - \lambda_0 R_0 \begin{bmatrix} \overline{U} \\ \overline{V} \\ \overline{W} \end{bmatrix}_{i,j} - \begin{bmatrix} X_{G0} \\ Y_{G0} \\ Z_{G0} \end{bmatrix}_j$$

式中　$\overline{U}, \overline{V}, \overline{W}$——单元模型中模型点 i 的重心化坐标；

　　　X, Y, Z——单元模型点 i 的地面参考坐标平差值；

　　　λ——单元模型的比例因子；

　　　R——单元模型的旋转矩阵；

　　　X_G, Y_G, Z_G——单元模型重心在地面参考坐标系中的坐标；

　　　i, j——模型点、单元模型的编号；

　　　$\Delta X, \Delta Y, \Delta Z$——待定点坐标改正数；

　　　X_0, Y_0, Z_0——模型公共点的均值；

　　　X_{G0}, Y_{G0}, Z_{G0}——X_G, Y_G, Z_G 的初始值；

　　　$\mathrm{d}X_G, \mathrm{d}Y_G, \mathrm{d}Z_G, \mathrm{d}\lambda, \mathrm{d}\varphi, \mathrm{d}\omega, \mathrm{d}\kappa$——模型的 7 个变换参数改正数。

误差方程的矩阵形式为：

$$V = AX - L \tag{5.23}$$

（3）法方程的组成和解算

根据误差方程式（5.24）按最小二乘法组成法方程的矩阵形式为：

$$A^{\mathrm{T}}AX - A^{\mathrm{T}}L = 0 \tag{5.24}$$

解法方程得 7 个相似变换参数的改正数值为：

$$X = (A^{\mathrm{T}} - A)^{-1} A^{\mathrm{T}} - L \tag{5.25}$$

独立模型法区域网空中三角测量的计算量很大,若区域网内有 N 条航带,每条航带有 n

个模型,则全区的相似变换待定参数应有 $7nN$ 个;若参加整体平差的连接点点数为 m,则连接点坐标改正数为 $3m$ 个。在解算时,法方程系数阵占很大的存储空间。为了提高解算效率,有许多不同的解算方法,在此不做多述。

(4)模型点坐标值的计算

根据求得的每个单元模型 7 个变换参数和式(5.21)可以求取各个模型点的地面参考坐标 X,Y,Z。对于各模型间的连接点,取其在各模型中的平均值作为该点的地面参考坐标最或是值。最后利用坐标变换公式将模型点地面参考坐标 X,Y,Z 转换为地面坐标系 X_t,Y_t,Z_t。

5.5　光束法区域网空中三角测量

光束法是以摄影时地面点、摄影站点和像点三点共线为基本条件,以每张像片所组成一束光线作为平差的基本单元,以共线条件方程作为平差的基础方程。通过各个光束在空中的旋转和平移,使模型之间公共点的光线实现最佳交会,并使整个区域很好纳入已知控制点地面坐标系中。光束法区域网平差就是在全区域内建立误差方程式,求得每张像片的 6 个外方位元素和加密点地面坐标。在参与区域网平差之前,每张像片的像点坐标都应进行由于底片变形、摄影物镜畸变差、大气折光和地球曲率所引起的像点误差改正。

空中三角测量
加密解算

5.5.1　基本思想

光束法区域网平差是以每张像片为单元,以共线条件方程为平差的基础方程,建立全区域统一的误差方程,整体解求全区域内每张像片的 6 个外方位元素以及所有待求点的地面坐标,如图 5.4 所示。主要内容如下所述。

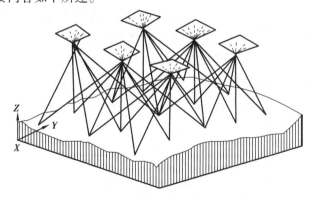

图 5.4　光束法区域网平差

①获取每张像片外方位元素及待定点坐标的近似值。

②从每张像片上控制点、待定点的像点坐标出发,按共线条件列出误差方程式。

③逐点法化建立改化法方程,按循环分块的求解方法,先求出其中的一类未知数,通常先求每张像片的外方位元素。

④按空间前方交会求待定点的地面坐标,对于相邻像片的公共点,应取其均值作为最后结果。

（1）用航带网加密成果作为概略值

当第一条航带建立后，利用本航带的已知控制点作概略绝对定向，获取加密点概略地面坐标。以下各航带用上条相邻航带的公共点和本航带的已知控制点作绝对定向，用各相邻航带的公共点坐标平均值作为地面坐标近似值。用单像空间后方交会方法求得每张像片外方位元素概略值。

（2）用空间后方交会和前方交会交替进行的方法

①对于单条航带而言，假定航带左边第一张像片水平、地面水平，摄站点坐标（0,0,H），则可计算此像片的6个标准像点的相应地面位置。

②将第一片和第二片组成像对，利用前方交会算出6个标准点相对起始面高差，然后修正第一片上的标准点坐标值；利用空间后交求得第二片相对第一片的外方位元素；利用第一、第二两片的外方位元素求立体像对的地面点近似值，推算第三片主点的近似坐标。

③第三片可利用像主点坐标和三度重叠内的点，进行空间后交求出第三片的外方位元素；用第二、第三片外方位元素进行前方交会，求得第二个模型中各点的地面近似坐标。以后各片用与第三片同样的方法求得航带中各像片的外方位元素和各点地面坐标近似值。

④利用第一条航带两端控制点进行绝对定向，相邻航带利用航带控制点和相邻公共点对本航带各像片进行空间后方交会，求得各片方位元素，作为本带各片外方位元素的概略值。然后进行各像对的前方交会求得地面点的概略值。依次类推，全区域各航带上点的地面近似坐标值统一在同一坐标系内。

5.5.2 数学模型

同单张像片空间后方交会一样，光束法平差仍是以共线条件方程式作为基本的数学模型，像点坐标(x,y)是未知数的非线性函数，仍要进行线性化，与空间单像空间后方交会不同的是，对待定点的地面坐标(X,Y,Z)也要进行偏微分，所以线性化过程中要提供每张像片外方位元素的近似值及待定坐标的近似值，然后逐渐趋近求出最佳解。

在内方位元素已知的情况下，视像点坐标为观测值，其误差方程可表示为：

$$\left.\begin{array}{l} v_x = a_{11}\Delta X_S + a_{12}\Delta Y_S + a_{13}\Delta Z_S + a_{14}\Delta\phi + a_{15}\Delta\omega + a_{16}\Delta\kappa - a_{11}\Delta X - a_{12}\Delta Y - a_{13}\Delta Z - l_x \\ v_y = a_{21}\Delta X_S + a_{22}\Delta Y_S + a_{23}\Delta Z_S + a_{24}\Delta\phi + a_{25}\Delta\omega + a_{26}\Delta\kappa - a_{21}\Delta X - a_{22}\Delta Y - a_{23}\Delta Z - l_y \end{array}\right\}$$

$$(5.26)$$

写成矩阵形式为：

$$V = \begin{bmatrix} A & B \end{bmatrix} \begin{bmatrix} t \\ X \end{bmatrix} - L \qquad (5.27)$$

式中　$V = \begin{bmatrix} v_x & v_y \end{bmatrix}^T$；

$$A = \begin{bmatrix} a_{11} & a_{12} & a_{13} & a_{14} & a_{15} & a_{16} \\ a_{21} & a_{22} & a_{23} & a_{24} & a_{25} & a_{26} \end{bmatrix};$$

$$B = \begin{bmatrix} -a_{11} & -a_{12} & -a_{13} \\ -a_{21} & -a_{22} & -a_{23} \end{bmatrix};$$

$$t = \begin{bmatrix} \Delta X_S & \Delta Y_S & \Delta Z_S & \Delta\varphi & \Delta\omega & \Delta\kappa \end{bmatrix}^T;$$

$X = \begin{bmatrix} \Delta X & \Delta Y & \Delta Z \end{bmatrix}^{\mathrm{T}};$

$L = \begin{bmatrix} l_x & l_y \end{bmatrix}^{\mathrm{T}}。$

对于每个像点,可列出一组形如式(5.27)的误差方程式,其相应的法方程式为:

$$\begin{bmatrix} A^{\mathrm{T}} A & A^{\mathrm{T}} B \\ B^{\mathrm{T}} A & B^{\mathrm{T}} B \end{bmatrix} \begin{bmatrix} t \\ X \end{bmatrix} - \begin{bmatrix} A^{\mathrm{T}} L \\ B^{\mathrm{T}} L \end{bmatrix} = 0 \qquad (5.28)$$

或者写为:

$$\begin{bmatrix} N_{11} & N_{12} \\ N_{21} & N_{22} \end{bmatrix} \begin{bmatrix} t \\ X \end{bmatrix} = \begin{bmatrix} M_1 \\ M_2 \end{bmatrix} \qquad (5.29)$$

一般情况下,待定点坐标的未知数 X 的个数要远大于像片外方位元素 t 的个数,对上式消去未知数 X,可得未知数 t 的解向量:

$$t = \begin{bmatrix} N_{11} - N_{12} N_{22}^{-1} N_{21} \end{bmatrix}^{-1} \cdot \begin{bmatrix} M_1 - N_{12} N_{22}^{-1} M_2 \end{bmatrix} \qquad (5.30)$$

求出外方位元素后,再利用双像空间前方交会求得全部待定点的地面坐标,也可以利用多片前方交会求得待定点的地面坐标。在共线条件的误差方程(5.26)中,由于每张像片的 6 个外方位元素已经求出,可以列出每个待定点的前方交会点误差方程:

$$\left. \begin{array}{l} v_x = - a_{11} \Delta X - a_{12} \Delta Y - a_{13} \Delta Z - l_x \\ v_y = - a_{21} \Delta X - a_{22} \Delta Y - a_{23} \Delta Z - l_y \end{array} \right\} \qquad (5.31)$$

如果有一个待定点跨越了几张像片,则可以列出形如上式的 $2n$(n 为所跨像片张数)个误差方程,将所有待定点的误差方程组成法方程,解求出每个待定点的地面坐标近似值的改正数,加上近似值后,得该点的地面坐标。

5.5.3 GPS 辅助空中三角测量

机载定位定向系统(Position and Orientation System,POS)是基于全球定位系统(GPS)和惯性测量装置(IMU)的直接测定影像外方位元素的现代航空摄影导航系统,可用于无地面控制或仅有少量地面控制点情况下的航空遥感对地定位和影像获取。

随着全数字化、全自动化摄影测量的发展,以解析空中三角测量理论为基础的自动空中三角测量,从摄影测量软件角度来说,已经是效率很高、自动化程度也很高的工序之一了,但离全自动化的目标还有一步之遥。若能利用 GPS/POS 数据进行 GPS/POS 辅助空中三角测量,则其效率可望进一步提高,在有些情况下,完全可以实现 GPS/POS 辅助的全自动空中三角测量。

如果将影像点坐标观测值与地面控制点坐标一道进行区域网平差,这便是经典的解析空中三角测量方法;如果将该观测值与 GPS/POS 数据(必要时可加入少量的地面控制点)一并进行区域网联合平差,这就形成了 GPS/POS 辅助空中三角测量。

自动空中三角测量作业过程,对于模型连接点,利用多影像匹配算法可高效、准确、自动地量测其影像坐标,完全取代了常规航空摄影测量中由人工逐点量测像点坐标的作业模式。但是对于区域网中的地面控制点,目前还缺乏行之有效的算法来自动定位其影像,只能将数字摄影测量工作站当作光机坐标量测仪由作业员手工量测。GPS/POS 辅助空中三角测量平差时,若要进行高精度点位测定,需在区域网的四角各布设一个平高控制点、在区域两端各敷设一条垂直于构架航线或者是在区域两端垂直于航线方向各布设一排高程控制点,这种地面控制方案已被普遍采用。如果是进行高山地区中小比例尺的航空摄影测量成图,则可考虑采用无地面控制的空中三角测量方法,此时可完全用 GPS/POS 摄站坐标取代地面控制点,实现真正意义上的全自动空中三角测量。

本章小结

空中三角测量是摄影测量中的一项重要工作。其目的是根据航摄像片和所摄地面的几何关系,在野外尽量少布设控制点,而通过室内加密的形式,按一定的数字模型计算出待定点的坐标。因此,空中三角测量的质量直接决定着测图的精度,由于受摄影机物镜的畸变、大气折光、感光材料的变形、地球曲率等因素的影响,其像点、物点、投影中心不在一条直线上,产生位移,由此需要进行像点坐标的系统误差对正。

思考与习题

1.解析空中三角测量的意义和特点。
2.解析空中三角测量的主要任务是什么? 常规方法有哪几种?
3.像点坐标的系统误差包括哪几种? 它对立体测图的影响如何?
4.光束法空中三角测量的基本思想是什么?

6

数字摄影测量基础

摄影测量的两项基本任务是对影像的量测与理解(或识别),在过去的一段时间里,它们需要人工操作。无论是在刺点仪上进行同名点的转刺,还是在立体坐标仪上进行像点坐标的量测,或在模拟立体测图仪及解析测图仪上进行定向、测绘地貌与地物,都需要在人眼立体观察的情况下使左右测标对准同名像点。从 20 世纪 50 年代开始,人们就尝试摄影测量的自动化试验,并开始在模拟测图仪的像片盘上方安装阴极射线管(CRT),将影像的灰度信号转换为电信号,利用电子相关器识别同名点,这种同名点的识别技术被称为匹配技术。随后又在解析测图仪上进行试验。与此同时,摄影测量工作者也试图将由影像灰度转换成的电信号再转成数字信号(即数字影像),然后,由电子计算机来实现摄影测量的自动化过程。

最早涉及摄影测量自动化的专利可追溯到 1930 年,但并未付诸实施。20 世纪 60 年代初,美国研制成功的 DAMC 系统就是属于全数字的自动化测图系统。它采用 Wild 厂生产的 STK-1 精密立体坐标仪进行影像数字化,然后用 1 台 IBM 7094 型电子计算机实现摄影测量自动化。1996 年 7 月,在维也纳第 17 届国际摄影测量与遥感大会上,展出了十几套数字摄影测量工作站,这表明数字摄影测量工作站已进入了使用阶段。现在,数字摄影测量得到了迅速发展,数字摄影测量工作站得到了越来越广泛的使用,其品种也越来越多。如国内由原武汉测绘科技大学王之卓教授于 1978 年提出了发展全数字自动化测图系统的设想与方案,并于 1985 年完成了全数字自动化测图系统 WUDAMS(后发展为全数字自动化测图系统 VirtuoZo),也采用数字方式实现摄影测量自动化。再如北京四维远见信息技术有限公司的 JX-4A 等,国外有 Helava 的 DPW 等。

随着计算机技术及其应用的发展以及数字图像处理,模式识别、人工智能、专家系统以及计算机视觉等学科的不断发展,数字摄影测量的内涵已远远超过了传统摄影测量的范围,现已被公认为摄影测量的第三个发展阶段。数字摄影测量最终是以计算机视觉代替人眼的立体观测,因而它所使用的仪器最终将只有通用计算机及其相应外部设备,特别是在当代,工作站的发展为数字摄影测量的发展提供了广阔的前景,其产品也是数字形式的。

6.1 数字摄影测量概述

6.1.1 数字摄影测量的定义

数字摄影测量的定义,目前在世界上有两种观点。

其一认为,数字摄影测量是基于数字影像与摄影测量的基本原理,应用计算机技术、数字影像处理、影像匹配、模式识别等多种学科的理论与方法,提取所摄对象用数字方式表达的几何与物理信息的摄影测量学的分支学科。这种定义在美国等国家被称为软拷贝摄影测量。中国著名摄影测量学者王之卓教授称之为全数字摄影测量。这种定义为,在数字摄影测量中,不仅其产品是数字的,而且其中间数据的记录以及处理的原始资料均是数字的,所处理的原始资料也是数字摄影或数字化的影像。

另一种数字摄影测量定义则只强调其中间数据记录及最终产品是数字形式的,即数字摄影测量是基于摄影测量的基本原理,从摄影测量与遥感所获取的数据中,采用数字摄影影像或数字化影像,在计算机中进行各种数值、图形和影像处理,以研究目标的几何和物理特性,从而获得各种形式的数字化产品,如数字地形图、数字高程模型、数字正射影像、景观图等。

数字摄影测量系统是由计算机视觉(其核心是影像匹配与识别)代替人的立体量测与识别,完成影像几何与物理信息的自动提取。为了让计算机能够完成这一任务,必须使用数字影像。若处理的原始资料是光学影像(即像片),则需要利用影像数字化仪对其数字化。

6.1.2 数字影像的获取

数字摄影测量的特点是用数字影像代替光学影像,从而使得利用计算机替代所有的光学、机械摄影测量仪器成为可能,使数字摄影测量成为现实。

如图 6.1 所示,数字影像可由面阵 CCD 的航空数码摄影机摄影直接获得;但是目前一般是将光学影像(传统航空摄影机所摄取)的底片进行扫描获得。在进行摄影测量处理时,前者无须进行内定向,后者需要进行内定向。

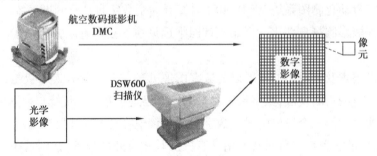

图 6.1 数字影像的两种获取方式

航空数码摄影机也采用线阵列 CCD,如图 6.2 所示的 ADS40 就是采用 3 行(线阵)CCD 阵列,分别形成前视、下视、后视,在飞行过程中一次形成 3 条航带,再加多光谱(近红外、红、绿、蓝)影像。

通常,一幅 230 mm×230 mm 黑白的航空影像,若按像素大小为 20 μm 进行扫描(数字化),影像的灰度等级分为 0 ~ 255,即 1 个 Byte,这时的数据量为:$(230×1\ 000/20)^2 ≈ 132$(MB),对于彩色影像,每个像元分成 R、G、B 三色(3 Bytes)存放,数据量还要增加 3 倍。因此,数据量大是数字摄影测量的一个突出特点。

 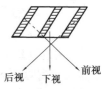

(a)航空数码摄影机 ADS40　　(b)3 行 CCD 阵列

图 6.2　3 行 CCD 航空摄影机

6.1.3　数字摄影测量的匹配原理

数字摄影测量中是以影像匹配代替传统的人工观测,以达到自动确定同名像点的目的。最初的影像匹配是利用相关技术实现的。随着计算机的发展,人们提出利用计算机处理数字影像,用数字影像匹配技术替代模拟的电子相关器件进行同名点的识别。

人工确定同名点的过程是:首先在一张影像(如图 6.3 的左影像)上确定一个"目标点"(见图中箭头所指),然后人们根据目标点"周围"的影像,与对应的右影像进行"比较",确定同名点(见图中箭头所指)。而计算机的影像匹配技术,即识别同名点的过程与人工的相似:首先在左影像上确定目标点,并以目标点为中心设定一个目标窗口(窗口内的影像包含了目标点"周围"的信息);然后在右影像上设置一个搜索窗口(搜索窗口应该大于目标窗口),计算机将目标窗口放在搜索窗口内,计算灰度变化的相似性——相关系数,并逐行、逐列地依次移动目标窗口(每次移动一个像元),计算相关系数;最后"比较"相关系数,相关系数最大者为同名点。

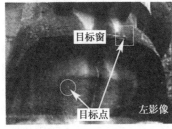 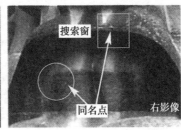 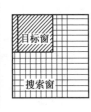

图 6.3　识别同名点过程示意图

一般在影像上搜索同名点的过程是一个二维搜索(在右影像的平面内逐行、逐列进行移位、搜索)的过程,但是当相对定向后,就可以利用核线将二维搜索转化为一维搜索,从而极大地加快运算速度。

6.1.4　数字摄影测量的若干问题

(1)数据量

数字摄影是一个灰度矩阵 g:

$$g = \begin{bmatrix} g_{0,0} & g_{0,1} & \cdots & g_{0,n-1} \\ g_{1,0} & g_{1,1} & \cdots & g_{1,n-1} \\ \vdots & \vdots & & \vdots \\ g_{m-1,0} & g_{m-1,1} & \cdots & g_{m-1,n-1} \end{bmatrix}$$

其中每一个数据代表了被摄物体(或光学影像)上一个"点"的辐射强度(或灰度),这个"点"称为"像元素",通常称为"像素"。像素的灰度值常用 8 位二进制数表示,在计算机中占用一个"字节"(Bit)。若是彩色影像,则需要 3 个字节分别存放红、绿、蓝或其他色彩系统的数值。像素的间隔即采样间隔根据采样定理由影像的分辨率确定。如果一张 23 cm×23 cm 的黑白影像,需要的存储空间大约是 60 兆(M)字节(1 M=10^6)。直接由传感器获取的高分辨率遥感影像的数据量甚至更大,如一幅 IKONOS 影像可能包含 1.6 千兆(G)字节(1 G=10^9)。因而数据量大是数字摄影测量的一个特点与问题,要处理这样大的数据量,必然依赖于计算机的发展,而目前的计算机已经能够在一定程度上达到这一要求。

(2)运行速度

数字摄影测量已经获得了迅速发展,无论量测的速度还是达到的精度,都大大超过了人们最初的想象。例如,利用现有的计算机,其匹配速度一般可为 500~1 000 点/s,利用数字摄影测量自动立体量测 DTM 的速度可为 100~200 点/s 甚至更高,这是人工量测无法比拟的。但是由于数字摄影测量中量测与识别的计算任务是如此巨大,以至于目前的计算机速度还不能实时完成,对于许多需要实时完成的应用,快速算法依然是必要的。

(3)**影像匹配**

影像匹配的理论与实践是实现自动立体量测的关键,也是数字摄影测量的重要研究课题之一。影像匹配的精确性、可靠性、算法的适应性及速度均是其重要的研究内容,特别是影像匹配的可靠性一直是其关键之一。从早期的由粗到细的多级影像匹配理论,到后来发展为单点匹配,再到整体匹配,其匹配的可靠性与结果的相容性、一致性都得到了很大提高,但离全自动化还有一段距离。

(4)**纹理信息**

数字摄影测量与解析摄影测量、模拟摄影测量根本的差别在于对影像的计算机处理。在此之前,影像的纹理信息即目标的辐射信息,是利用光机设备给以极简单的处理(如利用加强光源对其增强)并由人眼与脑进行判读处理,但在当时,我们是无法精确地测定它的,随着传感器与遥感技术的快速发展,这种情况得到完全改变,辐射信息在摄影测量中也变得非常重要,不利用辐射信息是无法实现摄影测量自动化的。现在人们可以利用各种传感器精确地获取多种频带多时域的辐射信息,即直接获取数字摄影;也可以利用摄影数字化仪将像片上的影像数字化,获取数字化影像(为了叙述方便,以下将数字影像与数字化影像均称为数字影像)。由于数字影像的运用,许多在传统摄影测量中很难甚至不可能实现的处理,在全数字摄影测量中都能够处理甚至变得极为简单。如消除影像的运动模糊、按所需要的任务方式进行纠正、反差增强、多影像的分析与模式识别等。

随着虚拟现实与可视化需求的迅速增长,快速确定目标的纹理 $D=D(X,Y,Z)$ 已经成为当代数字摄影测量的一项重要任务了。也就是说,当代数字摄影测量不仅要自动测定目标点的三维坐标,还要自动确定目标点的纹理等信息。

(5)**影像解译**

数字摄影测量的基本范畴还是确定被摄对象的几何与物理属性,即量测与理解。前者虽有很多问题尚待解决,需继续研究,但已开始达到使用程度;后者则离实用阶段还有很大的距离,尚处于研究阶段,但其中某些专题信息(如道路与房屋等)的半自动将会首先进入实用阶段。

随着对影像进行自动解译的要求以及城镇地区大比例尺航摄影像、近景等工业摄影测量中几何信息提取需利用"基于特征匹配"与"关系(结构)匹配"的要求,全数字摄影测量领域很自然地开展了影像中物体的几何信息匹配。遥感技术则利用多光谱信息并辅之以其他信息实现机助分类。数字摄影测量对居民地、道路河流等地面目标的自动识别与提取,主要依赖于对影像结构与纹理的分析,这一方面已经有了一些较好的研究成果。

6.2 数字影像定向

6.2.1 数字影像内定向

确定或恢复影像内方位元素的作业过程称为影像内定向。影像内定向的目的是恢复影像摄影时的光束形状。

在数字摄影测量中,数字化影像内定向是通过输入像片主距和量测像片框标并进行相应计算来完成的,其目的是确定像片扫描坐标系与以像主点为原点的像平面坐标系之间的关系,以及影像可能存在的变形。在数字摄影测量系统中,像点的位置是用扫描坐标表示的。如果利用自动定位技术自动量测像点位置,直接得到的是像点在扫描坐标系的坐标;如果是将数字影像显示在计算机显示屏上用人工恢复量测像点的位置,直接得到的是像点在屏幕坐标系的屏幕坐标。以像主点为原点的像平面坐标系和量测坐标系(扫描坐标系、屏幕坐标系)都是不重合的,所以必须确定它们之间的关系以获得像点在以像主点为原点的像平面坐标系中的坐标。数字化影像是将模拟像片扫描数字化后形成的数字影像,影像也存在变形,为了提高量测精度也必须确定影像的变形参数。

(1)数字影像内定向的基本原理

数字化影像内定向作业主要依赖影像的框标来进行。现代航摄仪一般有 8 个框标,位于影像的 4 个边和 4 个角,位于影像边中央的边框标一般为机械框标,位于影像角的角框标一般为光学框标,它们一般为对称分布,如图 6.4 所示。量测相机的检定结果可以提供框标在以像主点为原点的像平面坐标系的理论坐标,量测出框标在量测坐标系(扫描坐标系、屏幕坐标系)的坐标,就可以用解析计算方法确定量测坐标系与以像主点为原点的像平面坐标系的关系和像片可能存在的变形,从而获得量测像点在以像主点为原点的像平面坐标系的坐标。量测框标和进行相应解析计算的过程就是数字化影像内定向的作业过程。

数字化影像内定向通常采用多项式变换公式。假设框标在以像主点为原点的像平面坐标系的理论坐标为 (x,y),在量测坐标系(扫描坐标系、屏幕坐标系)的量测坐标为 (x',y'),则常用线性正形变换公式:

$$\left. \begin{array}{l} x = a_0 + a_1 x' - a_2 y' \\ y = a_3 + a_2 x' + a_1 y' \end{array} \right\} \tag{6.1}$$

数字化影像内定向的计算与采用的多项式变换公式有关。如果采用式(6.1),需要解算 4 个参数。对于参加定向的框标点,只要获得其量测坐标,就可以按式(6.1)列出 2 个方程,在理

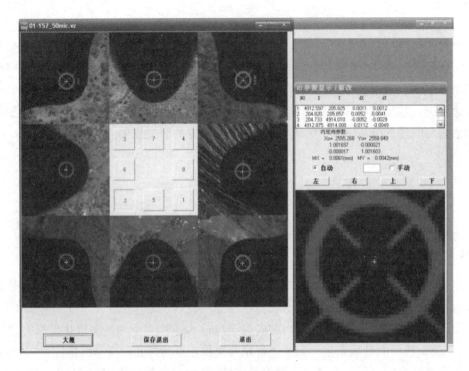

图 6.4　框标示意图

论上,只要 2 个框标参加定向,就可以解算出 4 个参数完成定向计算;在实际作业中,为了保证精度,一般用 4 个框标参加定向,按最小二乘法解算 4 个参数。

数字影像(或数字化影像)在计算机屏幕上显示时,像点的扫描坐标(x',y')与像点的屏幕坐标(I,J)之间的关系为

$$\left. \begin{array}{l} I = I_0 + kx' \\ J = J_0 + ky' \end{array} \right\} \tag{6.2}$$

由于影像的位置和缩放比例由显示软件设置,所以式(6.2)的参数I_0,J_0,k是由显示软件确定的。

数字相机经过检定后,数字影像扫描坐标系与以像主点为原点的像平面坐标系之间的坐标变换系数就确定了。在作业中,只要输入这些参数,就可以由像点的扫描坐标计算出像点在以像主点为原点的像平面坐标系中的坐标。

(2)数字影像内定向的作业步骤

1)数据准备

获取影像数据,收集并输入像片主距和像片框标在以像主点为原点的像平面坐标系的理论坐标。

2)获取框标的量测坐标

①用特征提取的方法自动获取框标的扫描坐标,即先用线特征提取算子提取组成框标的直线边缘点,并在此基础上用 Hough 变换提取这些直线,再用点特征提取算子提取组成框标的点;根据框标的具体形状,由提取的点、线拟合计算各框标在扫描坐标系中的坐标。用此方法还可以制作相机各框标的模板。

②用各框标的模板,通过模板匹配的方法自动获取各框标在扫描坐标系中的坐标。影像

匹配的概念、基本原理和方法将在下节中介绍。

③将数字化影像显示在计算机屏幕上,用人工交互的方法量测各框标在屏幕坐标系中的坐标。

3)计算坐标变换参数

以各框标在像主点为原点的像平面坐标系的理论坐标和选用的多项式变换公式为基础,用各框标的量测坐标列出相应的误差方程,计算坐标变换参数。

4)定向结果显示与交互修改

自动定向结束后,将显示计算结果和各定向余差,如果对定向结果不满意,可通过人工交互的方法重新量测某框标的坐标并重新进行定向计算。

6.2.2 单像空间后方交会

(1)数据准备

获取影像数据,收集并输入像片内定向参数、地面控制点坐标及相应控制片。

(2)量测控制点像坐标

将数字影像(或数字化影像)显示在计算机屏幕上,用人工交互的方法量测各控制点的像坐标。在已知像片外方位元素初始值的条件下,定向软件可以根据控制点的地面坐标估算出各控制点在像片上的概略位置,并将测标移至控制点附近,由人工精确对准量测。

(3)计算外方位元素

用选择的后方交会解算方法计算像片的外方位元素。

(4)定向结果显示与交互修改

后方交会计算结束后,将显示计算结果和各定向点余差,如果对定向结果不满意,可通过人工交互的方法重新量测某定向点的像坐标并重新进行定向计算。

6.2.3 数字影像相对定向

摄影测量的主要任务之一就是基于一张或多张影像获取目标的三维几何信息,这可以通过两种方式来实现。第一种方法为一步法,即基于共线条件方程利用光束法平差的方法重建三维目标。该方法的优点是,具有广泛的适应性,并且可以同时求解相机参数和目标点三维坐标。第二种方法称为两步法,该方法首先建立与场景相似的三维几何模型,然后通过模型的外部定向提取目标三维信息,它与传统的模拟或解析摄影测量模式相似,有较好的直观背景,并且可以使后续的摄影测量过程,如 DEM 量测与地图编辑等过程在立体的方式下进行。第二种方法的另一优点是,在建立与场景相似的几何模型过程中,可以获取立体像对的相对方位元素,利用这种方位元素可以对原来的立体像对进行影像纠正,形成核线影像。核线几何约束是数字影像匹配中最常用且最有效的约束条件之一。欲采用第二种方法建立与场景相似的三维几何模型,必须确定立体像对中两张影像之间的相对方位(实际上是确定曝光瞬间两相机的相对方位),这一过程称为立体像对的相对定向。

在模拟或解析摄影测量的相对定向中,作业员的主要任务就是识别、量测符合相对定向要求的同名点。由于作业效率的原因,一般都只选择能够提供结果检核的最小数量的定向点。严格来说,数学意义上的点在影像上是不存在的,作业员量测的所谓的"点"是复杂的影像解译过程的结果。作业员的这种能力,是计算机的算子或程序远远达不到的。与作业员相比,数字摄影测量中的算子,尽管很容易提取特征,但在恰当的相对定向点的选取与量测方面则要低级得多。精度方面,传统相对定向中,作业员量测的点的精度可能在几微米左右。而在数字摄影测量中,考虑到特征描述中的单个像素可能没有共轭点(如同名边缘中可能不包含同名边缘像素那样),因而同名点的量测精度可能达到若干个像素。假如每个像素的大小为 15 μm,那么共轭点的精度可能在 50 μm 左右,是传统方法的 10 倍。随着计算机计算能力的提高,数字摄影测量的相对定向中参加平差的点已不是几个,而是成百上千,大量的多余观测大大增强了系统粗差剔除、提高精度的能力。这种以多余观测求可靠的策略是数字摄影测量中常用的方法。传统的手工相对定向与数字摄影测量中的自动相对定向的主要区别见表 6.1。

表 6.1　传统相对定向与自动相对定向的区别

比较类别	传统方法	自动方法
作业特点	采用人工作业员的特点: ①选点与测量 ②精心设计 ③少数几个点 ④立体方式量测 ⑤精度很高	采用计算机算子的特点: ①提取特征、匹配特征 ②随机选取特征 ③许多特征 ④匹配特征 ⑤精度较低
平差程序采用的方法	平差程序均是利用共线或共面模型,基于点的方法	同样采用基于点的平差程序,尽管配准的实体不是点而是特征
相对方位元素的精度	相对方位元素的精度 $\sigma_p \approx \sigma_0 \sqrt{\dfrac{c}{r}}$	
精度分析	σ_0 较小,多余观测 r 也小,协因子 c 依赖于点的分布	σ_0 较大,c 近似相同,但 r 很大,从而补偿了较大的 σ_0

总的来说,相对方位元素的精度依赖于量测的精度和多余观测数。100 倍的多余观测可以期望实现提高 10 倍的量测精度,这几乎可与经典的人工作业精度相媲美。令人难以置信的结论是:低劣的点位量测质量可以通过大量的多余观测来补偿——以数量求质量,即以量求可靠度和高精度。

(1)数字影像相对定向的定义及模型

相对定向的目的就是恢复立体像对中两幅影像在成像瞬间的相对方位,使同名光线成对相交,形成与地面场景相似的三维立体模型。

1)相对定向的理论模型

在数字摄影测量中,数字影像的相对定向就是指依据摄影测量原理,利用计算机软件自动(或半自动)解算数字立体像对的相对方位元素的过程。在此基础上可以通过相对方位元素的设置,实现同名数字光线成对相交,从而形成与地面场景相似的三维立体模型。

进行数字立体影像的相对定向,确定立体像对成像时刻的相对方位的前提是首先选定立体像对(或两个相机)的外部参考坐标系。可以将第一幅影像(也称为左像,第二幅影像称为右像)的像空间坐标系作为参考坐标系,此时的相对方位元素称为连续像对相对方位元素系统。还可以将两幅影像的基线坐标系选为参考,形成单独像对相对方位元素系统。连续像对相对定向模型和单独像对相对定向模型已在本书第4章详细叙述。

2)Gruber 区域

在数字摄影测量中,数字立体像对的自动相对定向方法已经比较成熟,常用的方法是基于兴趣点的自动相对定向。这种基于点的自动相对定向一般按照同模拟测图仪上相对定向类似的顺序进行,即以与逐步消除位于 Gruber 位置的定向点上的 $\bar{y}$ 视差相似的方式,迭代求解立体像对的相对方位元素。具体的过程是首先在 6 个 Gruber 区域中提取参加相对定向的兴趣点,然后对立体像对中相应 Gruber 区域内的兴趣点进行匹配,根据配准的同名点,按照连续像对相对定向的基本误差方程式或单独像对相对定向的误差方程式列出误差方程组,最后求解相对方位元素值。

这里的 Gruber 区域是指如图 6.5(a)所示的 6 个子区域。区域中所标的相对方位元素指的是:在该小区域中消除该元素所引起的 $\bar{y}$ 视差时,可近似地认为不会产生由其他元素所形成的、前面曾经消除过的视差。

在实际计算过程中,通常是在立体像对的重叠区域内,以图 6.5(b)中所标明的点 1~6 为中心将重叠区域分隔成 6 个互不重叠的影像块,作为 Gruber 区域。在各个子区域中分别提取特征点并进行匹配,并且这种提取与匹配可以以交替迭代的方式进行,根据上一步得到的配准点求解出相对方位元素,进而生成核线影像。再以核线几何约束来对配准的特征点进行评价、筛选,剔除严重不符合核线条件的特征点。如果点数较少,则重新提取特征点。

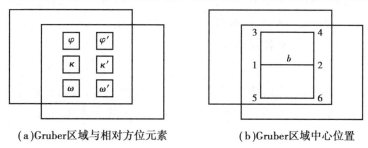

(a)Gruber区域与相对方位元素　　　　　(b)Gruber区域中心位置

图 6.5　Gruber 区域及中心位置

3)基本矩阵

当立体像对的相对方位元素恢复或解算正确时,同名光线在目标空间成对相交,形成与所摄场景相似的三维模型。此时,根据连续像对相对定向模型即三向量共面条件,将该方程的左端按行列式规则展开,共面方程变为

$$u \begin{vmatrix} B_Y & B_Z \\ v' & w' \end{vmatrix} - v \begin{vmatrix} B_X & B_Z \\ u' & w' \end{vmatrix} + w \begin{vmatrix} B_X & B_Y \\ u' & v' \end{vmatrix} = 0 \tag{6.3}$$

合并整理,得

$$\begin{bmatrix} u & v & w \end{bmatrix} \begin{bmatrix} 0 & -B_Z & B_Y \\ B_Z & 0 & -B_X \\ -B_Y & B_X & 0 \end{bmatrix} \begin{bmatrix} u' \\ v' \\ w' \end{bmatrix} = 0 \tag{6.4}$$

式(6.3)与式(6.4)中的(u,v,w)和(u',v',w')为相应像点p和p'在相对定向中所选定的参考坐标系下的坐标。如果将左右影像在参考坐标系下的旋转矩阵分别记为$\boldsymbol{R}_1$与$\boldsymbol{R}_2$，即

$$\left.\begin{array}{l}[u \quad v \quad w]^{\mathrm{T}} = \boldsymbol{R}_1[x \quad y \quad -f]^{\mathrm{T}} \\ [u' \quad v' \quad w']^{\mathrm{T}} = \boldsymbol{R}_2[x' \quad y' \quad -f]^{\mathrm{T}}\end{array}\right\} \tag{6.5}$$

将式(6.5)代入式(6.6)可得：

$$[x \quad y \quad -f]\boldsymbol{R}_1^{\mathrm{T}}\begin{bmatrix} 0 & -B_Z & B_Y \\ B_Z & 0 & -B_X \\ -B_Y & B_X & 0 \end{bmatrix}\boldsymbol{R}_2\begin{bmatrix} x' \\ y' \\ -f \end{bmatrix} = 0 \tag{6.6}$$

记

$$\boldsymbol{F} = \boldsymbol{R}_1^{\mathrm{T}}\begin{bmatrix} 0 & -B_Z & B_Y \\ B_Z & 0 & -B_X \\ -B_Y & B_X & 0 \end{bmatrix}\boldsymbol{R}_2$$

$$x_1 = (x \quad y \quad -f)$$

$$x_2 = (x' \quad y' \quad -f)^{\mathrm{T}}$$

则共面条件方程可写为

$$x_1 \boldsymbol{F} x_2 = 0 \tag{6.7}$$

式(6.7)中的$\boldsymbol{F}$就是计算机视觉研究领域中常说的基本矩阵，而x_1与x_2表示了立体像对中的同名像点。事实上，式(6.7)中的x_1与x_2所表示的像点或$(u \quad v \quad w)$与$(u' \quad v' \quad w')$不必是同名像点，而只要是同名核线上的像点就能保证上述关系成立。因此，可以认为式(6.7)中的x_1与x_2表示同名核线上的任意像点。由此看来，摄影测量中的相对定向问题与计算机视觉领域中基本矩阵的估计问题是相同的。

(2)基于兴趣点迭代的自动相对定向

1)传统自动相对定向

自动相对定向是数字摄影测量的一个基本问题。一般说来，自动相对定向应快速、精确、稳健及可靠。表6.2列出了已有的自动相对定向算法。在这些算法里，自动相对定向被分成多项任务，如下所述。

①对立体像对中的两张立体影像分别计算影像金字塔。

②近似确定两张影像重叠范围及可能存在的旋转与尺度差异（在金字塔的最上层）。

③特征提取。

④特征匹配。

⑤确定近似方位参数。

⑥将这些特征提取、匹配及参数估计过程沿金字塔的最高层（最低分辨率）逐级向最底层（原始影像最高分辨率）传导，以提高结果精度。

⑦同名点的子像素精度定位。

⑧相对方位元素计算。

在上述8个步骤中，特征匹配是最重要也是最困难的一步，后面影像匹配中讨论的多种方法，如相关系数匹配、特征匹配、关系匹配及整体匹配都可以用于特征匹配。最后一步，在相对方位元素的计算中，可以采用线性化的连续像对相对定向误差方程式或单独像对相对定向方

程式迭代求解各相对方位元素的最或然值。

表6.2 自动相对定向算法

文　献	匹配方法	应用领域
Hannah，1989	相关系数匹配（双向）	航空与近景影像
Schenk et al.，1991	线匹配与最小二乘匹配	航空影像
Muller et al.，1992；Haala et al.，1993	特征匹配,相关系数检查	航空影像
Tang et al.，1993；Tang et al.，1996	特征匹配,相关系数检查	航空影像
Deriche et al.，1994	相关系数匹配（双向）	近景影像
Wang，1994；Wang，1995	关系匹配	航空与近景影像
Cho，1995；Cho，1996	关系匹配	航空影像

2）交替自动相对定向

在上述算法步骤中,迭代计算仅出现在最后一步的相对方位元素解算中。也就是说,一旦沿立体像对的金字塔数据结构经传导过程确定出子像素级的相对定向点后,这些定向点就不再变动,只要根据线性化误差方程迭代求解即可。Seo 等人提出了一种特征匹配与相对方位元素计算交替进行的另一种基于点特征的自动相对定向方案。该方案首先利用立体像对中两张影像采样后的缩小影像,确定立体重叠范围;然后在立体模型的 Gruber 区域内提取特征点(利用 SUSAN 角点提取算子);对提取的特征点进行匹配,在配准特征点的基础上计算相对方位元素,同时形成初步核线影像;利用生成的核线影像再评价、检核配准的特征点并剔除质量不高(即与核线几何约束不太一致)的特征点;基于精化后的配准特征点对(有时需要重新提取特征点)再计算相对方位元素。该方案的特点就是相对定向点的提取步骤与相对方位元素的计算步骤是一种相互关联的交替迭代过程,该方法的算法流程如图6.6所示。

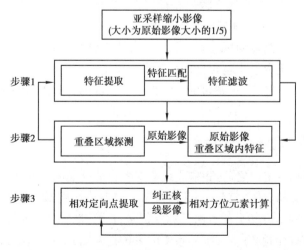

图 6.6 相对定向流程

图 6.6 的相对定向流程主要分为 3 个步骤。

第一步:提取用于探测重叠区域的特征点。

第二步:用相关系数及其他约束对特征点进行匹配,形成特征点对,并确定重叠区域;在此基础上仅保留那些位于重叠区域内的特征点。

第三步:最后保留的配准特征称为相对定向点;利用这些定向点计算相对方位元素,并形成核线影像。基于核线影像,对相对定向点进行再匹配,两个过程交替进行,直到参数改正数小于一定的阈值时停止。

①重叠区域探测。

立体像对中包含有共同的区域,这是相对定向点自动提取的前提。为了检测两张影像中的重叠区域,该算法将两幅原始影像进行减采样,形成大小只有原始影像 1/5 的缩小影像。之所以不需要知道重叠区域的精确信息,是因为这是近似估计出的重叠区域中的特征点而不是重叠区域本身参加相对定向。对两幅缩小影像上提取的特征点(利用 SUSAN 算子)进行匹配,形成对应特征点。结合其他约束条件,利用匹配效果较好的点对,确定两幅影像间的变换关系。在该映射关系的基础上,近似估计两幅影像的重叠区域。

②相对定向点提取。

为了在立体重叠范围内提取相对定向点,首先将重叠区域分成 6 个子区域,即为计算相对方位元素的 Gruber 区域。在这些子区域中重新提取特征点并进行点特征匹配,利用配准的特征点定义两影像间的变换,并生成核线影像。基于核线几何约束,对已配准的特征点重新进行匹配、评价,通过评价过程的特征点才能作为相对定向点。

③相对方位元素计算。

计算相对方位元素所必需的相对定向点至少是 5 对同名特征点,但为了检核,通常用 6 对同名特征点,利用最小二乘法求解相对方位元素。但在上一步的提取过程中,并不能像人工作业员那样正好提取 6 对同名特征点,而是利用计算机快速计算的能力,在影像重叠范围内选择均匀分布的数百对同名特征点,参加平差计算求解相对方位元素。这也是数字摄影测量中自动相对定向的一个特点,即以数量求质量。正是利用这些大量的多余观测检测并剔除粗差,才能达到提高精度的目的。尽管相对定向点已经得到了较好的匹配,计算出的相对方位元素仍然会有误差。为提高精度,相关的步骤如特征提取、滤波、核线影像纠正、匹配应重复交替进行,直到用最小二乘法计算出的相对方位参数稳定为止。

自动相对定向在摄影测量领域已有很长的研究历史,形成了一些商业化相对定向软件,各商业化数字摄影测量系统中也均包含自动相对定向模块。可用的商业化自动相对定向软件有 Leica/Helava 公司的 HATS, Zeiss 公司的 Phodis-AT, Intergraph 公司的 ISDM, INPHO 公司的 MATCH-AT 等。

6.2.4 数字立体模型绝对定向

当立体像对完成相对定向之后,相应光线必在各自的核面内成对相交,所有交点的集合便形成了一个与实物相似的立体模型——几何模型。模型点在摄影测量坐标系(简称摄测坐标系)中的坐标,可用空间前方交会的方法计算。但是,这样建立的数字立体模型是相对于摄影测量坐标系的,它在规定的物方空间坐标系中的方位是未知的,其比例尺也是任意的。现在的问题就是要确定数字立体模型在规定的物方空间坐标系中的方位和比例因子,从而确定出模型点所对应的物点在规定的物方空间坐标系中的坐标。确定数字立体模型在规定的物方空间坐标系中的方位和比例因子的工作,即解算绝对方位元素的工作,就是数字立体模型(几何模型)的绝对定向。

数字立体模型绝对定向的基本原理及计算过程同第4章所述。这里不再赘述。此处仅介绍绝对定向的作业步骤,如下所述。

(1)数据准备

获取数字立体像对数据,收集并输入数字立体像对相对定向参数、各控制点的地面坐标和控制片。

(2)定向点模型坐标的获取

量测各定向点在数字立体像对上的相应像点像坐标的基础上,利用数字立体像对相对定向参数计算各定向点的模型坐标。

量测各定向点在数字立体像对上相应像点像坐标的方法有两种:一种是在立体环境下量测,另一种是在非立体环境下量测。在立体环境下量测相应像点像坐标时,是通过手轮、脚盘直接驱动测标完成相应像点像坐标的量测。在非立体环境下量测相应像点像坐标时,由人工在左影像(或右影像)上定位定向点点位,采用影像匹配技术确定同名点在右影像(或左影像)上的点位。

(3)绝对定向计算

利用控制点的模型坐标和相应地面坐标计算数字立体模型的绝对方位元素。

(4)定向结果显示及交互修改

绝对定向计算结束后,将显示计算结果和各定向点余差,如果对定向结果不满意,可通过人工交互的方法重新量测某定向点的相应像点像坐标,并重新进行定向计算。

6.3 影像匹配基础知识

在数字摄影测量与遥感中,匹配可以定义为在不同数据集合之间建立对应或相关关系。这些不同的数据集合可以是影像,也可以是地图或目标模型及 GIS 数据。如果是在影像间建立对应关系(如同一物点之间的标记),则称为影像匹配;如果是在遥感影像和地图间建立对应关系,则常称为配准。如果影像匹配中的影像均为数字影像,则称为数字影像匹配。

摄影测量处理链中的许多过程都以这样或那样的方式与匹配问题关联。内定向就是局部框标影像与二维框标模板相匹配;相对定向中的选点与空中三角测量的转点就是一张影像中的点与另一张影像中的点之间的匹配,从而形成定向点或连接点;绝对定向则是局部影像与地面控制特征描述之间的匹配(多数情况下这些地面特征是地面控制点);数字高程模型自动生成则是一张影像局部之间的匹配,并由此生成三维目标点集;最后,影像理解或解释也与匹配有关,它是局部影像同目标模型之间的匹配,以便对场景中的目标进行识别和定位。了解到摄影测量中的这么多任务都与匹配问题有关,就不会奇怪匹配问题长期以来一直是,并且今后仍将是摄影测量研究与发展中最具挑战性的问题。

所谓影像匹配,即是在两幅(或多幅)影像之间识别同名元素(点)的技术。此处主要讨论数字影像匹配。在数字摄影测量与遥感领域,数字影像匹配较严格的定义可以描述为:数字影像匹配就是在两张或多张数字影像的要素之间自动建立关系,这些影像是(或至少局部是)对同一场景在不同位置和不同时刻的成像,而要素可以是数字影像中的点(即像素)也可以是数字影像中提取的其他特征。利用影像匹配可以从数字立体像对上自动识别并量测相应像点,以实现摄影测量立体观测自动化的目的。

6.3.1 数字相关的方法

数字相关可以在线进行,也可以离线进行。一般情况下它是一个二维的搜索过程。1972年 Masry、Helava 和 Chapelle 等人引入了核线相关原理,化二维搜索为一维搜索,大大提高了相关的速度,使数字相关技术在摄影测量中的应用得到了迅速发展。

(1)**二维相关**

二维相关时一般会在左影像上先确定一个待定点,称为目标点,以此待定点为中心选取 $m×n$(可取 $m=n$)个像素的灰度阵列作为目标区或称目标窗口。为了在右影像上搜索同名点,必须估计出该同名点可能存在的范围,建立一个 $k×l$($k>m$, $l>n$)个像素的灰度阵列作为搜索区(图 6.7),相关过程就是依次在搜索区中取出 $m×n$ 个像素灰度阵列(搜索窗口通常取 $m=n$),计算其与目标区的相似性测度

$$\rho_{ij}\left(i = i_0 - \frac{l}{2} + \frac{n}{2}, \cdots, i_0 + \frac{l}{2} - \frac{n}{2}; j = j_0 - \frac{k}{2} + \frac{m}{2}, \cdots, j_0 + \frac{k}{2} - \frac{m}{2}\right)$$

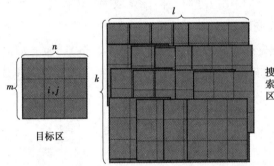

图 6.7　二维相关示意图

(i_0, j_0) 为搜索区中心像素。当 ρ 取得最大值时,该搜索窗口的中心像素被认为是同名点。如

$$\rho_{c,r} = \max\left\{\rho_{ij} \left| \begin{matrix} i = i_0 - \frac{l}{2} + \frac{n}{2}, \cdots, i_0 + \frac{l}{2} - \frac{n}{2} \\ j = j_0 - \frac{k}{2} + \frac{m}{2}, \cdots, j_0 + \frac{k}{2} - \frac{m}{2} \end{matrix} \right. \right\} \tag{6.8}$$

则 (c, r) 为同名点(有的相似性测度可能是取最小值)。

(2)**一维相关**

根据核线的定义,相应像点一定在相应核线上,如果数字影像是沿核线方向取样或重新排列,则影像匹配中只需要沿核线方向搜索就可以找到相应像点,搜索是沿核线方向进行的,也就形成了一维搜索(或一维相关),习惯上把这种影像匹配称为核线数字相关或核线相关。

理论上,一维相关的目标窗口与搜索区均可以是一维窗口,但是,由于两影像窗口的相似性测度一般是统计量,为了保证相关结果的可靠性,应有较多的样本进行估计,因而目标窗口

中的像素不应太少。另一方面,若目标区长,由于一般情况下灰度信号的重心与几何重心并不重合,相关函数的高峰值总是与最强信号一致,加之影像的几何变形,这就会产生相关误差。因此目标区一般应与二维相关时相同,取一个以待定点为中心,$m×n$(可取 $m=n$)个像素的窗口。此时搜索区为 $m×l(l>n)$ 个像素的灰度阵列,搜索工作只在一个方向进行(图 6.8),即计算相似性测度

$$\rho_i\left(i=i_0-\frac{l}{2}+\frac{n}{2},\cdots,i_0+\frac{l}{2}-\frac{n}{2}\right)$$

若

$$\rho_c=\max\left\{\rho_i\left|i=i_0-\frac{l}{2}+\frac{n}{2},\cdots,i_0+\frac{l}{2}-\frac{n}{2}\right.\right\}\qquad(6.9)$$

则 (c,j_0) 为同名点,其中 (i_0,j_0) 为搜索区中心。

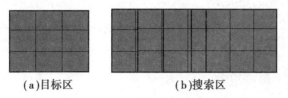

(a)目标区   (b)搜索区

图 6.8   一维相关示意图

6.3.2   数字影像匹配基本算法

同名点的确定是以匹配测度为基础的,因而如何定义匹配测度,则是影像匹配最首要的任务。基于不同的理论或不同的思想可以定义各种不同的匹配测度,因而形成了各种影像匹配方法及相应的实现算法,其中基于统计理论的一些基本方法得到了较广泛的应用。

若影像匹配的目标窗口的灰度矩阵为 $\boldsymbol{G}(g_{i,j})(i=1,2,\cdots,m,j=1,2,\cdots,n)$,$m$ 与 n 为矩阵 $\boldsymbol{G}$ 的行列数,一般情况下为奇数。与 $\boldsymbol{G}$ 相应的灰度函数为 $g(x,y)$,$(x,y)\in D$,将 $\boldsymbol{G}$ 中元素排成一行构成一个 $N=m\cdot n$ 维的目标向量 $\boldsymbol{X}=(x_1,x_2,\cdots,x_N)$。搜索区灰度矩阵为 $\boldsymbol{G}'=(g'_{i,j})$,$(i=1,2,\cdots,k,j=1,2,\cdots,l)$,$k$ 与 l 是矩阵 $\boldsymbol{G}'$ 的行列数,一般情况下也为奇数。与 $\boldsymbol{G}'$ 相应的灰度函数为 $g'(x',y')$,$(x',y')\in D'$。

$\boldsymbol{G}'$ 中任意一个 m 行 n 列的子块(即搜索窗口)记为

$$\boldsymbol{G}'_{r,c}=(g'_{i+r,j+c})\qquad(6.10)$$

式中 $i=1,2,\cdots,m,j=1,2,\cdots n$;

$r=\mathrm{INT}(m/2)+1,\cdots,k-\mathrm{INT}(m/2)$;

$c=\mathrm{INT}(n/2)+1,\cdots,l-\mathrm{INT}(n/2)$。

将 $\boldsymbol{G}'_{r,c}$ 的元素排成一行构成一个 $N=m\cdot n$ 维的搜索向量,记为 $\boldsymbol{Y}=(y_1,y_2,\cdots,y_N)$。则影像匹配的一些基本算法如下所述。

(1)相关函数

$g(x,y)$ 与 $g'(x',y')$ 的相关函数定义为

$$R(p,q)=\iint\limits_{(x,y)\in D}g(x,y)g'(x+p,y+q)\mathrm{d}x\mathrm{d}y\qquad(6.11)$$

若 $R(p_0,q_0)>R(p,q)(p\neq p_0,q\neq q_0)$,则认为在搜索区内相对于目标区影像位移 p_0,q_0 的

影像为目标区影像的匹配影像,对于一维相关应有 $q \equiv 0$。

与离散灰度数据相对应的相关函数的估计公式为

$$R(c,r) = \sum_{i=1}^{m} \sum_{j=1}^{n} g_{i,j} g'_{i+r,j+c} \tag{6.12}$$

若 $R(c_0,r_0) > R(c,r)(r \neq r_0,c \neq c_0)$,则认为在搜索区内相对于目标区影像位移 r_0 行、c_0 列的影像为目标区影像的匹配影像,对于一维相关有 $r \equiv 0$。

相关函数的估计值即矢量 X 与 Y 的数量积,因目标向量 X 是已知常数向量,故相关函数最大等价于矢量 Y 在矢量 X 上的投影最大。该算法没有考虑影像灰度畸变的影响,而且在没有影像灰度畸变的情况下,也可能产生假配准。

(2)协方差函数

协方差函数是中心化的相关函数。$g(x,y)$ 与 $g'(x',y')$ 的协方差函数定义为

$$\left. \begin{aligned} C(p,q) &= \iint\limits_{(x,y) \in D} \{g(x,y) - E[g(x,y)]\}\{g'(x+p,y+q) - E[g'(x+p,y+q)]\} \mathrm{d}x\mathrm{d}y \\ E[g(x,y)] &= \frac{1}{S_D} \iint\limits_{(x,y) \in D} g(x,y)\mathrm{d}x\mathrm{d}y \\ E[g'(x+p,y+q)] &= \frac{1}{S_D} \iint\limits_{(x,y) \in D} g'(x+p,y+q)\mathrm{d}x\mathrm{d}y \end{aligned} \right\} \tag{6.13}$$

式中,S_D 为 D 的面积。若 $C(p_0,q_0) > C(p,q)(p \neq p_0,q \neq q_0)$,则认为在搜索区内相对于目标区影像位移 p_0,q_0 的影像为目标区影像的匹配影像,对于一维相关应有 $q \equiv 0$。

与离散灰度数据相对应的协方差函数的估计公式为

$$\left. \begin{aligned} C(c,r) &= \sum_{i=1}^{m} \sum_{j=1}^{n} (g_{i,j} - \bar{g})(g'_{i+r,j+c} - \overline{g'_{r,c}}) \\ \bar{g} &= \frac{1}{mn} \sum_{i=1}^{m} \sum_{j=1}^{n} g_{i,j} \\ \overline{g'_{r,c}} &= \frac{1}{mn} \sum_{i=1}^{m} \sum_{j=1}^{n} g'_{i+r,j+c} \end{aligned} \right\} \tag{6.14}$$

若 $C(c_0,r_0) > C(c,r)(c \neq c_0,r \neq r_0)$,则认为在搜索区内相对于目标区影像位移 r_0 行、c_0 列的影像为目标区影像的匹配影像。对于一维相关应有 $r \equiv 0$。

设矢量 $\overline{X} = (\bar{x},\bar{x},\cdots,\bar{x})$,$\overline{Y} = (\bar{y},\bar{y},\cdots,\bar{y})$,$X' = X - \overline{X}$,$Y' = Y - \overline{Y}$,$\bar{x} = \frac{1}{N}\sum_{i=1}^{N} x_i$,$\bar{y} = \frac{1}{N}\sum_{i=1}^{N} y_i$

则协方差函数的估计值即为矢量 X' 与 Y' 的数量积,故协方差函数最大等价于矢量 Y' 在矢量 X' 上的投影最大。

由频谱分析可知,减去信号的均值等于去掉其直流分量,因而当两影像的灰度强度平均相差一个常量时,应用协方差函数测度可不受影响。

(3)相关系数

相关系数是标准化的协方差函数,即协方差函数除以两信号的均方差即得相关函数。$g(x,y)$ 与 $g'(x',y')$ 的相关系数为

$$\rho(p,q) = \frac{C(p,q)}{\sqrt{C_{gg}C'_{g'g'}(p,q)}} \tag{6.15}$$

式中

$$C'_{g'g'}(p,q) = \iint\limits_{(x+p,y+q)\in D'} \left\{g'(x+p,y+q) - E\left[g'(x+p,y+q)\right]\right\}^2 \mathrm{d}x\mathrm{d}y$$

$$C_{gg}(p,q) = \iint\limits_{(x,y)\in D} \left\{g(x,y) - E\left[g(x,y)\right]\right\}^2 \mathrm{d}x\mathrm{d}y$$

$C(p,q),E\left[g(x,y)\right]$ 与 $E\left[g'(x+p,y+q)\right]$ 由式(6.22) 定义。

若 $\rho(p_0,q_0)>\rho(p,q)(p\neq p_0,q\neq q_0)$，则认为在搜索区内相对于目标区影像位移 p_0,q_0 的影像为目标区影像的匹配影像。对于一维相关应有 $q\equiv 0$。

与离散灰度数据相对应的相关系数的估计公式为

$$\rho(c,r) = \frac{S_{gg'} - S_g S_{g'}/N}{\sqrt{(S_{gg} - S_g^2/N)(S_{g'g'} - S_{g'}^2/N)}} \tag{6.16}$$

式中

$$S_{gg'} = \sum_{i=1}^{m}\sum_{j=1}^{n} g_{i,j}g'_{i+r,j+c} ; S_{gg} = \sum_{i=1}^{m}\sum_{j=1}^{n} g_{i,j}^2 ; S_{g'g'} = \sum_{i=1}^{m}\sum_{j=1}^{n} g_{i+r,j+c}^2$$

$$S_g = \sum_{i=1}^{m}\sum_{j=1}^{n} g_{i,j} ; S_{g'} = \sum_{i=1}^{m}\sum_{j=1}^{n} g_{i+r,j+c}$$

若 $\rho(c_0,r_0)>\rho(c,r)(c\neq c_0,r\neq r_0)$，则认为在搜索区内相对于目标区影像位移 r_0 行、c_0 列的影像为目标区影像的匹配影像。对于一维相关应有 $r\equiv 0$。

因为 $\rho = \dfrac{X' \cdot Y'}{|X'||Y'|} = \dfrac{|X'||Y'|\cos\alpha}{|X'||Y'|} = \cos\alpha$，则相关系数的估计值最大等价于矢量 Y' 与矢量 X' 夹角的最小。Y',X' 与协方差函数中相应的定义一致，α 为矢量 Y' 与矢量 X' 的夹角。

可以证明，当两影像的灰度存在线性畸变时，应用相关系数测度可不受影响。

（4）差平方和

$g(x,y)$ 与 $g'(x',y')$ 的差平方和为

$$S^2(p,q) = \iint\limits_{(x,y)\in D} \left[g(x,y) - g'(x+p,y+q)\right]^2 \mathrm{d}x\mathrm{d}y \tag{6.17}$$

若 $S^2(p_0,q_0)<S^2(p,q)(p\neq p_0,q\neq q_0)$，则认为在搜索区内相对于目标区影像位移 p_0,q_0 的影像为目标区影像的匹配影像。对于一维相关应有 $q\equiv 0$。

与离散灰度数据相对应的差平方和的估计公式为

$$S^2(c,r) = \sum_{i=1}^{m}\sum_{j=1}^{n} (g_{i,j} - g'_{i+r,j+c})^2 \tag{6.18}$$

若 $S^2(c_0,r_0)<S^2(c,r)(c\neq c_0,r\neq r_0)$，则认为在搜索区内相对于目标区影像位移 r_0 行、c_0 列的影像为目标区影像的匹配影像。对于一维相关应有 $r\equiv 0$。

差平方和的估计值即为矢量 X 与 Y 之差矢量之模的平方。

（5）差绝对值和

$g(x,y)$ 与 $g'(x',y')$ 的差绝对值和为

$$S(p,q) = \iint\limits_{(x,y) \in D} | g(x,y) - g'(x+p,y+q) | \, dxdy \qquad (6.19)$$

若 $S(p_0,q_0)<S(p,q)(p \neq p_0,q \neq q_0)$，则认为在搜索区内相对于目标区影像位移 p_0,q_0 的影像为目标区影像的匹配影像。对于一维相关应有 $q \equiv 0$。

与离散灰度数据相对应的差绝对值和的估计公式为

$$S(c,r) = \sum_{i=1}^{m} \sum_{j=1}^{n} | g_{i,j} - g'_{i+r,j+c} | \qquad (6.20)$$

若 $S(c_0,r_0)<S(c,r)(c \neq c_0,r \neq r_0)$，则认为在搜索区内相对于目标区影像位移 r_0 行、c_0 列的影像为目标区影像的匹配影像。对于一维相关应有 $r \equiv 0$。

差绝对值和的估计值即为矢量 X 与 Y 之差矢量之分量的绝对值之和。

6.3.3　数字影像点特征匹配

点特征匹配就是在影像上提取的具有某种局部特殊性质的点(称为特征点)作为共轭实体,以特征点的属性参数即特征描述作为匹配实体,通过计算相似性测度实现共轭实体配准的影像匹配方法。其中相似性测度可以采用归一化相关系数(如以特征点周围的灰度值作为匹配实体的测度),也可以采用经过设计的度量函数,然后再结合其他各种约束条件最终确定匹配的结果。

基于图像特征点的配准方法的优点主要体现在 3 个方面,如下所述。

①特征点比图像的像素点要少很多,因此大大减少了匹配过程的计算量。

②特征点的匹配度量值对位置的变化比较敏感,可以大大提高匹配的精确程度。

③特征点的提取过程可以减少噪声的影响,对灰度变化、图像形变以及遮挡等都有较好的适应能力。

因此,基于图像特征点的配准方法在图像配准领域得到了广泛应用,其流程如图 6.9 所示。

图 6.9　基于特征点的图像配准方法流程

对于不同条件的立体像对,特征点匹配步骤有所不同,但是其步骤中的核心部分都几乎相同。对左、右影像分别点特征提取的特征点集合中只有部分组合是真正的共轭点对。匹配点对的获取主要就是依据特征点之间的相似性构建候选匹配点对的初始列表,而构建初始列表的关键是确定所采用的相似性度量,以定量描述特征点之间的相似性。在已有的研究中,常用的构建初始匹配候选点对列表所涉及的相似性度量为:相关系数测度、角点强度测度和灰度值差分不变量测度。

(1)相关系数测度

相关系数是标准化(或归一化)的协方差函数如式 6.24 所示。如果 $\rho=1$,说明窗口的影像灰度值及其分布与搜索窗口完全相同;如果 $\rho=0$,则两个窗口之间不相关,即没有任何相似性;如果 $\rho=-1$,则说明两个窗口影像之间存在逆相关,即相片的正片和负片。

Vincent 等人对归一化相关测度的研究表明,对左、右立体像对上所提出的兴趣点集合来说,相对系数测度给出了较好的匹配结果,其前提是将相关系数测度与单一性和对称性结合使用。单一性为对左影像上的每一个特征点,在右影像上,只有达到最强匹配强度及相关系数阈值的点才能被考虑为候选点。当对归一化相关系数施加单一性约束时会导致相关性测度不是对称的,以及左、右影像分别搜索的匹配候选点不一致。施加对称性就是在匹配列表中只保留那些互相均达到最高匹配系数的点对,这显然增加了经对称约束后匹配的点对是同一地物的机会。

目前,相关系数测度是在初始匹配过程中用得比较多的测度,其计算量适中,且能给出较好的初始匹配候选点对。

其计算步骤为:

①计算相关系数。分别以左、右影像图上所有特征点为中心开一个 9×9 或 11×11 的窗口,计算左影像每个特征点窗口与右影像所有特征点窗口的相关系数。

②确定单一性。求左影像匹配右影像的最大相关系数,并比较与相关系数阈值(一般取0.9)之间的大小,如果最大相关系数大于阈值,则将其作为候选点。

③确定对称性。同上,求出右影像匹配左影像的候选点,并判断两种匹配候选点对的对应关系是否一致,如果一致则将候选点对作为初始匹配点对。

相关系数测度初始匹配的测试结果如图 6.10 所示。

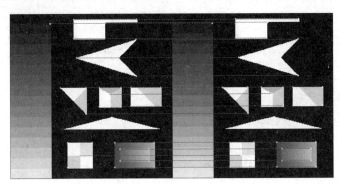

图 6.10 相关系数测度对两张人造测试影像的匹配结果

(2)灰度值差分不变量(GDI)测度

灰度值差分不变量(GDI)测度是一个差分不变矢量,它由多个曲面微分不变量组成,影像灰度函数 $g(x,y)$ 在某点 (x,y) 处得 GDI,即 $I(x,y)$ 定义为

$$I(x,y) = \begin{bmatrix} I_1 & I_2 & I_3 & I_4 \end{bmatrix}^T \tag{6.21}$$

其中

$$\left. \begin{aligned} I_1 &= g(x,y) \\ I_2 &= g_x^2 + g_y^2 \\ I_3 &= g_{xx}g_x^2 + 2g_{xy}g_y^2 + g_{yy}g_y^2 \\ I_4 &= g_{xx} + g_{yy} \\ I_5 &= g_{xx}^2 + 2g_{xy}g_{yx} + g_{yy}^2 \end{aligned} \right\} \tag{6.22}$$

式中 I_1——影像灰度函数;

　　I_2——灰度函数的梯度;

　　I_4——灰度函数的拉普拉斯图像;

I_3, I_5——没有特殊的微分几何意义,其主要为正交旋转不变量。

对立体像对中所提取的特征点计算相应的 GDI,其中左影像的一个特征点 p 的 GDI 表示为 I_p,右影像的一个特征点 q 的 GDI 表示为 I_q,然后用 Mahalanobis 距离作为两特征点之间的相似性测度:

$$M_D(I_p, I_q) = \sqrt{[I_p - E(I_p)]^T C^{-1}[I_q - E(I_q)]} \tag{6.23}$$

其中,C 是两向量 I_p 和 I_q 的协方差矩阵,E 表示数学期望。因为 GUI 具有局部正交旋转不变的性质,所以具有良好的抗遮性、抗裁剪和抗旋转能力。

灰度值差分不变量(GDI)测度的计算步骤为:

①计算灰度值差分不变量(GDI)。首先计算左、右影像每个特征点相应的 GDI。

②计算相似性测度 M_D 和确定候选点对。计算左影像每个特征点与右影像所有特征点之间的相似性测度 M_D,并求取最大相似值和判断与给定阈值的大小,如果大于阈值,则将此特征点对确定为候选点对。

③确定对称性。同上求出右影像匹配左影像的候选点,并判断两种匹配候选点对的对应关系是否一致,如果一致则将候选点对作为匹配点对。

灰度值差分不变量(GDI)测度的匹配测试结果如图 6.11 所示。

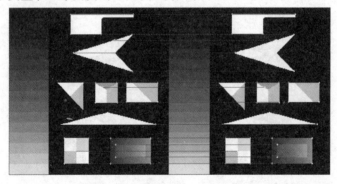

图 6.11 灰度值差分不变量测度对两张人造测试影像的匹配结果

6.4 数字摄影测量系统

早在 20 世纪 60 年代,第一台解析测图仪 AP-1 问世不久,美国也研制了全数字化测图系统 DAMC。其后出现了多套数字摄影测量系统,但基本上都是属于数字摄影测量工作站(DPW)概念的试验系统。直到 1988 年,在京都第 16 届国际摄影测量与遥感协会大会上才展出了商用数字摄影测量工作站 DSP-1。尽管 DSP-1 是作为商品推出的,但实际上并没有成功地进行销售。直到 1992 年 8 月在华盛顿第 17 届国际摄影测量与遥感大会上,才有多套较为成熟的产品展示,它表明了数字摄影测量工作站正由试验阶段步入摄影测量的生产阶段。1996 年 7 月,在维也纳第 18 届国际摄影测量与遥感大会上,展出了十几套数字摄影测量工作站,这表明数字摄影测量工作站已进入了使用阶段。

现在,数字摄影测量得到了迅速发展,数字摄影测量工作站得到了越来越广泛的应用,其品种也越来越多,Heipke 教授为数字摄影测量工作站的现状作了一个很好的回顾与分析。根据系统的功能、自动化的程度与价格,目前国际市场上的 DPW 可分为 4 类。第一类是自动化功能较强的多用途数字摄影测量工作站,由 Autometric、LH System、Z/I Imaging、Erdas 等公司提供的产品即属于此类产品。第二类是较少自动化的数字摄影测量工作站,包括 DVP Geomatics、ISM、KLT Associates、R-Wel 及 3D Mapper、Espa Systems、Topol Software/Atlas 与 Racures 等公司提供的产品。第三类是遥感系统,由 ER Mapper、Matra、MicroImages、PCI Geomatics 与 Research System 等公司提供,大部分没有立体观测能力,主要用于产生正射影像。第四类是用于自动矢量数据获取的专用系统,包括 ETH、DEEiNiENS 与 Inpho 等提供的产品。

数字摄影测量工作站的自动化功能可分为:①半自动(Semi-Automatic)模式,它是在人机交互状态下进行工作的;②自动(Automatic)模式,它需要作业员事先定义、输入各种参数,以确保其完成操作的质量;③全自动(Full-Automatic)模式,它完全独立于作业员的干预。目前数字摄影测量工作站所具有的全自动模式功能还不多,一般还处在半自动与自动模式。而自动工作模式所需要的质量控制参数的输入,是取决于作业员的经验的,对此不能掉以轻心。因此,在运行数字摄影测量工作站的自动模式时,所需输入参数的多少、作业员经验的多少,应该是衡量数字摄影测量工作站是否强健的重要指标之一。一个好的自动化系统应该具备的条件是所需参数少,系统对参数不敏感。目前,不少数字摄影测量工作站实质上是一台用于处理数字摄影的解析测图仪,基本上是人工操作。从发展的角度而言,这一类数字摄影测量工作站不能属于真正意义上的数字摄影测量的范畴。因为数字摄影测量与解析摄影测量之间的本质差别,不仅在于是否能处理数字摄影,最重要的是应该考察其是否将数字摄影测量与计算机科学中的数字图像处理、模式识别、计算机视觉等密切地结合在一起,将摄影测量的基本操作不断地实现半自动化、自动化,这是数字摄影测量的本质所在。例如,影像的定向、空中三角测量、DEM 的采集、正射影像的生成,以及地物测绘的半自动化与自动化,使它们变得越来越容易操作。对于一个操作人员而言,这些基本操作似乎是一个"黑匣子",他们并不一定需要摄影测量专业理论的培训,只有这样,数字摄影测量才能获得前所未有的广泛应用。

适普(Supresoft)公司的 VirtuoZo 数字摄影测量工作站是根据 ISPRS 的前名誉会员、中国科学院前院士、武汉大学(原武汉测绘科技大学)前教授王之卓于 1978 年提出的"Full Digital Automatic Mapping System"方案进行研究,由武汉大学教授张祖勋主持研究开发的成果,属世界同类产品的五大名牌之一。最初的 VirtuoZo SGI 工作站版本于 1994 年 9 月在澳大利亚黄金海岸(Gold Coast)推出,被认为是有许多创新特点的数字摄影测量工作站(A.Stewart Walker & Gordon Petrie,1996)。1981 年由 Supresoft 推出其计算机 NT 版本,VirtuoZo 不仅在国内已成为各测绘部门从模拟摄影测量走向数字摄影测量更新换代的主要装备,而且也被世界诸多国家和地区所采用。国内另一套较为著名的数字摄影测量工作站是由中国工程院刘先林院士主持开发的 JX4。

6.4.1 数字摄影测量系统的构成

(1)硬件组成

数字摄影测量工作站的硬件由计算机及其外部设备组成。

①计算机:目前可以是个人计算机(PC)或工作站。

②外部设备:其外部设备分为立体观测及操作控制设备与输入输出设备。

③立体观测设备:计算机显示屏可以配备为单屏幕或双屏幕。立体观测装置可以是以下

4 种之一:a.红绿眼镜;b.立体反光镜;c.闪闭式液晶眼镜;d.偏振光眼镜。

④操作控制设备:操作控制设备可以是以下 3 种之一——a.手轮、脚盘与普通鼠标;b.三维鼠标与普通鼠标;c.普通鼠标。

⑤输入设备:影像数字化仪(扫描仪)。

⑥输出设备:a.矢量绘图仪;b.栅格绘图仪。

数字摄影测量工作站的硬件如图 6.12 所示。

图 6.12　数字摄影测量工作站的硬件

(2)**软件组成**

数字摄影测量工作站的软件由数字影像处理软件、模式识别软件、解析摄影测量软件及辅助功能软件组成。

①数字影像处理软件主要包括:a.影像旋转;b.影像滤波;c.影像增强;d.特征提取。

②模式识别软件主要包括:a.特征识别与定位(包括框标的识别与定位);b.影像匹配(同名点、线与面的识别);c.目标识别。

③解析摄影测量软件主要包括:a.空中参数计算;b.空中三角测量解算;c.核线关系解算;d.坐标计算与变换;e.数值内插;f.数字微分纠正;g.投影变换。

④辅助功能软件主要包括:a.数据输入输出;b.数据格式转换;c.注记;d.质量报告;e.图廓整饰;f.人机交互。

6.4.2　数字摄影测量系统基本作业流程

以 VirtuoZo 系统为例,详细介绍数字摄影测量系统的基本作业流程。该系统基本作业流程包括:数据准备、参数设置、定向、核线采集与匹配、4D 产品生产、拼接与出图 6 个步骤。

(1)**数据准备**

1)数字摄影测量所需资料

①相机参数:应该提供相机主点理论坐标 X_0、Y_0,相机焦距 f_0,框标距或框标点标。

②控制资料:外业控制点成果及相对应的控制点位图。

③航片扫描数据:符合 VirtuoZo 图像格式及成图要求扫描分辨率的扫描影像数据。VirtuoZo 可接受多种图像格式:如 TIFF、BMP、JPG 等,一般选 TIFF 格式。

数据准备工作具体过程如图 6.13 所示。

2)具体操作

以 VirtuoZo 软件中 hammer 数据为例。检查原始数据,数据包括 6 张影像文件(＊.tiff 文

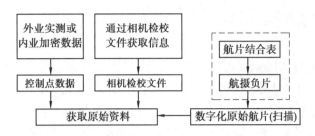

图 6.13　数据准备工作具体过程

件)、控制点文件(＊.ctl 文件)、相机检校文件(＊.cmr 文件)、每个控制点点位图以及一个数据说明文件,里面给出了数据处理所必需的测区信息。通过分析得到,测区有两条航带,每条航带有 3 张影像,航带和测区的具体信息如图 6.14、图 6.15、图 6.16 所示。

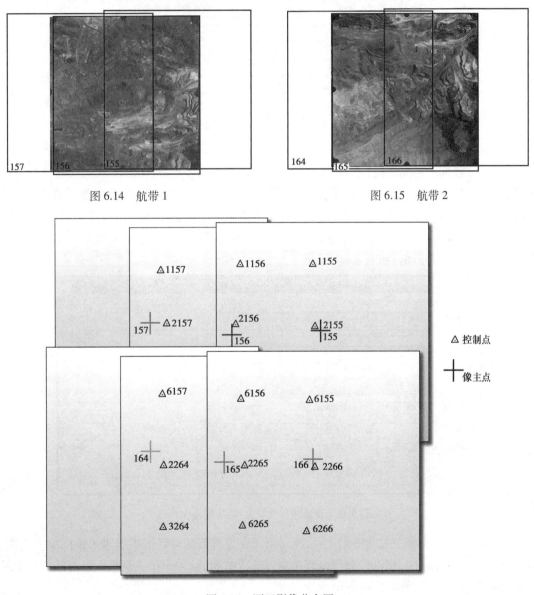

图 6.14　航带 1　　　　　　　　　　　　　　图 6.15　航带 2

图 6.16　测区影像分布图

（2）建立测区与模型的参数设置

1）设置流程

要建立测区与模型，VirtuoZo 系统要设置很多参数，这些参数需要在参数设置对话框上逐一设置。如测区（Block）参数、模型参数、影像参数、相机参数、控制点参数、地面高程模型（DEM）参数、正射影像参数和等高线参数等。其中有些参数在 VirtuoZo 系统中有其固有的数据格式，需要按照 VirtuoZo 规定的格式进行填写，如相机参数、控制点参数等。建立测区与模型、设置参数的简易过程如图 6.17 所示。

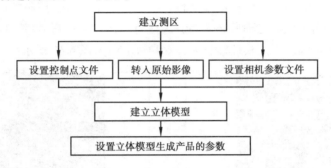

图 6.17　建立测区与模型时的参数设置流程

2）具体操作

第一步，数据准备完善后，进入 VirtuoZo 主界面，首先要新建一个测区，通过文件→打开测区，新建一个名为 hammer 的测区，系统默认后缀名为"blk"，默认保存在系统盘下的 Virlog 文件夹里。*.blk 文件其实只是个索引文件，它最终指向的是设置测区里的测区主目录文件夹。*.blk 文件建立好之后，系统会自动弹出设置测区的对话框，按照原始数据提供的信息填写相应的内容，之后保存退出，如图 6.18 所示。

图 6.18　设置相机检校文件、控制点文件

第二步，进入"设置"→"相机文件"，找到刚才在设置测区对话框中新建的相机检校文件，双击进入参数设置界面，相机参数可以直接通过输入按钮，输入原始数据里面已有的相机文件（一般格式为 *.cmr），编辑界面如图 6.19 所示。

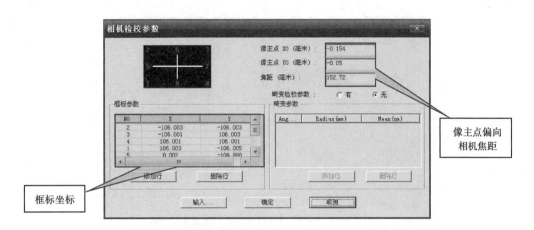

图 6.19 相机检校参数设置界面

第三步,进入"设置"→"地面控制点",可以逐点输入控制点文件,或者直接通过输入按钮,直接读取一个控制点文件,如图 6.20 所示。

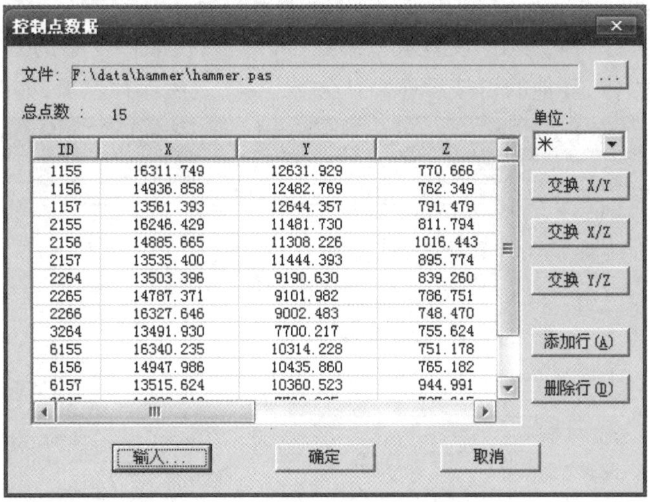

图 6.20 地面控制点设置窗口

第四步,参数设置完成之后,还需要对影像文件进行转换,将各种影像文件转换成 VirtuoZo 支持的影像格式(VirtuoZo 系统有其自有的影像格式,文件格式为 ∗.vz,后文简称该文件为 VZ 影像)。进入"文件"→"引入"→"影像文件",进入"输入影像"对话框,通过增加按钮,将所要处理的原始影像引入对话框,由于飞机是循环飞行进行拍摄的,第二条航带的影像的相机文件需要进行旋转:选中第二条航带的 3 张影像,单击"选项"按钮,在弹出的对话框中将相机旋转后面的选项选择是,确认之后即可看到需要进行相机旋转的影像前有一个红色旋转的符号。

然后填写正确的像素大小,该像素大小需要在原始数据里面给出,如果没有提供该数据,可以输入"−1",系统会自动读取原始影像的头文件,然后给出一个像素大小。

参数设置完成后单击"处理",影像开始进行转换,转换成的 VZ 影像将放在测区主目录下的 images 文件夹里面,每生成一个 VZ 影像,程序还会为该影像对应一个影像参数文件,文件格式为 ∗.spt,如图 6.21 所示。

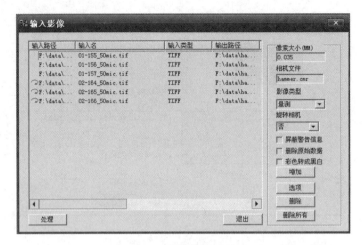

图 6.21　影像转换对话框

第五步,进行模型的设置,现以 157 和 156 两张影像为例,介绍模型的创建过程:通过"文件"→"打开模型",可以建立一个新模型,将其命名为"157-156",默认后缀名为"mdl",建立好"157-156"模型后,程序自动弹出"设置模型参数"对话框,按照该模型的基本情况设置该对话框,主要设置左、右影像,其他的可按程序默认参数设置,之后保存退出,如图 6.22 所示。

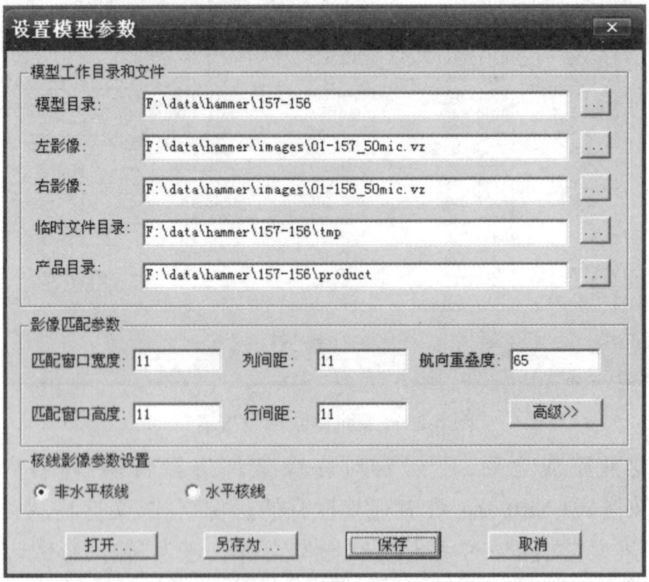

图 6.22　"设置模型参数"对话框

同样的操作,可以将"156-155""164-165""165-166"这 3 个模型都创建好,完成所有模型的参数设置。

（3）航片的内定向、相对定向与绝对定向

定向示意图如图 6.23 所示。

1）作业流程

①内定向:建立影像扫描坐标与像点坐标的转换关系,求取转换参数;VirtuoZo 可自动识别框标点,自动完成扫描坐标系与像片坐标系间变换参数的计算,自动完成像片内定向,并提供人机交互处理功能,方便人工调整光标切准框标。

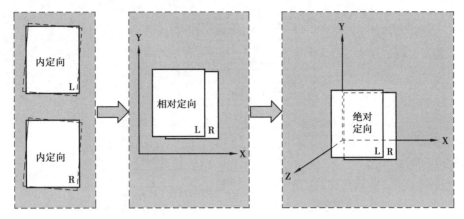

图 6.23　定向示意图

②相对定向:通过量取模型的同名像点,解算两相邻影像的相对位置关系;VirtuoZo 利用二维相关,自动识别左、右像片上的同名点,一般可匹配数十至数百个同名点,自动进行相对定向,并可利用人机交互功能,人工对误差大的定向点进行删除或调整同名点点位,使之符合精度要求。

③绝对定向:通过量取地面控制点或内业加密点对应的像点坐标,解算模型的外方位元素,将模型纳入大地坐标系中。①人工定位控制点进行绝对定向。相对定向完成后(即自动匹配完成后),由人工在左、右像片上确定控制点点位,并用微调按钮进行精确定位,输入相应控制点点名。理论上需要 3 个控制点,但为了提高精度,程序至少需要 4 个控制点,一般为 6 个。定位完本像对所有的控制点后,即可进行绝对定向。②利用加密成果进行绝对定向。VirtuoZo 可利用加密成果直接进行绝对定向,将加密成果中控制点的像点坐标按照相对定向像点坐标的坐标格式复制到相对定向的坐标文件(∗ .pcf)中,执行绝对定向命令,完成绝对定向,恢复空间立体模型,定向过程如图 6.24 所示。

2)具体操作

①内定向作业流程。

第一步,调用内定向程序("处理"→"定向"→"内定向")。建立框标模板(若模板已建立,则进入左影像的内定向),建立框标模板界面如图 6.25 所示。

不同型号的相机有着不同的框标模板。一般一个测区使用同一相机摄影,所以只需在测区内选择一个模型建立框标模板并进行内定向,其他模型就不再需要重新建立框标模板,即可直接进行内定向处理。若一个测区中存在着使用多个相机的情况,则需要在当前测区目录中建立多个相机参数文件,在做内定向处理时,系统会自动建立多个框标模板。

界面右边小窗口为某个框标的放大影像,其框标中心点清晰可见。界面左窗口显示了当前模型的左影像,若影像四角的每个框标都由白色的小框围住,框标近似定位成功。若小白框没有围住框标,则需进行人工干预:移动鼠标将光标移到某框标中心,单击鼠标左键,使小白框围住框标。依次将每个小白框围住对应的框标后,框标近似定位成功。选择界面左窗口下的接受按钮。

第二步,左影像内定向。该界面显示了框标自动定位后的状况。可选择界面中间小方块按钮将其对应的框标放大显示于右窗口内,观察小十字丝中心是否对准框标中心,若不满意可进行调整。

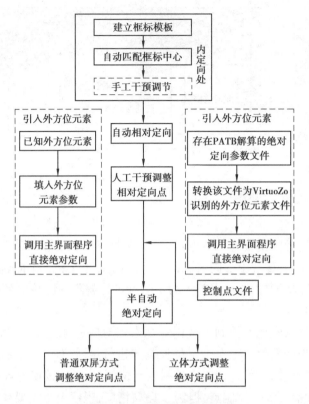

图6.24 数字摄影测量的定向过程

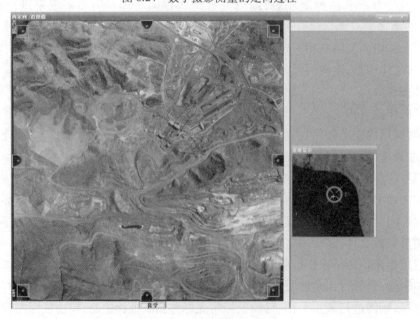

图6.25 建立框标模板界面

框标调整有自动或人工两种方式,如下所述。

a.自动方式:选择自动按钮后,移动鼠标在左窗口中的当前框标中心点附近单击鼠标左键,小十字丝将自动精确对准框标中心。

b.人工方式:若自动方式失败,则可选择人工按钮,移动鼠标在左窗口中的当前框标中心点附近单击鼠标左键,再分别选择上、下、左、右按钮,微调小十字丝,使之精确对准框标中心,如图 6.26 所示。

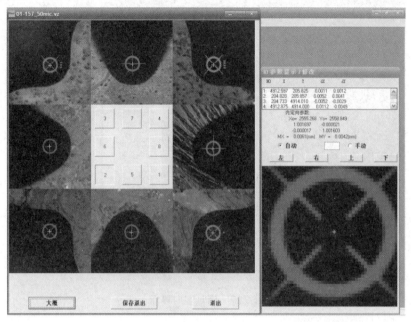

图 6.26 内定向窗口

第三步,右影像内定向,与左影像内定向相似,进行右影像的内定向。

第四步,退出内定向程序模块。

注意:对于已做过内定向处理的模型,当在 VirtuoZo 标准版界面上单击"处理"→"模型定向"→"内定向"菜单项时,系统会弹出上次的内定向处理结果并询问是否重新进行内定向处理。若对此结果满意,则单击"否"按钮退出内定向。如果对结果不满意,则单击"是"按钮重新进行内定向处理。

这种情况很常见,比如在进行模型 157-156 内定向时,完成了影像 157 和 156 的内定向工作,当进行 156-155 模型内定向时,156 影像将会弹出类似的对话框询问是否重新量测。

②相对定向作业流程。

第一步,调用相对定程序("处理"→"定向"→"相对定向"),程序界面如图 6.27 所示。

第二步,量测同名点(一般在对非量测相机获取的影像进行相对定向时进行此项操作)。

对于非量测相机获取的影像对,由于左、右影像重叠区域的投影变形较大,在自动相对定向之前一般要量测 1 对同名点(点位应选在左、右影像重叠部分左上角位置的附近)。若当前模型的影像质量比较差,则需量测 3~5 对同名点(点位均匀分布),以保证可靠地完成自动相对定向。对于航空影像,一般不需要这一操作,可直接进行自动相对定向。

手工量测同名点:首先确认鼠标右键菜单下的菜单项和菜单项下的子菜单项全都处于未选中状态,然后分别量测同名点的左、右像点坐标。分别在左、右两张影像上找到同名点,先点取左影像的同名点,在同名点位置单击鼠标左键,此时系统弹出像点量测窗,放大显示该点位及其周边的原始影像。然后精确调整点位,也可以通过右边的微调按钮进行调节。同样,右影像的操作也这样进行。当在左、右影像上找到一对同名点时,程序弹出输入点号对话框,输入点号并确认,完成量测一对同名点的操作。

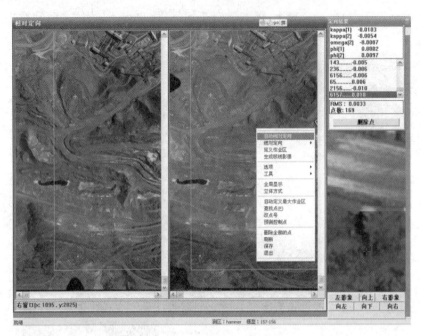

图 6.27　相对定向界面

第三步,进行自动相对定向。

如图 6.27 所示,在相对定向界面单击鼠标右键,选择自动相对定向,程序将自动寻找同名点,进行相对定向。完成后,影像上显示相对定向点(红十字丝)。

第四步,检查与调整。在界面的定向结果窗中显示了所有同名点的点号和误差(单位为mm)。定向结果窗口按从小到大的顺序排列各同名点的点号和上下视差。用户可根据实际情况进行调整或删除,对于点位有偏差的点,可以用右边的微调按钮进行相应的调整,而对于一些匹配错误的点,比如某些点匹配到地物的影子上,这些点是需要进行删除的。定向结果窗的底部显示了相对定向的中误差(RMS)和点的总数。用户可在此窗口中检查当前模型的自动相对定向精度,并选择不符合精度要求的点,对其点位进行调整或直接删除。

③绝对定向作业流程。

第一步,在相对定向界面里量测控制点,方法与量测同名点类似,只是在输入点号时,需要输入与控制点文件相对应的点号,在影像上,控制点显示为黄色的大十字丝。

当量测 3 个控制点后(3 个控制点不能位于一条线上),系统会预测该模型其余控制点的位置。影像上显示出几个蓝色小圈,即系统预测的待测控制点的近似位置。然后继续量测蓝圈所示的待测控制点。

第二步,进入普通方式的绝对定向(在相对定向界面单击鼠标右键,选择"绝对定向"→"普通方式"),程序进行绝对定向计算,可以得到如图 6.28 所示的界面:在定向结果窗中显示绝对定向的中误差及每个控制点的定向误差。同时弹出控制点微调窗,窗中显示当前控制点的坐标,且设置了立体下的微调按钮,绝对定向界面如图 6.28 所示。

第三步,检查与调整。根据控制点残差显示可知绝对定向的精度如何,若某控制点残差过大,则可进行微调。其微调方法与步骤如下所述。

a.在定向结果窗中对某控制点误差行单击鼠标左键,选中该点,弹出该控制点的微调窗。

b.立体影像微调(必须在支持立体显示的计算机上才可以用此功能):选中另一个需调整

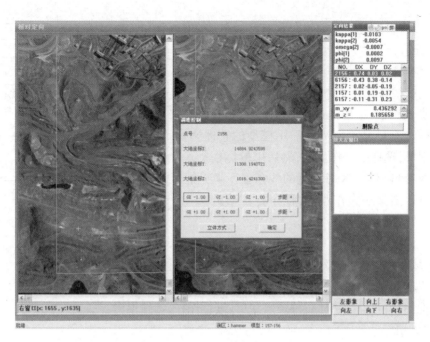

图6.28 绝对定向

的点,进行微调。

c.所需调整的点均完成后,选择控制点微调窗中的"确定"按钮,程序返回相对定向界面。至此,绝对定向完成。

(4)同名核线影像的采集与匹配

1)作业流程

①非水平核线:非水平核重采样是基于模型相对定向的结果,遵循核线原理对左、右原始影像沿核线方向保持 X 不变在 Y 方向进行核线重采样。

②水平核线:水平核重采样使用了绝对定向结果,将核线置平。

③两种核线的区别:非水平核重采样所生成的核线影像保持了原始影像同样的信息量和属性,因此当原始影像发生倾斜时,核线影像也会发生同样的倾斜,而水平核线避免这个倾斜情况。两种不同的核线形式匹配结果是迥然不同的,在实际作业时,一定要保证每个作业步骤使用的都是同一种核线影像。

④生成核线影像:完成了模型的相对定向后就可生成非水平核线影像,但是要生成水平核线影像必须先完成模型的绝对定向。核线影像的范围可由人工确定,也可由系统自动生成最大作业区。影像按同名核线影像进行重新排列,形成按核线方向排列的核线影像。以后的处理,如影像匹配、等高线编辑等,都将在核线影像上进行。

⑤影像匹配:按照参数设置确定的匹配窗口大小和匹配间隔,沿核线进行影像匹配,确定同名点。在计算机进行自动匹配的过程中,有些特殊地物或地形匹配可能会出现错误,比如,影像中大片纹理不清晰的区域或没有明显特征的区域;又比如,湖泊、沙漠和雪山等区域可能会出现大片匹配不好的点,需要对其进行手工编辑。由于影像被遮盖和阴影等原因,使得匹配点不在正确的位置上,需要对其进行手工编辑;城市中的人工建筑物、山区中的树林等影像,它们的匹配点不是地面上的点,而是地物表面上的点,需要对其进行手工编辑;大面积平地、沟渠和比较破碎的地貌等区域的影像,需要对其进行手工编辑。匹配结果会影响以后生成的DEM

的质量,所以进行匹配结果编辑是很有必要的,实现过程如图6.29所示。

2)具体操作

①生成核线影像。

第一步,定义一个作业区。在相对定向界面单击鼠标右键,选择"全局显示",界面显示模型的整体影像,然后再弹出菜单,选择定义作业区,然后用鼠标在影像上拖出一个作业区域,作业区用绿色的线条显示其边框。也可以选择自动定义最大作业区,程序将自动定义一个最大作业区。

第二步,生成核线影像。单击鼠标右键弹出菜单,选择"生成核线影像"→"非水平核线",程序依次对左、右影像进行核线重采样,生成模型的核线影像。

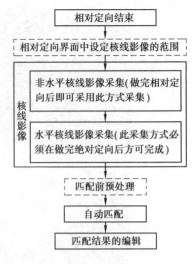

图6.29 核线采集与匹配

第三步,退出。单击鼠标右键弹出菜单,进行保存,选择退出。

②影像匹配。

第一步,匹配预处理。

a.单击"处理"→"匹配预处理",进入匹配预处理模块,利用该模块,用户可以打开有待自动匹配的模型,并在模型中加测一些特征点、特征线和特征面以辅助系统进行自动匹配,从而获得更好的匹配结果,大大减少对匹配结果编辑的工作量,匹配预处理界面如图6.30所示。

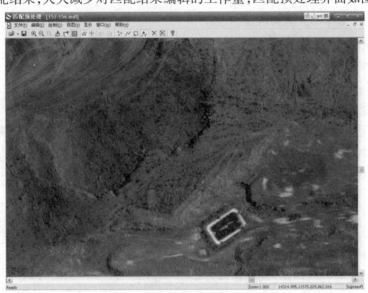

图6.30 匹配预处理界面

b.在匹配预处理窗口中单击"文件"→打开"模型"菜单项,在系统弹出的打开模型对话框中选择需要进行匹配预处理的立体模型文件("＊.mdl"或"＊.ste"),然后单击打开按钮打开一个模型。

c.根据地物的不同,选择不同的特征表现方式。对于一些特殊地形的数据,如山脊、沟谷、黑影遮盖区、大片居民区或水域等地区的影像,仅仅依靠系统的自动匹配,可能得到的匹配结果很差,会大大增加匹配结果编辑的工作量。这就需要在匹配预处理里面利用特征点、线、面,切准地形,绘制相应的特征文件,在程序进行自动影像匹配的过程中,参与影像匹配并干预匹配结果。

d.保存匹配预处理结果,退出。

第二步,影像匹配。影像匹配的过程是全自动的,单击"处理"→"影像匹配",程序将自动完成该操作。

第三步,匹配结果编辑。

a.单击"处理"→"匹配结果编辑",进入匹配结果编辑界面,如图6.31所示。

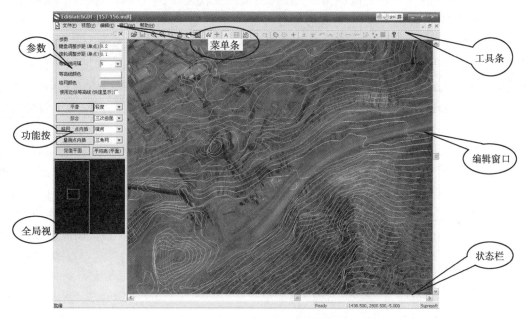

图6.31　匹配结果编辑界面

b.对一些容易出现匹配错误的地物,选择相应的编辑方式进行编辑,使匹配点切准地面。

在编辑窗口单击鼠标右键,可以看到很多设置,为了方便观察匹配有问题的区域,可以利用等高线的分布去检查,选择等高线设置,设置一个合适的等高距和等高线的颜色,这样就可以根据等高线的走向来检查匹配点是否正确。

当发现有匹配错误时,首先要选择这个区域,选择的方式有很多,可以用鼠标拖动一个矩形框进行矩形选取,也可以单击鼠标右键的开始定义作业区(或单击空格键),然后依次单击鼠标左键,待选择完成后,单击鼠标右键结束定义作业区(或单击空格键),选取完成。

区域选好之后,该区域的匹配点处于选中状态,这样就可以运用左边的编辑工具进行相应的编辑工作了。

c.一般需要人工编辑的情况有下述几种。

由于影像中常有大片纹理不清晰的影像,如河流、沙漠、雪山等地方出现大片匹配不好的点,则需要进行编辑。

由于影像的不连续、被遮盖及阴影等原因,使得匹配点没切准地面,则需要进行编辑。

城市的人工建筑物、山区的树林等,使得匹配点不是地面上的点,而是物体表面上的点,则需要进行编辑。

大面积平地、沟渠及比较破碎的地貌需要进行编辑。

（5）4D 产品生产

4D 产品的生产流程和具体操作步骤详见第 7 章内容。

6.5 无人机摄影测量生产流程和数据处理

由于传统航空摄影技术对机场和天气条件的依赖性较大，成本较高，航摄周期较长，限制了数字摄影测量技术在大比例尺地形测绘中的应用。近年来，无人机（Unmanned Aerial Vehicles，UAV）技术得到了长足的发展，基于无人机平台的航空摄影技术已显示出独特的优势。无人机结构简单、使用成本低，其既可完成有人驾驶飞机执行的任务，又适用于有人飞机不易执行的任务，如危险区域的侦察和遥感监测的任务等。无人机航拍影像具有高清晰、大比例尺、小面积、高现势性的优点。且无人驾驶飞机为航拍摄影提供了操作方便，易于转场的遥感平台。

无人机摄影测量影像数据处理的关键在于低空飞行器影像重叠度不够规则、像幅较小、像片数量多、倾角过大且倾斜方向没有规律，较难实现影像匹配的全自动连接点选取及配准。近年来，随着影像匹配技术、自动空三技术和海量影像数据处理技术的成熟，处理无人机低空影像数据的软件日益增多。国外有法国的像素工厂（Pixel Factory）和德国的 INPHO 系统等，国内的有武汉大学和适普公司的 DPGrid 系统以及中国测绘科学研究院的 PixelGrid 系统，基本上实现了对无人机低空影像数据的自动化处理。

6.5.1 无人机摄影测量生产流程

无人机系统作业过程主要包括航摄设计、相机检校、外业航拍、像控点布设、内业数据处理与成图，如图 6.32 所示。其中航摄设计是根据测图比例尺以及需要，确定无人机的相对航高、航向、旁向重叠度等，选择合适的数码相机、计算单张像片的地面覆盖范围、航线间隔和曝光时间，按计算好的参数绘制航线图。无人机在执行外业任务时，其数据采集主要依靠硬件系统来实现，而硬件系统主要包含两个方面，即摄影飞行平台与地面站。其中摄影飞行平台包括机体、摄影、飞行控制和通信四个系统，而地面站包括通信、任务以及监控 3 个系统。摄影平台兼具 GPS 导航系统、自动测速系统、远程数控系统以及监测系统。

（1）无人机航空摄影

采用 GPS 导航，在航飞前检查 GPS 导航仪的工作状况，以防止因卫星失锁造成 GPS 导航失效。利用飞行管理系统软件控制飞行，以保证飞行数据准确。航拍选择天气晴朗、能见度高、风速较低的天气进行航飞作业，获取的影像清晰度较高，根据飞行高度、大气能见度和太阳高度角等情况正确选择合理的曝光参数，保证影像质量。航摄结束飞机返场后，摄影员要采用飞行管理软件，立即对获取的摄站点 GPS 坐标数据作技术处理，当天评价飞行质量，以及摄影范围是否覆盖目标区域。若有不合格航线立即组织补飞。

（2）像片控制测量

像控点布设应满足区域网布点的规定要求，区域网之间的像控点应尽量选择在上、下航线

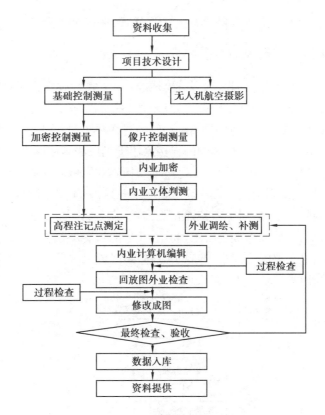

图 6.32　无人机摄影测量生产流程图

重叠的中间,使相邻区域网间控制点尽量公用。区域网的区域单元大小按照飞行架次进行分区,每条航线的基线数不做限制。

像控点应选刺在交角良好的线状地物交点上或影像小于 0.2 mm 的点状地物中心,以在相邻像片上影像清晰便于联测的目标为准。实地的判刺精度为图上 0.1 mm,像片点位刺孔应刺透。刺点像片反面整饰用铅笔,略图绘在 2 cm×2 cm 的方框内,在方框旁加注点位简要说明,刺孔影像、点位、略图说明要一致。并注明点号,选刺者、检查者应签名。一般采用 GPS-RTK 作业模式进行像控点联测,要求在固定站上对流动站先进行已知点检测校核。平面控制点相对于邻近平面控制点的平面位置中误差不大于±0.1 mm 图上,高控点相对于邻近高程控制点的高程中误差不大于±0.1 m,控制点平面与高程测量精度均优于 5 cm。

（3）空三加密计算

以投影中心点、像点和相应地面点三点共线条件所建立的单张像片为计算单元,借助像片之间的同名点和野外控制点联合进行整个区域的光束平差结算,并对统计结果进行评估,结果存在较大残差点,进行交互式编辑,在连接点充足的情况下刷掉残差较大的像点,以提高区域网平差精度。

空三加密是生产中的关键步骤,它是利用少量地面控制点来计算一个测区中所有影像的外方位元素和既有加密点的地面坐标。无人影像片的处理流程与常规的航空数码摄影像片基本相同,区别之处在于要进行像片畸变纠正预处理。其主要过程包括连接点提取与编辑、野外控制点和检查点转刺、平差计算、模型恢复、生成 DEM、DOM 等。将无人机数据格式由 JPG 转换成在 TIF 格式。使用畸变改正程序,根据无人相机鉴定表参数,对无人相机参数进行畸变改正。最后,使用德国 INPHO 全数字摄影测量软件 MATCHAT 模块进行空三加密计算。

6.5.2　无人机摄影测量内业数据处理

无人机摄影测量影像数据处理主要完成影像数据获取后对影像进行参数精化与 DEM/DOM 制作的任务,其流程图如图 6.33 所示。低空遥感平台数据采集完毕后,首先将影像数据与 GPS/POS 数据等从数据采集平台中下载下来,经过简单的数据组织整理后,处理系统对影像数据进行智能匹配处理,匹配影像之间的连接点用于光束法区域网平差处理,在引入控制数据后进行 GPS/POS 等辅助的区域网平差解算,得到精确的影像内外方位元素。在精确内外方位元素的引导下,利用密集匹配技术匹配获取密集的三维 DSM 点云数据,并对 DSM 点云进行滤波与分类处理以剔除房上点、树上点从而得到 DTM 点云,内插获取规则格网的 DEM 成果。然后对影像进行辐射空三处理与颜色改正,利用 DEM 与影像参数进行影像的正射纠正处理,利用快速镶嵌的方法可获取满足应急要求的 DOM 镶嵌成果,也可利用智能镶嵌对影像进行编辑检查获取满足高质量要求的 DOM 成果。

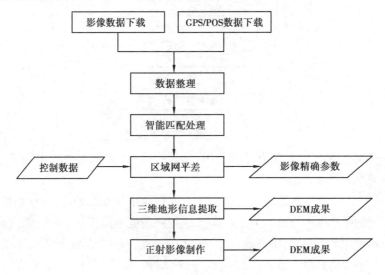

图 6.33　无人机摄影测量影像数据处理流程图

本章小结

数字摄影测量的特点是用数字影像代替光学影像,从而利用计算机替代所有的光学、机械摄影测量仪器。本章介绍了数字摄影测量的定义与任务;重点讲述了数字影像定向过程,包括内定向、相对定向以及绝对定向;重点讲述核线几何关系和核线影像生产方法以及数字影像匹配方法;介绍了数字摄影测量系统的构成情况,同时重点讲述了 VirtuoZo 数字摄影测量系统的作业流程以及无人机摄影测量生产流程和数据处理。

思考与习题

1.试述数字摄影测量的定义。

2.什么是数字影像？如何获取数字影像？

3.何为全数字化摄影测量？

4.核线影像生产的作用有哪些？

5.数字摄影测量系统由哪些部分组成？

7

数字摄影测量 4D 产品生产过程

本章内容是在学习了数字摄影测量基本原理的基础上,进一步学习应用 VirtuoZo 系统来完成 4D 产品的制作。要求掌握 4D 生产的基本原理与方法,了解 4D 的基本概念;了解 VirtuoZo 系统的运行环境及软件模块的操作特点,了解 4D 产品的生产流程,从而能对 4D 产品的生产过程有个整体概念。

7.1 4D 产品概述

7.1.1 4D 产品的基本概念

(1)数字高程模型

数字高程模型(DEM),是用于描述地形表面起伏特征的表面几何模型,它是通过地形表面上一组有限的高程采样点来进行描述的。数字高程模型的分类,根据不同的标准可以有不同的类型。通常所说的数字高程模型主要是指规则格网(简称 GRID,也称格网 DEM)和不规则三角网(简称 TIN)。

1)规则格网模型

规则格网,最常见的是矩形,也可以是三角形等规则格网。格网 DEM 在数据存储时,实际上是一个矩阵,在计算机实现中则是一个二维数组。存储的是点的高程值,而点的平面坐标,可直接由原点坐标、格网间距及相应矩阵的行列经过另外的简单计算获得。因此格网 DEM 数据结构简单,数据存储量小,还可压缩存储,适合于大规模地使用和管理。现在人们常说的 DEM 及大规模 DEM 的数据库建设,主要是指这种形式。格网 DEM 的一个缺点是不能准确表示地形的结构和细部;另一个缺点是数据量过大,从而给数据管理带来了不便,通常要进行压缩存储。在不改变网格大小的情况下,难以表达复杂地形的突变现象。

2)不规则三角网

在数字地形建模中,不规则三角网通过从不规则分布的数据点生成的连续三角面来逼近地形表面。TIN 模型根据区域有限个点集将区域划分为相连的三角面网络,区域中任意点落在三角面的顶点、边上或三角形内。如果点不在顶点上,该点的高程值通常通过线性插值的方法得到。TIN 的数据存储方式比格网 DEM 复杂,它不仅要存储每个点的高程,还要存储其平面坐标、节点连接的拓扑关系、三角形及邻接三角形等关系。与格网模型相比,TIN 模型在某一特定分辨率下能用更少的空间和时间更精确地表示更加复杂的地表面,并可减少规则格网方法带来的数据冗余。

对于 TIN 模型,其基本要求有 3 点:

①TIN 是唯一的。

②力求最佳的三角形几何形状,每个三角形尽量接近等边形状。

③保证最临近的点构成三角形,即三角形的边长之和最小。

(2)数字线划图

数字线划图(DLG),是现有地形图要素的矢量数据集,保存各要素间的空间关系和相关的属性信息,全面地描述地表目标。内容包括行政界线、地名、水系及水利设施工程、交通网和地图数学基础(高斯坐标系和地理坐标系),是一种更为方便的放大、漫游、查询、检查、量测、叠加地图。其数据量小,便于分层,能快速地生成专题地图,所以也称为矢量专题信息集。此数据能满足地理信息系统进行各种空间分析的要求,视为带有智能的数据。可随机地进行数据的选取和显示,并与其他几种产品叠加,便于分析、决策。在城市三维中常常利用 DLG 叠加到三维环境中,以对地理信息进行补充。

DLG 的获取方法总的来说有 3 种,如下所述。

①全野外数字化测图。全野外数字化测图是应用计算机技术,采用全站仪、RTK 等对野外地物进行数据采集、存储、编辑,直接输出地形图。

②已有图纸矢量化。已有图纸矢量化是对已有的地形进行处理,得到数字线划图。

③航空摄影测量利用全数字摄影测量系统生成 DLG。航空摄影测量以航空像片为基础,具有相对精度高、成本低、效率高等优点,是获取大面积 DLG 的较好且常用的方法。

(3)数字正射影像

数字正射影像(DOM),是利用数字高程模型 DEM 对扫描处理的数字化的航空像片/遥感影像(单色/彩色),经逐个像元进行投影差改正、镶嵌,按国家基本比例尺地形图图幅范围剪裁生成的数字正射影像数据集。它是同时具有地图几何精度和影像特征的图像,具有精度高、信息丰富、直观真实等优点,可以采用以下方法来得到 DOM:

①航天遥感影像处理。随着航天遥感技术的发展,高分辨率的卫星影像可以用作数字正射影像的数据源。

②全数字化摄影测量方法。利用 PC 机和数字摄影测量软件,能高效快速地生产 DOM。

③单片数字微分纠正。在没有数字摄影测量设备的情况下,可以采用传统的设备和微机生产数字正射影像。

④扫描模拟正射影像图。通过光学仪器设备,如纠正仪、正射投影仪等制作模拟的正射影像图。

(4)数字栅格地图

数字栅格地图(DRG),是现有模拟地形图经数字扫描及计算机处理的栅格形式的图形数据。每幅扫描图像经几何纠正、色彩校正,可使每幅图像的色彩基本一致;同时进行的数据压缩处理,可有效使用存储空间。数字栅格地图在内容、几何精度和色彩上与纸质地形图基本保持一致。DRG 可以直接输入计算机,并可建成 DRG 数据库,直接作为地理信息源供用户阅读和采集有关的信息,从而进行规划、设计、量算等。DRG 可作为数字卫星影像、航空影像等地理信息几何纠正的定位基准。

总的来说,DRG 有下述基本特征。

①DRG 是一种既保留了现有模拟地形图的全部内容与视觉效果,又能被计算机处理的数字产品。所以 DRG 是所有数字产品中兼顾两种产品特点,且变换最为简捷的数字产品,也是模拟产品向数字产品过渡的有效模式。

②DRG 经过图幅定向与高保真几何校正,不但保持了原模拟图的几何精度,而且在其应用,如点位坐标数字化、长度、面积、体积量算中提高了数学精度。

③DRG 不但可将历代模拟地形图以数字方式存档,作为历史档案管理,而且通过数字正射影像方式更新的 DRG,可作为地理信息系统的空间背景数据而广泛应用。

DRG 数据在常规的城市三维建模中已很少用到,在两种情况下它都有一定的利用价值,一是在基于地形图扫描矢量化,没有 DOM 影像时,DRG 可以用于丰富地表纹理的信息;二是在城市三维建模中没有建模的部分,如地下管线、通信线、电力线,DRG 作为附加信息叠加到 DOM 影像或 DEM 纹理上。

7.1.2　4D 产品的数据源

数据源按空间数据结构的类型可分为矢量型数据和栅格型数据。

(1)矢量型数据

矢量型数据一般分为点、线、面 3 类,都是通过坐标值来精确地表示点、线、面等地理实体。矢量数据冗余度低、结构紧凑,并且具有空间实体的拓扑信息,便于深层次分析。矢量数据的获取方式通常有:

①由外业测量获得,可以利用测量仪器自动记录测量成果,然后转到地理数据库中。

②由栅格数据转换获得,利用栅格数据矢量化技术把栅格数据转换为矢量数据。

③跟踪数字化,用跟踪数字化的方法把地图变成离散的矢量数据。

(2)栅格型数据

栅格型数据是以规则的像元阵列来表示空间地物或现象的分布,其阵列中的每个数据表示地物或现象的属性特征。栅格数据表示的是二维表面上的地理数据的离散化数值。栅格数据的获取方式通常有:

①来自遥感数据。

②来自对图片的扫描。

③由矢量数据转换而来。

④由手工方法获取。

在 4D 产品中,栅格数据为 DEM、DOM 和 DRG,矢量数据为 DLG。

7.2　数字地面模型的生产

7.2.1　数字地面模型的基本知识

DEM 基本知识

数字地面模型（DTM）是利用一个任意坐标场中大量选择的已知（x,y,z）的坐标点对连续地面的一个简单统计表示，或者说 DTM 就是地形表面简单的数学表示。

DTM 更通用的定义是描述地球表面形态多种信息空间分布的有序数值阵列：

$$V_i, i = 1,2,\cdots,n \tag{7.1}$$

其向量 $V_i = (V_{i1}, V_{i2}, \cdots, V_{im})$ 的分量为地形、资源、环境、土地利用、人口分布等多种信息的定量或定性描述。DTM 是一个地理信息数据库的基本内核，如果只考虑 DTM 的地形分量，人们称其为数字高程模型（DEM）。数字高程模型（DEM）是表示区域 D 上的三维向量有限序列，用函数的形式描述为：

$$V_i = (X_i, Y_i, Z_i) \tag{7.2}$$

式中　X_i, Y_i——平面坐标；

　　　Z_i——X_i、Y_i 对应的高程，$i = 1,2,\cdots,n$。

在实际生产和应用中，DTM 和 DEM 经常不作区分地使用。

（1）DEM 数据点的采集

数据点是建立数字高程模型的控制基础。模拟地表面的数字模型函数式的待定参数就是根据数据点的已知信息（x,y,z）来确定的。因此从原则上说，数据点选择在地表面地形特征点处是合理的，如同野外实测地形时在地性线坡度转折处选择碎部点那样。

数字高程模型的采样就是确定何处的点要量测记录的过程，这个过程取决于 3 个参数点的分布，包括位置、结构、点的密度和点的精度，即数字高程模型数据源的三大属性。采样数据点的分布与研究区域地貌类型、所采用的设备有关，一般有 6 种采样方案，即沿等高线采样、规则格网采样、剖面法、渐进采样、选择性采样和混合采样。应根据不同的情况设计和采用不同的数据采样策略。

1）数据的分布、密度与精度

数据的分布是指采样数据位置及分布。位置可由地理坐标系统中的经纬度或格网坐标系统中的坐标值决定。而布点的形式较多，具体的采样点分布因所采用的设备、应用要求而异。

采样点图案分为规则和不规则两种。规则二维数据由规则格网采样或渐进采样生成，其图案有矩形格网、正方形格网或由前面两种数据形成的分层结构等，其中正方形格网数据最为常用。分层结构数据由渐进采样方法生成，可分解为普通的方格网数据。而在实际中的等边三角形或六边形，虽然也是规则的图案，但由于各方面的缺点，这些特殊规则图案的应用都不如剖面数据或规则格网数据在实际中使用的广泛。

至于不规则的数据，可以将其分为两类，一类是没有特征的随机分布数据；另一类是具有特征的链状数据。前者按照一定的概率随机分布，没有任何特定的形式。而特征链状数据也没有规则的图案，属于不规则数据，但它是沿某一有特征的线分布数据的。例如，沿河流、断裂线、山脊线等特征线采集的数据都属于这一类。采样的分类没有明显的界线和标准,不同分类之间存在着重叠,并不是各自独立的,实际上混合采样数据通常就是链状数据与矩形格网数据的混合数据。数据的密度是指采样数据的密集程度,与研究区域的地貌类型和地形复杂程度相关。数据点的密度有多种表示方式。如相邻两点之间的距离、单位面积内的点数、截止频率、单位线段上的点数等。

相邻两采样点之间的距离通常称为采样间隔或采样距离。如果采样间隔随距离变化,那么就用平均值来代替。通常采样间隔以一个数字加单位组成,如 20 m,此方法可用来表示规则格网分布的采样数据。另一种在数字高程模型实践中可能使用的表示方法是以单位面积内的点数来表示,如 50 点/m^2,此方法可用来描述随机分布的采样点的密度。

如果数据分布是沿等高线或特征线等线状分布采样点,那么前两种方法不能真实地反映采样的密度大小,这种采样可采用单位线段上的采样点数来表示。如果采样间隔从空间域转换到频率域,则可获得截止频率采样数据所能表示的最高频率,从这一点来说,截至频率也能作为数据密度的一种度量。采样数据精度与数据源、数据的采集方法和数据采集的仪器密切相关。各种数据源的精度从高到低是野外测量、影像、地形图扫描。但有些影像数据源的采样方法,例如,激光扫描、干涉雷达的精度是非常高的。但对地形图来说,无论是采用地形图手扶跟踪数字化还是地形图扫描矢量化,其精度都是比较低的。

2)数字高程模型的原始数据获取

DEM 数据包括平面和高程两种信息,可以直接在野外通过全站仪、GPS、激光测距仪等进行测量,也可以间接地从航空影像或者遥感图像以及现有地形图上获得。具体采用何种数据源,一方面取决于源数据的可取性,另一方面也取决于 DEM 的分辨率、精度要求、数据量大小和技术条件等。常用的数据来源有下述几种。

①影像。航空摄影测量一直是地形图测绘和更新最有效的手段,其获取的影像是高精度、大范围生产最有价值的数据源。利用该数据源可以快速地获取或者更新大面积的 DEM 数据,从而满足对数据现势性的要求。航天遥感也是获取 DEM 数据的一种方式,空间摄影系统如 SkyLaB.S-190A 和 S-190B 以及宽幅摄影机,曾经进行过 DEM 数据获取的实验。另外从一些卫星扫描系统,如 LanSat 系列卫星上的 MSS 和 TM 传感器及卫星上的立体扫描仪上所获取的遥感影像也能作为数据的来源,但从实验结果来看,所获得的高程相对精度和绝对精度都太低,除可以作某种目的的勘测之用外,在生产实用上没有太多的使用价值。但是,近几年出现的雷达和激光扫描仪等新型传感器数据被认为是快速获取高精度、高分辨率 DEM 最有希望的数据源。

②现有的地形图。地形图是 DEM 的另一主要数据源。对大多数发达国家和某些发展中国家(比如中国)来说,其国土的大部分地区都有着包含等高线的高质量地形图,这些地图为地形建模提供了丰富的数据源。从地形图上采集 DEM 数据,主要利用数字化仪对已有地图上的信息,如等高线、地形线进行数字化,是目前常用的方法之一。数字化仪有手扶跟踪数字化仪和扫描数字化仪。利用手扶跟踪数字化仪可以直接得到数字化的地形矢量数据,这些矢量数据包括等高线数据、点状地物数据和线状地物数据。利用扫描数字化仪获得的是地图栅格数据,需要用专门的矢量化软件对该数据进行矢量化从而得到地形矢量数据。

③野外实测。用全球定位系统(GPS)、全站仪或经纬仪配合计算机在野外进行观测获取地面点数据,经适当变换处理后建成数字高程模型,一般用于小范围详细比例尺的数字地形测

图和土方计算。以地面测量的方法直接获取的数据能够达到很高的精度,常常用于有限范围内各种大比例尺、高精度的地形建模,如土木工程中的道路、桥、隧道等。然而,由于获取这种数据的工作量很大,效率不高,费用高,并不适合于大规模的数据采集任务。

④合成孔径雷达干涉测量数据采集。大范围、高精度、高效率、高分辨率 DEM 建立,要求具有精度高、获取快、信息丰富的数据源。合成孔径雷达干涉测量数据采集方法和机载激光扫描数据采集方法被认为是最有希望达到这一目标的数据采集技术。

通过雷达遥感获取 DEM 的方式有雷达立体影像测图、雷达影像阴影—形状的坡度估计方法和雷达干涉测量。利用激光扫描生成的数字表面模型的高程精度可以达到 10 cm,空间分辨率可以达到 1 m,可以满足房屋检测等高精度数据的需要。

(2)数字高程模型的内插

内插是数字高程模型的核心问题,它贯穿在 DEM 的生产、质量控制、精度评定和分析应用等各个环节。DEM 内插就是根据若干相邻参考点的高程求出待定点上的高程值,在数学上属于插值问题。数字高程模型的各种内插方法都是基于地形表面的空间自相关性。

Tobler(1970)认为,在空间上越邻近的地理实体或现象,其相似性或相关性就越大;虽然对地理实体而言,邻近度有不同的计算方法,但是必然涉及两个因素公共边界的长度和两个单元中心之间的距离,故被称为地理学第一定律。数字高程模型内插借助于邻近点对待求点的在邻近度上的影响进行求解。

数字高程模型内插方法根据二元函数逼近数学曲面与参考点的关系分为精确插值和非精确插值,也把这两种方法称为纯二维内插和曲面拟合。前一种方法要求生成的曲面通过所有控制点,而后一种方法是一种近似值,通常利用最小二乘法保证数学曲面点与已知点的偏差的均方根最小。

根据内差点的分布范围,可将内插分为整体内插、分块内插和逐点内插 3 类。整体内插是对全区域内所有采样点的观测值建立数学函数的内插方式,常用于模拟大范围地形的宏观变化趋势,可表示为:

$$P(x,y) = \sum_{i=0}^{m} \sum_{j=0}^{m} C_{ij} x^i y^j \tag{7.3}$$

该式含有 n 个待定系数,需要 n 个采样点数据代入方程求解,获取 n 系数 $C_{ij}(i,j=0,1,2,\cdots,m)$,然后将待插点代入已知内插公式求解高程。随着地貌复杂度的增加,多项式系数也随之增加,从而增加了求解的复杂度,并且系数的物理意义更加不明显,系数的微小误差也会造成难以控制的震荡现象,使函数难以稳定。

分块内插是将地形区域按照一定的界限进行分块,对每一分块将根据地形特征建立数学曲面。分块的规则主要考虑地貌复杂度和地形采样点的分布以及密度,并且分块需要进行拼接,需要保证拼接后整体曲面的平滑和链接。

7.2.2 DEM 主要生产方法

利用 PC 机和数字摄影测量软件,能高效快速地生产 DEM。

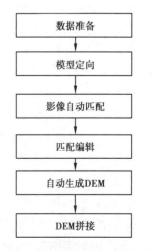

图 7.1 自动影像匹配获取 DEM 的流程框图

通过人工干预或编辑,可以提高 DEM 的精度。事实上,这时的 DEM 是数字正射影像生产过程中的副产品。因为目前全数字化摄影测量方法是数字正射影像生产的一种主要方法,而生产数字正射影像必须要先生成 DEM。本节内容将以全数字摄影测量系统 VirtuoZo 为例详细说明 DEM 的生产过程。

DEM 制作

（1）建立测区和模型

VirtuoZo 系统中打开测区输入新的测区名,系统会自动新建测区,给测区命名,并进行参数设置。在设置控制点文件和相机参数文件时,只需要输入两个新的文件名,与新建文件意思等同。

①设置地面控制点和相机参数文件。

②数字影像的格式转换。

人们所获得的数字影像经过初步处理,得到可进行数字影像转换的 JPG 图像格式,人们需要将它们继续转换为 VirtuoZo 系统可以识别的 VZ 格式影像。引入需要进行格式转换的数字影像,并进行转换参数设置。在进行参数设置时要特别注意几个问题:

首先是像素大小设置问题。必须保证这里像素大小的设置与像片真实的像素大小相符,若不知道其值,可在这项中输入"-1",系统会自动读取影像的像素大小。如果这项的输入有错误,会导致后面的内定向等内容出现错误,工作流程不能便利进行。

其次是相机旋转问题。人们得到的数字影像,由于航摄时航带的不同,使得部分的数字影像为倒向的,根据"负负得正"的原理,相机必须也旋转才能得到正确的影像,所以要在"相机是否旋转"这一选项中选择"是"。

最后是设置模型参数。

（2）模型的定向

模型定向分为内定向、相对定向和绝对定向。

1）模型的内定向

在进行定向前,必须确定系统已经打开测区和模型,并且相机参数文件有效。对于一个单模型而言,内定向的步骤主要为:

①进入测区,选择该测区内需要定向的模型。

②若框标模板已建立,则直接进入内定向界面。

③左、右影像内定向。

④退出内定向程序模块。

2）模型的相对定向

内定向后,VirtuoZo 系统会自动对数字影像进行相对定向。自动相对定向的结果如果不满足要求,需要手动检查查对同名像点的定位误差,将误差偏大的个别点删除,这样处理以后数字影像基本上可以达到相对定向精度要求。

3）模型绝对定向

VirtuoZo 可利用加密成果直接进行绝对定向,也可由人工干预。人工绝对定向,在左、右任一像片中手动识别控制点并对其精确定位,由系统自动在另一像片中确定控制点的同名像点,计算出绝对定向参数,完成绝对定向。模型的绝对定向需要至少 3 个控制点作为定向依据,VirtuoZo 系统为了提高精度,每个模型至少要有 4 个控制点。

（3）核线影像生产

在摄影测量中，将核面（通过摄影基线与物方点所做的平面）与影像面的交线称为核线。在一般情况下，数字影像的扫描行与核线并不重合，为了获取核线的灰度序列，必须对原始数字影像灰度进行重采样，这一过程称为核线重采样。在 VirtuoZo 主界面上，单击"处理"→"核线重采样"，将分别进行左、右核线影像的生成。

①定义作业区。自定义作业区的大小代表了生成核线影像的范围。定义作业区时可以用"自动定义最大作业区"也可以"人工定义作业区"，但必须保证模型中的所有控制点都包括在内。

②生成核线影像。

（4）影像匹配与编辑

生成核线影像后，即可进行影像匹配，影像匹配由系统自动完成。自动相关生成 DEM 时，地貌特征点、线的采集都是任意的，影像匹配实现了同名点的自动提取，但是由于影像信息的不完整或者信息相关等多种因素导致自动匹配结果会出现错误，因此在生成过程中还需要少量的人工编辑与确认，在软件主界面上单击"处理"→"匹配结果编辑"。需要人工编辑的有以下几种情况：

①影像中大片纹理不清晰的区域或区域内没有明显的特征点的区域。例如：湖泊、沙漠和雪山等区域内可能出现大片匹配不好的点，需要对其进行手动编辑；

②由于影像被遮盖和阴影等原因，使得匹配点不在正确的位置上，需要对其进行手动编辑；

③城市中的人工建筑物、山区中的树林等影像，它们的匹配点不是地面上的点，而是地物表面的点，需要对其进行人工编辑；

④大面积的平地、沟渠和比较破碎的地貌等区域的影像，需要对其进行人工编辑。

（5）生成 DEM

1）自动生成 DEM

在软件主界面单击"产品"→"生成 DEM"→"DEM（M）"，系统将自动生成 DEM。

在生成 DEM 的过程中，系统会自动生成一个匹配点地面坐标文件，即匹配后的视差格网投影于地面坐标系所生成的不规则高程网的文件，以拓展名 dun 的文件格式存在，系统对这个 DTM 进行插值计算，建立的规则网就是 DEM。DEM 的生成过程由系统自动完成。

2）DEM 编辑

VirtuoZo 系统内设 DEMMaker 模块，可用于 DEM 的交互式编辑并结合矢量特征生成 DEM，共有下述 4 种典型的工作方式。

①装载立体模型。在立体模型上对特征地物进行数据采集和编辑，获得具有一定密度的地面特征。然后构建三角网，最后生成 DEM。

②引入利用自动匹配的结果所生成的 DEM，利用区域特征匹配和各种区域算法进行 DEM 区域编辑。

③全手工单击"编辑"或自动单击"编辑"。

④引入该地区已有的矢量文件"＊.xyz"，定制地物层，自动构建三角网，生成 DEM。

3)DEM 模型的拼接

当测区内有多个模型,且相邻模型之间有重叠时,可以把它们的单模型 DEM 拼接在一起,形或整个区域的大 DEM。

DEM 拼接结束后,在"立体显示"中可以找到已拼接好的 DEM 文件,但这时的 DEM 是以规则格网的形式显示,不附带正射影像,必须对其进行影像的镶嵌就可以得到带有正射影像的 DEM。

7.2.3　DEM 精度评定

DEM 数据是一种网格数据,即在一定距离的网格上记录地面点的高程特征。检查 DEM 精度就是指检查这些网格点的高程精度,人们把网格点上的地面实际高程称为真值。观测值指的是用一定的测量手段,从实地或用来反映实地介质(如航片、卫片等)上量取的高程值。

DEM 精度评定常用下述几种方法。

①选取典型的地貌区域,用实地测量的方法测出网格点的真实高程值。这种方法比较准确,但是太费时费力,成本也高。

②利用出版的地形图,借助一些读图工具,在地图上读取网格点的真实高程值。这是一种行之有效的方法,人们经常使用。但是在地形图上读取高程值比较枯燥,并且每个人的视差不一样,难免会降低"真值"的可信度。

③利用矢量数字地图插值生成的 DEM 数据,可采用计算机监视器上显示的矢量地图,同时显示部分或全部网格点位置,利用计算机的放大和检索功能,加之利用人机交互的方式在计算机监视器上判读出网格点的真实高程值。这种方法要求事先准备好比较准确的矢量数字地图,矢量数字地图的精度直接影响这种检查方法的可信度。

④立体图检查。显示一幅图的 DEM 数据三维立体图像,在该图像上也可以看出本幅图的地形走向大致轮廓,同时可以看出个别高程异常点。

7.3　数字正射影像图的生产

7.3.1　正射影像的制作原理

传统的数字正射影像生产过程包括航空摄影、外业控制点的测量、内业的空中三角测量加密、DEM 生成和数字正射影像图的生成和镶嵌。正射影像生产中的航空摄影、外业控制点测量、内业空中三角测量加密、DEM 的生成等部分在之前相关章节已经进行了详细的讨论,下面将讨论正射影像的制作原理。

正射影像的制作最根本的理论基础就是构象方程:

$$x = -f\frac{a_1(X_g - X_0) + b_1(Y_g - Y_0) + c_1(Z_g - Z_0)}{a_3(X_g - X_0) + b_3(Y_g - Y_0) + c_3(Z_g - Z_0)} \tag{7.4}$$

$$y = -f\frac{a_2(X_g - X_0) + b_2(Y_g - Y_0) + c_2(Z_g - Z_0)}{a_3(X_g - X_0) + b_3(Y_g - Y_0) + c_3(Z_g - Z_0)} \tag{7.5}$$

构象方程建立了物方点(地面点)和像方点(影像点)之间的数学关系,根据这个关系式,任意物方点都可以在影像上找到像点。正射影像的采集过程基本上就是获取物方点的影像点过程,其基本原理如图 7.2 所示。

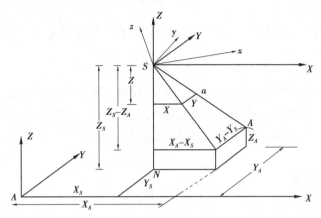

图 7.2　正射影像图制作基本原理

7.3.2　正射影像图制作技术

(1)像片纠正的概念

像片纠正

在摄影像片水平($\alpha=0$)和地面为水平面的情况下,航摄像片就相当于摄影区域比例尺为 $1:M(f:H)$ 的平面图。向地面摄影的瞬间,如果摄影机光轴不垂直于水平面,将导致像片倾斜,必然使在航摄像片上所得的构像发生变形。即使摄影地区是一个平面,这种变形依然存在。这种变形会造成构像像点位移、图形变形以及比例尺不一致,而这三者互相关联。只有将中心投影的构像经过投影变换转变成正射投影,同时消除像片倾斜所引起的像点位移,使它相当于水平像片的构像,并且符合规定的比例尺,这一变换过程就称为像片纠正。

实际上,地面并不一定是水平的平面,而是有不同程度起伏的地形。由于地形起伏的原因可使像片上的构像与正射投影的地图相比有位移,这类原因造成的像点位移称为投影差。投影差不会因像片的纠正而消除。在实际作业中只要使图上所存在的投影差不超过所规定的某一允许值时,仍然可用像片纠正的方法。一般根据测图的目的和对地形图精度要求,确定投影差的限度,以保证在每一张像片作业面积内高程差满足要求。

根据航摄像片上投影差公式

$$\delta_h = \frac{r \cdot h}{H} \tag{7.6}$$

可知,反映在图上的投影差为

$$\Delta h = \delta_h \times \frac{m}{M} = \frac{r \cdot h}{f \cdot M} \tag{7.7}$$

式中　m——像片比例尺的分母数值;

$\quad\quad M$——成图比例尺的分母数值;

$\quad\quad f$——航空摄影机的主距;

$\quad\quad r$——像点的向径。

一般规定在图上的 Δh 投影不得超过 $\pm 0.000\ 4$ m,则有:

$$h = \pm 0.000\ 4 \frac{f}{r} M \tag{7.8}$$

在作业时取地面平均高程面作为基准面,故高程差的容许值为

$$Q = 2h = 0.000\ 8 \frac{f}{r} M \tag{7.9}$$

由式(7.9)可知,高程差允许值与成图比例尺、所采用航空摄影机的主距以及所纠正的面积有关。当航摄像片作业面积内地面点间的最大高差不超过高程允许值时,就可作为平坦地区来纠正。如果超过上述限差时,则采用分带纠正、仿射纠正和微分纠正的方法限制投影差,以保证成图精度。

(2)像片纠正的分类

1)常规纠正

根据像片纠正采用的仪器设备条件和航测成图方法的不同,可将常规纠正方法分为光学机械纠正法、光学图解法和图解纠正法。光学机械纠正法是利用纠正仪纠正影像,从而获得镶嵌像片平面图时所需要的纠正像片。光学图解法是利用光学投影器纠正绘有等高线的影像,并根据投影下来的地物和等高线进行转绘而得到线划图。图解纠正法是利用直尺和其他简单的工具,在像片上和图底上分别构成相应的透视格网,然后进行转绘而得线划图。

2)光学微分纠正

分带纠正虽然可以将投影差限制在允许范围内,但是在综合各分带的纠正影像拼接成像片平面图时,尤其在地形复杂或地面起伏较大的区域,各分带之间纠正影像的拼接处将会出现影像不符,从而影响图面的精度和质量。这一现象只有随着地面点的高程变化相应改变纠正系数,实现逐点纠正才能严格的解决。实际上可以使用一小块面积作为纠正单元,按其小面积中央点高程的变化升降承影面进行逐块纠正,这一方法称为微分纠正,相对于数字微分纠正,利用光学投影方法实现像片微分纠正,称为光学微分纠正。

3)数字微分纠正

航摄影像的正射纠正,在模拟摄影测量中,使用纠正仪将航摄像片纠正为像片平面图;在解析摄影测量中,利用正射投影仪,通过机控缝隙光学纠正,制作正射影像地图。这些作正射纠正的仪器,均为光学机械纠正仪器,都是像片纠正的传统方法。

在数字微分纠正过程中,首先确定原始图像与纠正后图像之间的几何关系。假设任意像元在原始图像和纠正后图像中的坐标分别为 (x, y) 和 (X, Y),则它们之间存在的映射关系为

$$x = f_x(X, Y) \ ; \ y = f_y(X, Y) \tag{7.10}$$
$$X = f_X(x, y) \ ; \ Y = f_Y(x, y) \tag{7.11}$$

式(7.4)是由纠正后的像点 P 坐标 (X, Y) 出发反求在原始图像上的像点 p 的坐标 (x, y),这种方法称为反解法,也称间接法。式(7.5)是由原始图像上的像点 p 的坐标 (x, y) 解求纠正后图像上相应点坐标 (X, Y),这种方法称为正解法或直接解法。

在数字摄影测量中,采用数字微分纠正方法获取正射影像,即按像点和物点的构像方程式,或按一定的数学模型,根据数字高程模型(DEM)及有关参数,对原始的非正射影像进行映射变换,获取正射影像。数字微分纠正与光学微分纠正一样,其基本任务是实现两个二维图像之间的几何变换。

在实际应用中,以反解法居多。反解法(间接法)采用共线条件方程式解求像点坐标,即:

$$x = -f \frac{a_1(X - X_S) + b_1(Y - Y_S) + c_1(Z - Z_S)}{a_3(X - X_S) + b_3(Y - Y_S) + c_3(Z - Z_S)}$$

$$y = -f \frac{a_2(X - X_S) + b_2(Y - Y_S) + c_2(Z - Z_S)}{a_3(X - X_S) + b_3(Y - Y_S) + c_3(Z - Z_S)} \tag{7.12}$$

由已知纠正后的像元 P 坐标 (X, Y),按式(7.12)反算出相应的原始影像点 p 的坐标 (x, y),纠正像元的高程 Z 由 DEM 给出。然后利用 (x, y) 搜寻其原始影像元的灰度值,若 x, y 不在原始影像元的中心,则可按所在位置对纠正像元的灰度进行内插赋值,所有纠正像元灰度的集合即为正射影像图。像元的大小形状需根据影像质量、精度要求、数字测图系统的指标等而定。

7.3.3 数字正射影像图的制作方法

(1)全数字摄影测量方法

全数字摄影测量是利用计算机对数字影像进行处理,并由计算机视觉、影像匹配和影像识别,代替人眼与仪器进行立体测量。数字影像实际上是对灰度和空间都连续变化的影像按一定的灰度级和空间分辨率进行离散化处理,并使之成为离散的灰度矩阵。数字正射影像是对中心投影或其他投影方式的

DOM 制作

数字影像进行投影差改正,一般采用数字高程模型(DEM)进行数字微分纠正,使之成为正射的数字影像。数字正射影像以其直观、信息量丰富、美观和易于接受等优点,日益受到人们关注。在土地动态监测、道路选线设计、农田水利建设、防洪抗灾、农业规划等多方面有着巨大的用途。

目前,全数字摄影测量主要应用于生产数字高程模型(DEM)和数字正射影像图(DOM)。

(2)单片数字微分纠正方法

首先对航摄负片进行影像扫描,然后根据区域内已有的数字高程模型的数据和控制点坐标对数字影像内定向、数字微分纠正。将单片正射影像进行镶嵌并按照图廓裁切得到数字正射影像图,注记地名、公路格网。整饰修改后绘成 DOM 或刻盘保存。

(3)正射影像图扫描方法

可直接对已有的光学制作的正射影像图进行影像扫描数字化,再经过平移、缩放、旋转和仿射等图像变换就能获得正确的数字正射影像图。一般图像纠正过程是用适当的多形式来表达同名像点纠正前后的坐标关系,可通过平差求解多形式系数。

7.3.4 利用 VirtuoZo 制作数字正射影像图

下面简要介绍 VirtuoZo 数字摄影测量系统制作正射影像图的过程。

(1)制作数字正射影像图的前期准备

1)相机文件

应提供相机主点理论坐标 x_0, y_0;相机焦距 f;框标距或框标点坐标。

2)控制资料

①外业控制点成果。如果是全野外布点,还应有外业控制片。

②内业加密成果。制作成相应格式的控制点文件(" ***.ctl")。

③外业控制点及内业加密点分布略图。

3)航片扫描数据

需要符合 VirtuoZo 图像格式及成图要求扫描分辨率的扫描数据。VirtuoZo 接受多种图像格式：如 TIFF、BMP、SunRasterfile、TGF 等，一般选择 TIFF 格式。

4)参数设置

VirtioZo 系统的参数较多，需在参数界面上逐一设置。需要设置的参数有测区参数（Block Parameters）、模型参数（Model）、影像参数（Images）、相机参数（Camera）、控制点参数（GroundPoints）、地面高程模型参数（DEMs）、正射影像参数（Orthoimages）以及等高线参数（Contours）。其中有些参数需要按 VirtuoZo 格式事先制作，如相机参数、控制点参数等。有的需要格式转换，如影像要从其他格式转换成 VirtuoZo 格式等。

（2）**定向**

1)内定向

VirtuoZo 可自动识别框标点，自动完成扫描坐标系与相片坐标系间变换参数的计算，自动完成相片内定向，并提供人机交互处理功能，也可人工调整光标切准框标。

2)相对定向

系统利用二维相关，自动识别左、右像片上的同名点，一般可匹配数十至数百个同名点，自动进行相对定向。并可利用人机交互功能，人工对误差大的定向点进行删除或调整同名点点位，使之符合精度要求。

3)绝对定向

①利用加密成果进行绝对定向。VirtuoZo 可利用加密成果直接进行绝对定向，将加密成果中控制点的像点坐标按照相对定向像点坐标的坐标格式复制到相对定向的坐标文件（ ***.pcf）中，执行绝对定向命令，完成绝对定向，恢复空间立体模型。

②人工定位控制点进行绝对定向。相对定向完成后（即自动匹配完成后），由人工在左、右像片上确定控制点点位，并用微调按钮进行精确定位，输入相应控制点点名。每个像对至少需要 3 个控制点。定位完本像对所有的控制点后，即可进行绝对定向。

（3）**生成核线影像**

绝对定向完成后，确定核线影像生成范围，影像按同名核进行重新排列，形成按核线方向排列的核线影像。以后的处理，如影像匹配、视差曲线编辑等，都将在核线影像上进行。

（4）**影像匹配、视差曲线编辑**

按照参数设置确定的匹配窗口大小和匹配间隔，沿核线进行影像匹配，确定同名点。

匹配窗口是用于影像匹配的单元，其大小的确定与许多因素有关，如像素的大小、航摄比例尺、地形的类型等。一般情况下可考虑匹配窗口在原始影像上的大小为 0.25~0.5 mm。

匹配格网间隔是指匹配窗口中的行列之间的像素间隔，一般小于或等于匹配窗口的大小，且应小于 DEM 的间隔。

影像匹配完成后，需在立体下进行人机交互的视差曲线编辑，即对匹配结果进行编辑，编辑完成后即可生成 DEM。

（5）生成数字地面高程模型

数字高程模型（DEM）是制作正射影像的基础，中心投影的影像根据其数字高程模型就可纠正成正射影像。

VirtuoZo 提供两种生成数字地面高程模型的方法：

①直接利用编辑好的匹配结果生成数字地面高程模型。此种方法适用于中、小比例尺的正射影像制作或大比例尺非城市自然地貌地区的正射影像制作，也可用于编辑好视差曲线的城市地区的正射影像制作。

②影像匹配后不做编辑，而是在 FC（FlatCity）界面下按一定密度分布选择同名点，或是在立体下切准地形表面测定一定密度的地面点，构成三角网内插 DEM。此种方法适用于平坦的城市地区。此种方法可避免视差曲线缠绕建筑物的问题，减少一定的工作量。

（6）生成正射影像

当 DEM 建立后，即可进行正射影像（DOM）的生成。VirtuoZo 提供两种生成正射影像的方式：

①分别由单模型的 DEM 生成单个模型的正射影像。

②将多个单模型的 DEM 拼接成一个多模型的 DEM，再在正射影像生成参数中加入一个或多个影像（原始扫描影像），一步生成所需的正射影像。

（7）正射影像图的制作

单个像对的正射影像生成后，即可进行正射影像图的拼接或者镶嵌、裁切。一般来说，制作标准图幅的正射影像可用系统镶嵌功能进行镶嵌，系统提供两种镶嵌方式：

EPT 快速
制作 DOM

①由系统进行单模型的 DEM 及正射影像的自动拼接。此种方式适用于小比例尺及大比例尺非城市自然地貌地区。

②由手工方式选择镶嵌线进行拼接。这种方式适合大比例尺城市地区，可有效避免（高大）建筑物因中心投影倒像引起的拼接重影或模糊。

拼接的同时，输入图幅左下、右上角坐标，可进行标准图幅的裁切，也可用鼠标拉框进行任意图幅的裁切，进行注记叠加、制图整饰，最后用喷墨绘图仪绘制影像图。另外，如果制作没有绝对地理精度要求的正射影像图，如挂图等，可由单模型正射影像在 Photoshop 等图像处理软件下进行手工拼接，这也是一种有效的拼图手段。

7.4　数字线划图的生产

7.4.1　DLG 的基本特征

数字线划图（DLG）是现有地形图中基础地理要素的矢量数据集。分别采用点、线、面描述要素几何特征，赋予属性，并分成若干数据层，以供地理信息系统作空间检索、空间分析之用。数字线划地图的基本特征有：

①基础地理要素对传统地图要素作了必要的精简压缩，缩短了生产与更新的周期。

②基础地理要素突出了地图要素在信息意义上的主要特征,并且是矢量方式,便于提取、检索和分析。

③基础地理要素的分层分类代码结构便于与其他数字产品,如数字正射影像复合,生成信息更丰富、专题更突出的新图种。

④地图地理内容、分幅、投影、精度、坐标系统与同比例尺地形图一致。

⑤图形输出为矢量格式,任意缩放均不变形。

7.4.2　DLG 制作的技术方法

DLG 立体测编

DLG 制作的技术方法主要包括数据采集和图形编辑两个部分。它们所用到的主要技术如下:

（1）DLG **数据采集**

按具体规范要求,对地理要素进行分类采集,并赋予指定代码等属性。

①地形图扫描数字化方法。人机交互,对所提取的基础地理要素分层分类矢量化。

②数字摄影测量方法。必须配备 X,Y,Z 输入装置和立体观察装置。采用基于 Windows NT 数字摄影测量工作站。定向后,人工三维跟踪基础地理要素,分层分类数字化,并赋予代码等属性。

③解析或机助数字化测量。按常规方法步骤,分层分类数字化采集基础地理要素。

（2）DLG **图形编辑**

选择合适的计算机图形编辑软件,按 GIS 的要求对所采集的基础地理要素进行点、线、面几何特征、拓扑关系和属性的编辑,并进行检查和修改。图形编辑后,应将 DLG 要素符号化,输出其模拟产品。

7.4.3　DLG 制作生产过程

数字立体摄影测量是通过扫描航空像片得到数字影像,在数字立体摄影测量工作站上测绘地物。下面将详细介绍其生产过程,利用数字摄影测量制作 DLG 的基本过程如图 7.3 所示。对于一些在前述章节介绍过的内容将不再重复,现将重点介绍基于 VirtuoZo 生产 DLG 的过程及注意事项。

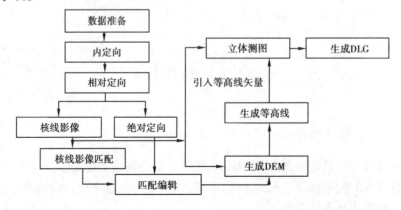

图 7.3　DLG 制作的生产过程流程图

本模块为交互式数字影像测图系统(IGS),主要用于地物量测,从立体影像或正射影像上对目标进行数据采集及编辑,生成三维数字测图文件("***.xyz"),并按标准的制图符号输出为矢量图。

(1)**进入测图界面**

在 VirtuoZo NT 系统主菜单中,选择"数字测图"→"IGS 数字测图项",调用"测图模块",屏幕弹出测图界面。

(2)**新建或打开测图文件**

新建一个测图文件:选择"File"→"NewXyzFile"项,屏幕弹出文件查找对话框,输入一个新的 xyz 文件名,弹出测图参数对话框。新建测图文件如图 7.4 所示。

图 7.4 新建测图文件

在对话框中输入各项测图参数:成图比例尺(分母);高程注记的小数位数;流数据压缩容限(单位:毫米);图廓坐标:Xtl、Ytl(左上角)、Xtr、Ytr(右上角)、Xbl、Ybl(左下角)、Xbr、Ybr(右下角)。选择"Save"按钮后,将创建一个新的测图文件。此时屏幕弹出矢量图形窗并显示其测图的图廓范围,如图 7.5 所示。

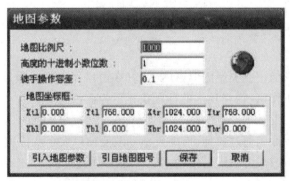

图 7.5 测图比例尺设置窗口

(3)**装入立体模型**

当打开测图文件后,方可打开立体模型。在菜单栏中选择"File"→"Open"项,在文件查找对话框中,选择一个模型"***.mod"(或"*.set")文件,打开后,屏幕弹出影像窗显示立体影像,如图 7.6 所示。

图 7.6　载入模型窗口

打开模型后,系统可能会发出警报声,这是由于所设置的测图边界没有落入立体模型的范围内。激活立体模型窗口,单击"文件"→"设置模型边界"选项,如图 7.7 所示。

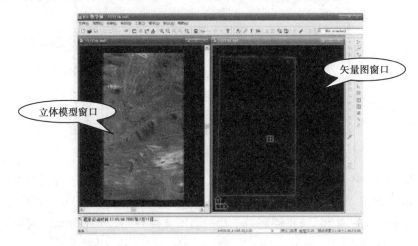

图 7.7　模型载入后的窗口

（4）**界面调整与功能设置**

1）激活当前工作窗

在测图界面内的影像窗或矢量图形窗内（最好在窗口顶上的标题条上）单击鼠标左键,则该窗口被激活为当前工作窗（窗口顶上的标题条显示为蓝色）。

2）影像与矢量图形缩放

①工作窗均可在界面内通过拉伸、推缩及拖动改变窗口大小及位置。

②工作窗中的影像或矢量图形可拉动本窗口的滚动条上下或左右移动。对于影像还可在选择　按钮后,在影像窗中移动鼠标使窗中的立体影像移动。

③当前工作窗中的影像或矢量图形可由图标按钮 　 、 　 、 　 、 　 、 　 进行放大或缩小等。

3）影像贴图与矢量图形的层控制

①矢量贴图:按下 View 图标,可将测量的结果（矢量图形）显示在立体影像上,以便于检查遗漏和所测地物的精度。

②层控制:在数字化测图中,同一种地物为一层,每一层都有一个属性码（或层号）。所测

的地物都被分层管理,层控制就是对地物分层管理的工具。

选择 ⬓ 图标(或选择菜单"Tools"→"Layer"项),可弹出层控制选择对话框。选定某层(由鼠标左键单击层控制选择对话框内左边地物显示窗中的某行地物,该行显示为蓝色时即表示被选中),然后选择层操作按钮,则能对其进行层控制。层控制的操作有下述 5 种。

a.层锁定:不能对选定层的已测地物进行编辑,但可显示、新增该类地物。

b.层冻结:不能对选定层作任何操作,既不能显示也不能编辑及新增该类地物。

c.层关闭:关闭或打开选定层图形的显示。

d.设置层颜色:可设置选定层在影像上的贴图颜色,一次只能设定一层。

e.层删除:可删除一个或多个层的全部地物。

4)影像显示方式

①左右影像分屏显示,由立体反光镜观测立体。

②立体显示双影像:通过硬件的支持,左、右影像交替显示,戴上相应的立体眼镜,可以进行立体观测。

激活影像窗后,在菜单栏选择"Mode"→"DispStereo"项,两种显示方式可相互切换。

5)测标调整

测标有左、右两个,分别显示于左、右影像上。在数据采集时,通过调整测标可测得地面高程。测标调整的方式如下所述。

①自动调整:选择功能工具条中的 A 图标,此时根据模型的 DEM 自动解算高程,则测标可随地面起伏自动调整。

②人工调整:在影像窗中,按住鼠标中键左右移动;或按住键盘上的"Shift"键,左右移动鼠标;还可用键盘的"Page Up"和"Page Down"两键微调,都可调整测标使之切于立体模型的表面。若用手轮脚盘,可转动脚盘调整测标。

(5)地物的测绘

地物量测的基本步骤如下所述。

输入地物属性码→进入量测状态→根据需要选择线型或辅助测图功能→对地物进行量测。

1)输入地物属性码

每种地物都有各自标准的测图符号,而每种测图符号都对应一个地物属性码,数字化地物时首先要输入将要测地物的属性码。

方法一:直接输入。当用户熟记了属性码,可在状态条的属性码显示框中输入当前码。

方法二:选择图标。按下 Sh 图标按钮,将弹出地物属性码选择框。

2)进入量测状态

按下 ⬓ 图标按钮,或单击鼠标右键可将编辑状态切换到量测状态,以选择线型和辅助测图功能。

①线型的选择。VirtuoZo 测图把数据表示的形状分为如下七种类型并统称为线型,在地物线型工具条中有这七种类型的图标,说明如下:

a. ⁺⁺⁺ 点:用于点状地物,即只需单点定位的地物,只记录一个节点。

b. ∿ 折线:用于折线状地物,如多边形、矩形状地物等。记录多个节点。

c. ∿ 曲线：用于曲线状地物，如道路等。记录多个节点。

d. ◯ 圆：用于圆形状地物。记录3个节点。

e. ⌣ 圆弧：用于圆弧状地物。记录3个节点。

f. ▨ 隐藏线：只记录数据不显示图形，用于斜坡的坡脚线等。

g. ∿ 同步线：用于小路、河流等曲线状地物，可加快测量速度。流数据模式记录。

②辅助测图功能的选择。

a. C 自动闭合：对于需要闭合的地物，选择自动闭合功能，起点与终点将自动连线。

b. R 直角化与自动补点：对于房屋等直角的地物，选择直角化功能，可对所测点的平面坐标按直角化条件进行平差，得到标准的直角图形；自动补点，对于满足直角化条件的地物，最后一点不测，而由软件按平行条件进行自动增补。

c. HEI 高程注记：对高程碎部点，自动注记其高程。

3）基本量测方法

地物量测一般在影像窗中进行，通过立体眼镜（或立体反光镜）对需量测的地物进行观测，用鼠标或手轮脚盘移动影像并调整测标，立体切准某点后，按鼠标左键或踩左脚踏开关记录当前点，按鼠标右键或右脚踏开关结束量测。在量测过程中，可随时修改线型或辅助测图功能，随时取消当前的测图命令等。

4）不同线型的量测

①单点：单击鼠标的左键（或踩左脚踏开关）记录单点（图7.8）。

图7.8　点求符号

②单线。

a. 折线：单击鼠标左键记录所有节点，单击鼠标右键结束。对于线段一侧有短齿线等附加线划时，应注意量测方向，一般附加线划绘于量测方向的左侧（图7.9）。

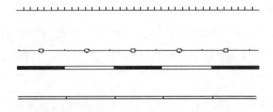

图7.9　单线线型符号

b. 曲线：单击鼠标左键记录所有曲率变化点，单击鼠标右键结束。

c. 同步线：单击鼠标左键或左脚踏开关记录起点，由手轮、脚盘跟踪地物量测，最后用右脚踏开关记录终点。

③平行线：对于具有规则宽度的地物（如公路等）需要量测物的平行宽度，先量测完地物一侧的基线（单线量测），然后在另一侧量测一点（单点量测），即可确定平行线宽度，系统自动

绘出平行线。

平行线线型符号如图 7.10 所示。

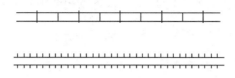

图 7.10 平行线线型符号

④底线:对于有底线的地物(如斜坡等)需要量测底线来确定地物的范围。先量测完基线,然后量测底线(一般测于基线量测方向的左侧)。在测底线前可选隐藏线型进行量测,底线将不绘出。

底线线型符号如图 7.11 所示。

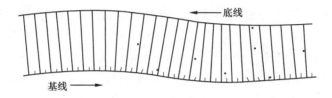

图 7.11 底线线型符号

⑤圆:在圆周上量测 3 个单点,用鼠标的右键结束。

⑥圆弧:按顺序量测圆弧的起点、圆弧上的一点和圆弧的终点,用鼠标右键结束。

⑦测图命令的中断:在量测地物的过程中,可以按"Esc"键中断正在进行的量测。

⑧点的回退:在量测地物的过程中,如测错了点,可以按键盘上的"←"键,回退到前一点。

(6)地物的编辑

进入编辑状态→选择将要编辑的某个地物及某个点→选择所需的编辑命令→进行具体的修测修改等。

1)进入编辑状态

可用两种方式进入编辑状态:按下 ![icon] 图标按钮,即可进入编辑状态。单击鼠标右键可将量测状态切换到编辑状态。

2)选择将要编辑的地物及某个点(PICK 功能)

①选择一个地物:将光标对准要选择的地物,单击鼠标左键即选中地物,地物被选中后,该地物图形上的所有节点将显示蓝色标识框。

②选择一个点:在被选中的地物上,对某个蓝色标识框单击鼠标左键,则该点被选中,该点上原来的蓝色标识框变为红色标识框。

3)编辑命令的使用

①当前地物的编辑:选用编辑工具条上的图标对当前地物进行编辑。

a. ![icon] 移动地物:拖动当前地物移动至某处后,再单击鼠标左键,则当前地物被移动。

b. ![icon] 删除地物:当前地物被删除。

c. ![icon] 打断地物:鼠标左键单击断开处,则当前地物在某一点断开为两个地物。

d.▦地物反向:反转当前地物的方向,主要用于陡坎、土堆等。

e.▢地物闭合:当前地物未闭合则闭合,当前地物闭合则断开。

f.▦地物直角化:当前地物的相邻边修正为相互垂直。

g.▣房檐修正:选择修正边,输入修正值,修正当前房檐。

h.▤改变属性码:将当前属性码改为新的属性码,地物属性码与图形都随之改变。

②当前点的编辑:选择弹出式菜单执行,也可由快捷方式执行。

在当前地物的某点上,单击鼠标右键,弹出菜单,可移动或删除当前点。

a.移动当前点:拖动测标移至某位置后,单击鼠标左键,则当前点被移动。

b.删除当前点:选择此菜单后,则当前点被删除。

在当前地物的两点之间,单击鼠标右键,弹出菜单,可在当前点与后一点间插入一点;可改变当前点与后一点的连接码。

c.插入一点:拖动测标移至某位置后,单击鼠标左键,则插入一点。

d.改变连接码:在弹出的线型工具条上选择某项,改变当前点与后一点的连接形式。

③编辑恢复功能:选择↺图标或快捷键"Ctrl+Z",可恢复编辑前的状态。

(7)文字注记

进入注记状态→输入注记的参数→注记定位→注记编辑。

1)进入注记状态

选择菜单"View"→"Textdialog"项或按下主工具条上的▣A图标进入注记状态。

①注记的参数。

a.注记的字符串:包括汉字、英文及数字等。输入汉字时由"Ctrl+空格键"切换。

b.注记的字高:字的大小,以 mm 为单位。

c.注记的角度:注记与正北方向的角度,以"°"为单位。

d.注记的颜色:为 VGA 的 16 种颜色之一。

e.注记的分布方式:给予注记控制点(定位点)的不同分布,可以确定注记的分布方式。

②单点方式:单点方式只要一个控制点和一个角度,注记沿给定的方向分布。

③布点方式:每一个字符需要一个控制点,字头朝向只能是正北。

④直线方式:需要两个控制点,注记沿直线的方向分布,字间的距离由两点的长度来计算。每个字的朝向根据直线的角度确定。

⑤任意线方式:任意线方式是利用若干个控制点来确定一个样条,注记沿样条分布。每个字的朝向都需要根据该字在样条上的位置的切线来确定。

⑥字头的朝向方式:字头朝北,字头朝正北方向;字头平行,字头与定位线平行;字头垂直,字头与定位线垂直。

⑦字体的变形:对于河流、山脉等的注记,经常用到左斜、右斜、左耸、右耸等字体的变形样式。

2)输入注记的参数

在参数对话框中,输入或选择相应的参数。

3）注记定位

输入注记的字符串及参数后,在影像或图形工作窗内单击鼠标左键,则当前注记在该处定位并显示。

4）注记编辑

注记编辑要在编辑状态下,选择将要编辑的注记后,才能进行,如下所述。

①注记参数的修改:在弹出的注记参数对话框中修改注记参数,即可修改当前注记。

②注记控制点的编辑:注记控制点(定位点)串可用常规的插入、删除、重测等编辑命令对定位点进行任意修改。

7.4.4　DLG 的质量控制及成果检验

(1)数据采集部分

1)地形图扫描矢量化方法

①对图纸的要求。图纸要平整无折,图面清晰,无局部变形。图廓点坐标一定要正确无误。

②对扫描的要求。扫描分辨率的大小是否满足要求;图像清晰;图廓点和格网点的影像必须完整。如果采用了分块扫描,影像拼接处就不能出现错位。

③对图纸定向和几何纠正的要求。定向与纠正后的图廓点和格网点坐标与理论值的偏差要满足要求。分块扫描拼接后,不应出现裂缝与重影等拼接痕迹。

2)数字摄影测量方法

①原始数据的质量检查。

a.影像:扫描分辨率的大小是否满足要求,影像质量用直方图检查。

b.参数:包括相机参数和控制参数,其数量和质量要满足相应航测作业要求。

②作业过程的质量控制。定向(内定向、相对定向、绝对定向)的结果要满足相应作业规范。

③解析或机助方法。

a.原始数据的质量检查。包括相机参数和控制参数,其数量和质量要满足相应航测作业要求。

b.作业过程的质量控制。定向(内定向、相对定向、绝对定向)的结果要满足相应作业规范。

(2)图形编辑部分

①对基础地理信息要素进行二维或三维跟踪,以满足分层分类数字化要求。位置相重叠的要素按优先者数字化,面状要素必须封闭,相接的结点应采用抓取功能,不出现悬挂点,有向点、有向线的数字化顺序方向必须正确,要求按中心点、中心线数字化的要素,其位置必须准确。

②采用代码要素及其符号显示一体化的微机图形编辑软件,根据 GIS 空间要素建库要求或制图图式要求,分别对基础地理信息要素的点、线、面几何特性(位置、形态及相互关系)、属性代码以及拓扑关系进行编辑、建立、检查、修改。

③图幅间按规定要求接边,保证跨图幅要素几何位置的连续与属性逻辑上的一致性。

④将 DLG 数据文件按符号化输出其模拟产品,进行检查并返回修改。

⑤按规定内容与格式要求检查元数据文件有无错漏。

⑥除进库外,DLG 数据应作双备份,对备份数据应作正确性检查,并应异地存放。

7.4.5 DLG 成果的检验方法

对于数字线划图,根据检验项目,常用以下方法进行检验成果质量。

①数学基础的检验。由绘图仪将数学基础回放到薄膜图上,量测图廓线边长、对角线长与理论长度的误差。

②平面和高程精度的检验。平面点选在明暗的物点上,高程点选在地形特征点上,一般不少于 20 个点,可采用内业加密桩点法检查平面与高程点的精度。

③接边精度的检验。可利用计算机软件或数字线划图回放后,目视检查公共图廓边的要素是否完全重合,等高线是否连接。

④属性精度的检验。属性精度主要包括要素分类与代码的正确性,要素属性值的正确性,要素注记的正确性,可通过回放原图套或在屏幕上一一显示要素,并进行检查。

⑤逻辑一致性和完备性的检验。将回放图与原图套合或采用屏幕漫游的方式,目视检查面状要素是否封闭,线状要素是否连续,属性数据是否完整,同一地物在不同图幅内其分类、分层属性是否相同,注记是否完整等。

7.5 数字栅格地图的生产

7.5.1 DRG 的基本特征

数字栅格地图(DRG)是模拟产品向数字产品过渡的中间产品,一般用作背景参照图像,与其他空间信息相关。可用于数字线划图的数据采集、评价和更新,还可与数字正射影像图、数字高程模型等数据集成使用,派生出新的可视信息,从而提取、更新地图数据,绘制纸质地图和作新的地图归档形式。

DRG 有下述基本特征。

①DRG 是一种既保留了现有模拟地形图的全部内容与视觉效果,又能被计算机处理的数字产品。所以 DRG 是所有数字产品中兼顾两种产品特点,且变换最为简捷的数字产品,也是模拟产品向数字产品过渡的有效模式。

②DRG 经过图幅定向与高保真几何校正,不但保持了原模拟图的几何精度,而且在其应用,如点位坐标数字化、长度、面积、体积量算中提高了数学精度。

③DRG 不但可将历代模拟地形图以数字方式存档,作为历史档案管理,而且通过数字正射影像方式更新的 DRG,可作为地理信息系统的空间背景数据而广泛应用。

7.5.2 基于数字摄影测量的 DRG 生产过程

在 VirtuoZo 的 IGS 数字化测图系统中,通过在立体模型影像上的矢量测图和坐标范围设定等操作,可生成数字线划图(DLG)。在其图廓整饰环境中,载入相应的矢量文件、正射影像,设定相应的图廓参数,即可生成数字栅格地图(DRG)。其过程如图7.12所示。

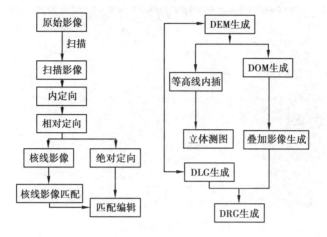

图7.12 数字摄影测量的DRG生产过程

基于VirtuoZo介绍DRG生产的基本过程如下所述。

(1)进入图廓整饰界面

在系统主菜单中,选择"工具"→"图廓整饰"项,屏幕显示图廓整饰主界面,如图7.13所示。

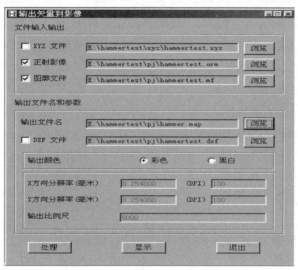

图7.13 图廓整饰主界面

(2)选择当前要生成的地图文件

在图廓整饰主界面中,选择图廓整饰的输入文件,例如对正射影像进行整饰(∗∗∗ .or ∗)。

用鼠标左键单击正射影像行的"浏览"按钮,屏幕弹出文件查找框,可选择当前要整饰的正射影像文件 ∗∗∗ .orl(或 ∗∗∗ .orr)或等高线叠合正射影像文件 ∗∗∗ .orm;然后用鼠标左键单击正射影像行前的小白框"□",则该文件被选中。

(3)建立图廓文件

若新建图廓文件,首先用鼠标左键单击图廓文件行的"浏览"按钮,屏幕弹出文件查找框,选择好路径,输入图廓参数文件名,在文件查找框选择"打开"按钮即可。再用单击图廓文件行前的小白框"□",则进入图廓参数对话框(图7.14),填写用户所需要的数值。

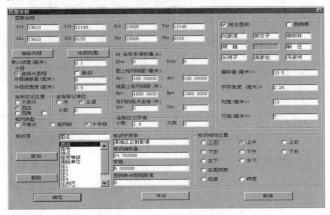

图7.14 图廓参数对话框

图廓参数填写方法如下:图廓坐标(与控制点文件坐标系一致),如图7.15所示。

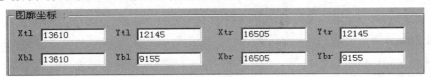

图7.15 图廓坐标设置对话框

①Xtl:左上角 X 图廓大地坐标。

②Xtr:右上角 X 图廓大地坐标。

③Ytl:左上角 Y 图廓大地坐标。

④Ytr:右上角 Y 图廓大地坐标。

⑤Xbl:左下角 X 图廓大地坐标。

⑥Xbr:右下角 X 图廓大地坐标。

⑦Ybl:左下角 Y 图廓大地坐标。

⑧Ybr:右下角 Y 图廓大地坐标。

1)内图框线宽

单击"描绘内框"按钮,可选择为:没有线、交叉线、拐角线。

2)输入坐标注记字高

①小数:坐标注记字小数(小数部分)的字高(mm)。

②大数:坐标注记字大数(整数部分)的字高(mm)。

3)填写结合图表

将光标分别置于结合图表的小格中(中心小格除外),分别输入与本幅图相邻的图名,结合图表的填写,见图7.16中的数字。

①标识项栏:注记项名称的输入与显示。

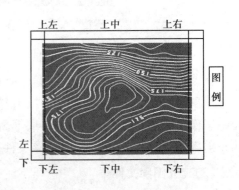

图7.16 结合表设置对话框

138

②标识相对位置栏:选择当前注记项与图框的位置,如图 7.17 所示。

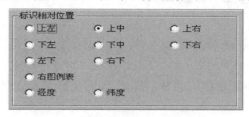

图 7.17　图框位置设置

4)字符串名注记作业步骤

步骤 1:在标识项栏单击"添加"按钮,注记项名称显示栏出现蓝色条后,将光标移到第一行的输入框中,输入当前注记项的名称。

步骤 2:将光标移到标识字符串框,在其框内键入当前注记项的字符串;在标识偏移量框输入当前注记项与图框的距离(字的左下角到内图框的距离)。

步骤 3:在字高行,输入当前注记项的字符串字高(单位:mm)。

步骤 4:在标识相对位置栏单击相应的按钮,选择当前注记项与图框的位置。

当图廓参数输入完毕后,在图廓参数对话框中选择"确定"按钮,生成图廓参数文件" ∗.mf",回到图廓整饰主界面。

(4)确定图幅的输出文件名及路径并设置参数

①在图廓整饰主界面中"输出文件名"栏,选择要生成的图幅文件名及路径,如图 7.18 所示。

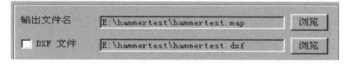

图 7.18　设置文件输出路径

若 ∗∗∗.map 文件已经存在,选择文件后再接着选择"显示"按钮,显示当前图幅文件。

若 ∗∗∗.map 文件不存在,则在输入新的 ∗.map 文件名,选择"处理"按钮生成新的图幅文件,再选择"显示"按钮,进入图幅的图廓显示界面。

DXF 文件,是否要生成带图廓的 DXF 文件,如果要生成则输入文件并选中。

②确定当前图是彩色或黑白

在图廓整饰主界面中"输出颜色"栏中,选择彩色或黑白中的一种,如图 7.19 所示。

图 7.19　输出颜色选择

③确定当前数字影像图输出分辨率

在图廓整饰主界面,输入当前数字影像图输出设备分辨率和输出比例尺分母,如图 7.20 所示。

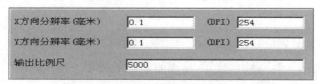

图 7.20　输出分辨率设置

(5)**生成图幅 DOM 产品文件并显示结果**

1)生成图幅产品文件

当以上参数输入完毕后,在图廓整饰主界面中选择"处理"按钮,生成图幅文件 ***.map。

2)显示图廓整饰结果

选择"显示"按钮,进入图廓整饰的显示界面,如图 7.21 所示。

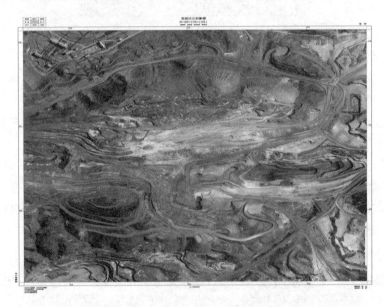

图 7.21　DOM 图廓整饰结果

(6)**生成图幅 DRG 产品文件并显示结果**

当生成图廓参数文件 *.mf 后,在图廓整饰主界面中,用鼠标左键单击 XYZ 文件行的"浏览"按钮,屏幕弹出文件查找框,可选择当前要整饰的 XYZ 文件 ***.xyz,然后用鼠标左键单击 XYZ 文件行前的小白框"□",则该文件被选中,如图 7.22 所示。

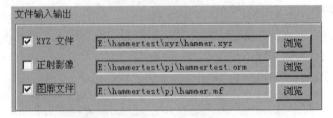

图 7.22　DRG 文件输出图

当以上参数输入完毕后,在图廓整饰主界面中选择"处理"按钮,生成图幅文件 ***.map,即 DRG 栅格文件。

显示 DRG 图廓整饰结果。在图廓整饰主界面选择"显示"按钮,进入图廓整饰的显示界面,如图 7.23 所示。

(7)**退出图廓整饰界面**

在图廓整饰界面中选择"退出"按钮,则返回系统主界面。

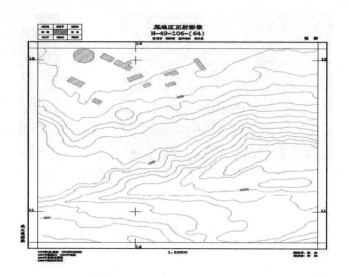

图 7.23　DRG 图廓整饰结果图

7.5.3　DLG 的质量控制及成果检验

数字栅格地图(DRG)是地形图数字化 4D 产品之一,其生产与质量控制是构建地形图数据库的基础,是矢量化地形图生产高质量 DLG 地形数据的关键,因此,为了控制 DRG 的成图质量,应该注意下述几点。

(1)保证工作底图的质量

①图面整洁、无破损失与褶皱、图形要素清晰可见。

②图廓边长误差≤0.2 mm,图廓对角线误差≤0.3 mm,十字丝格网距误差≤0.2 mm,不能满足要求的图纸舍去不用。

③尽量使用最新的图纸,多张图幅版式一致。

(2)选取适当的扫描分辨率

综合考虑地图线划宽度、扫描误差、图像处理误差及图像数据量大小,地形图扫描数字化扫描分辨率不能低于 400 dpi,即 1 cm 2 255 000 个像素,相当于 1 cm 有 158 个像素点,正好与规范一致,可达到精度为 0.083 mm 的要求。过分增大分辨率会使图像文件的容量急剧增加。若等高线密集,则可选 500 dpi 或 600 dpi;若等高线稀疏,则可选 300 dpi。

(3)控制图纸定向误差

图纸定向精度是保证数字化数据精度的基础,图纸定向不应少于 4 点,定向点应分布均匀、合理,应选用图廓坐标或靠近图廓的方格网点作为定向点。采用 4 个图廓点定向时,定向精度不能超过 0.10 mm;采用 9 个点定向时,定向精度不能超过 0.12 mm,最大不能大于 0.15 mm。定向完毕后应做检查,检查点的数字化坐标值与理论坐标值之差不应超过图上±0.12 mm,超限时应重新定向。

本章小结

数字摄影测量 4D 产品的生产是应用所学的摄影测量基本理论和方法及摄影测量设备进行的一项实践性很强的技能训练。通过使用数字摄影测量工作站生产 4D 产品,进一步加深对摄影测量的内定向、相对定向、绝对定向、DEM、DOM、测图生产过程及方法的了解,同时熟悉 4D 产品质量控制的基本内容,为以后从事有关数字摄影测量工作打下坚实基础。

思考与习题

1.什么是数字摄影测量 4D 产品?
2.简述自动影像匹配获取 DEM 的流程。
3.简述 DOM 的生成流程。
4.简述 DOM 生产 DLG 的基本过程。
5.简述制作 DRG 的主要技术方法。
6.在 4D 产品生产过程中,如何控制产品质量?
7.如何检验 4D 产品的精度?

8 摄影测量外业工作

8.1 概　述

8.1.1 摄影测量外业工作任务

利用航摄像片进行信息处理,要有一定数量的控制点作为数学基础。这些控制点不但要在实地测定坐标和高程,而且它们的数量和在像片上的位置还要符合像片信息处理的需要。因此,在已有大地成果和航摄资料的基础上,需要在野外测定一定数量的控制点,这项工作就是摄影外业控制测量。其意义在于把航摄资料与大地成果联系起来,使像片量测具有与地面测量相同的数学关系。

摄影测量外业工作的另一项任务就是像片解译(判读)及调绘。众所周知,像片上虽然有地物、地貌的影像,但按影像把它们描绘下来并不是地形图信息,这是因为地形图上表示的地形要经过综合取舍,并按一定的符号表示。另外,地形图上还必须标注地形、地物的名称以及各种数量、质量、说明注记等,所以,要达到地形图的要求,还必须实地调查,并将调查结果描绘、注记在像片上,这便是像片调绘。

此外,对于航摄漏洞以及大面积的云影、阴影、影像不清楚地区的补测工作,也是摄影测量外业工作的任务之一。

8.1.2 摄影测量外业工作流程

(1)资料的收集和分析

资料种类包括航摄资料、大地成果资料、旧图和其他可供利用的图表资料等,确定其使用价值,可为编写技术设计书提供依据。

(2)踏勘测区

踏勘测区就是直接派人到将要进行测绘生产的地区调查、了解、收集与测绘生产有关的情况和资料。踏勘测区是测绘生产前必不可少的一项工作,其目的在于通过深入细致的调查研究,取得关于测区情况的正确、客观的第一手资料,从而组织好测绘生产的合理实施。

1)测区行政区划

应查明测区的行政归属、行政中心的所在地以及各级境界的划分情况,并收集有关资料,为技术设计和作业时的调绘工作提供参考,也便于与当地政府联系工作。

2)气象、气候资料

气象、气候资料包括气温、降雨、风、雪、雾、冻土深度等情况和数据,这些资料可以为安排野外生产计划提供依据。

3)测区已有成果成图情况及测量标志的完好情况

应了解本部门或其他测量部门在测区内进行过的测绘工作的成果成图情况、资料种类、范围、等级、精度及利用价值,以免造成重复和浪费,还必须调查标志的完好情况,以便考虑补救的措施。

4)居民及居民地

应了解测区内居民的民族种类、人口、风俗习惯、语言文字等情况,了解居民地及其他地理名称的命名规律,调查居民地的类型、分布特点、建筑形式等,以便解决如何正确表示居民地,确定综合取舍原则等问题。

5)特殊地物、新增地物情况的调查

特殊地物、新增地物情况的调查是指规范图式不明确或没考虑到的当地比较突出需要表示的地物,以及航摄后新增加的地物,调查这些地物的情况,可以在技术设计时考虑应采取什么相应措施。

6)交通运输情况

应调查了解测区内各种道路的等级、分布、质量、通行能力等情况,以便在技术设计时确定主要道路的具体等级,以及道路网在图上的取舍原则;同时也可为安排出测、运输、迁站、小组活动等提供依据。

7)水系、水文情况

应调查了解测区内河流、湖泊、水库、沟渠等水系的分布,特征及附属建筑物等情况,同时应收集和测定河流宽度、水深、流速、水位等水文资料,为技术设计时确定水系表示的原则和特殊问题的处理提供可靠的数据。

8)土壤、植被情况

要特别注意调查沙地、戈壁、盐碱地、沼泽地以及各种植被的分布情况,分布特点;同时要弄清植被的种类、平均高度、密度等生长情况,这些对选取作业方法,配备器材装备,计算工作量都有一定的影响。

9)地貌情况

了解测区内主要地貌的类型,平均概略高程,一般比高、坡度,人工地貌和自然地貌的分布和特征等情况,以便解决成图方法及如何运用等高线和各种地貌符号正确显示地貌特征的问题。

10)典型样片的调绘及实地摄影

选取各种类型元素的典型航摄像片在野外进行实地调绘工作,用样图来说明各种元素的表示方法,综合取舍的原则,以便指导生产。对于有典型意义的、特殊的地形元素,应进行实地摄影,用图像说明它们的具体特征。

11)其他情况

还应了解测区内劳动力、交通工具、向导、翻译的雇请情况;木材,沙石,材料,主、副食品的供应情况,治安卫生情况等。总之,要达到全面了解测区情况,为解决生产、技术的各种问题提供安全可靠的资料。

测区踏勘的方法,一般是先收集分析现有的资料,如现有的老图、像片等;然后拟订踏勘计划,计划应包括参加人员、踏勘时间、路线、目的和重点等,按照踏勘计划到实地踏勘,主要采用的方法是实地观察,通过实地观察可以获得许多第一手材料,可以向当地群众、政府机关和有关部门询问了解各方面情况,同时收集有关资料。

编写踏勘报告书是踏勘区的最后一项工作,通过编写踏勘报告书,可以对了解到的情况和收集到的资料进行分析和概括,从而编写成系统,全面、层次清楚,符合设计需要的文字报告材料。报告书应包括下列内容:测区范围、地理概括、交通运输、居民及居民地、气候、地区作业困难类别、其他情况、建议(包括对作业装备、劳动防护装备、材料采购、运输问题、出测、收测时间及作业日数等提出建议性质的意见)。

(3)**编写技术设计书**

技术设计是指测区作业的技术文件,其包括设计说明书和技术设计图两部分。设计说明书应从技术和组织上说明其缘由,提出最合理的技术方案。设计图是设计书的补充和附件,设计图应准确表示出作业地区、任务范围、地理和已知大地控制情况。设计图与设计书相配合,可以表示技术设计的有关内容。

(4)**拟订作业方案**

在完成测区整体设计后,应按所分担任务拟订实施方案,内容包括:对测区的像片进行编号;在像片上标绘已知点和图廓线;按摄影测量要求在像片上选出像片控制点,并将点位转标到旧图上,以便设计出比较合理的像控点的平面和高程联测方案;确定调绘片,划分调绘面积,并且拟订作业进程表。

(5)**外业工作施测**

摄影测量外业工作施测主要包括像片控制测量及像片调绘两部分。

像片控制测量包括踏勘已知点,即根据在像片上预选的控制点到实地选定,然后在像片上刺点,根据平面和高程联测方案,进行选点、观测、计算及成果整理等。

像片调绘工序一般与野外控制测量同时进行。

(6)**外业成果检查与验收**

对外业成果的检查与验收是保证成果质量的重要措施。为了对外业成果质量进行整体评价,发现差错并及时纠正,故必须对外业成果进行全面的检查验收。其中包括:作业组的自检与互检,作业队检查并对成果组织验收、上交。至此便完成了摄影测量外业工作的全部工序。

8.2　像片控制测量

像片控制测量

8.2.1　像片控制点的布设

(1)航摄外业控制测量的基本任务

航空摄影测量是以航空摄影为前提的,而要利用航摄像片确定地面点的地面坐标,又必须提供一定数量的在像片上可准确识别的地面控制点及其点位,这个任务通常由航测外业的像片控制测量(又称像片联测)工作完成。像片控制测量可以在已有一定数量的大地点基础上采用地形控制测量的方法进行,在有条件的情况下也可以用 GPS 技术直接测定各摄站的坐标,从而在一定精度的要求下可免去对地面已知控制点的要求。

由于航测外业测量控制点是航测成图的数学基础,是内业加密控制点和测图的依据,因此具有十分重要的作用。不难明白,一旦航测外业控制点出现错误将会给整个成图过程带来十分重要的影响。因此,航测外业测量人员必须认真负责,严格细致工作,遵守规范规定,树立质量第一的思想,为内业提供可靠的优质成果,这样才能保证最后成图的质量。

(2)像片控制点布设的基本要求

1)像片控制点的分类及编号

航测外业控制测量对像片控制点分为以下 3 种:只需测定平面坐标的控制点称为平面点;只需测定高程的控制点称为高程点;同时测定平面坐标和高程的控制点称为平高点。

野外控制点连同测定这些点所作的过渡控制点都需要进行统一编号。在生产中为了方便确认点的性质,一般用 P 代表平面点,G 代表高程点,N 代表平高点。另外,引点和支点的编号采用在本点编号和点名后加注数字的形式表示。当照顾图幅布点时,每幅图内控制点不能重号;当不照顾图幅布点时,同期的测区控制点不能重号,以免混淆。编号最好在航线内按从左到右、航线间从上到下的顺序进行,以便于在工作中查找点位。

2)像片控制点布设的一般原则

①像控点一般按航线全区统一布点,可不受图幅单位的限制。

②布在同一位置的平面点和高程点应尽量联测成平高点。

③相邻像对和相邻航线之间的像控点应尽量公用。当航线间像片排列交错而不能公用时,必须分别布点。

④位于自由图边或非连续作业的待测图边的像控点,一律布在图廓线外,确保成图满幅。

⑤像控点应尽可能地在摄影前布设地面标识,以提高刺点精度,增强外业控制点的可靠性。

⑥点位必须选择在像片上的明显目标点,以便于正确地相互转刺和立体观察时辨认点位。

3)像控点的位置要求

像控点在像片和航线上的位置,除各种布点方案的特殊要求外,应满足下述基本要求。

①像控点一般应在航向三片重叠和旁向重叠中线附近,困难时可布在航向重叠范围内。在像片上应布在标准位置上,也就是通过像主点垂直于方位线的直线附近。

②像控点距像片边缘的距离不得小于 1 cm,因为边缘部分影像质量较差,且像点受畸变和大气折光等因素所引起的移位较大,再则倾斜误差和投影误差可使边缘部分影像变形大,增加了判读和刺点的困难。

③点位必须离开像片上的压平线和各类标识(气泡、框标、片号等),以利于明确辨认。为了不影响立体观察时的立体照准精度,规定离开距离不得小于 1 mm。

④旁向重叠小于 15% 或由于其他原因,控制点在相邻两航线上不能公用而必须分别布点时,两控制点裂开的垂直距离不得大于像片上 2 cm。

⑤点位应尽量选在旁向重叠中线附近,离开方位线大于 3 cm 时,应分别布点。

(3)野外布点方案

1)全野外布点法

像片控制点全部外业测定的布点方案称为全野外布点。全野外布点精度较高,但是外业控制测量的工作量较大,使用范围受限,所以常被非全野外布点所代替。全野外布点法常常用于特殊要求及特殊地形,如测图精度要求很高的测量、地面测量条件良好或者小面积测图时使用。

2)非全野外布点法

为了减少外业工作量,一般在外业只布设测定少量的控制点,并以此为依据,通过空中三角测量平差计算,加密测图所需足够密度和数量的像控点,这种方法称为非全野外布点法,也称稀疏布点法。其主要布点方案如下所述。

①航带网法布点方案。按航带网法布设野外控制点的前提是应该满足航带网的绝对定向及航带网变形改正的要求。具体布点方案为:

a.六点法:标准布点形式,是优先和普遍采用的方法,按每段航带网的两端和中央的像主点,在其上、下方向上旁向重叠范围内各布设一对平高点,如图 8.1(a)所示,每段航带网两端一对点间隔的基线数,其因摄影比例尺和成图比例尺的不同而不同。

b.八点法:在每段航带内布设 8 个平高控制点,如图 8.1(b)所示,因航带网内的控制点数目较多,因此,可采用三次多项式对航带网进行非线性改正。

c.五点法:若某段航带网的长度不够最大允许长度的 3/4,而又超过了 1/2 的短航带网,可按五点法布设。即在航带网中央的像主点上方或下方或附近只布设一个平高点,如图 8.1(c)所示。

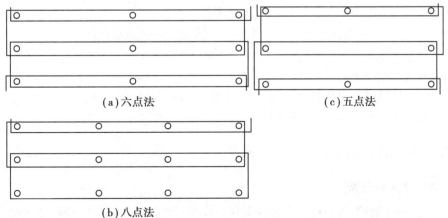

(a)六点法   (c)五点法

(b)八点法

图 8.1   航带网布点方案

②区域网布点方案。航测成图时,常以区域进行控制和加密,对区域的划分,应依据成图比例尺、航摄比例尺、测区地形特点、航区的实际划分、程序具有的功能及计算机容量等进行全面考虑。

区域网通常由长方形或正方形组成,像控点应沿区域网四周按一定跨距布设平高控制点,考虑到高程点的跨距要小于平面点,故区域内部再布设一排或者几排高程点以满足高程跨距的要求,如图8.2所示。

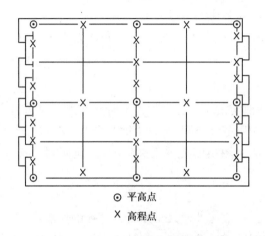

⊙ 平高点
× 高程点

图8.2 区域网布点方案

为了保证空中三角测量加密点的平面和高程精度,通常需要按空中三角测量精度估算公式进行反算,即根据规范规定的加密点允许误差,由给定的精度估算公式反算出相应的航带网平面点和高程点之间的跨径。

$$m_s = \pm 0.28 k m_q \sqrt{n^3 + 2n + 46} \tag{8.1}$$

$$m_h = \pm 0.088 \frac{H}{b} m_q \sqrt{n^3 + 23n + 100} \tag{8.2}$$

式中　m_s——加密点的平面位置中误差,mm;

m_h——加密点的高程中误差,m;

k——像片比例尺分母与成图比例尺分母之比;

m_q——视差量测中误差,可采用规范规定值,mm;

n——基线数,即航线方向两相邻像控点之间允许的摄影基线数;

H——相对航高,m;

b——像片基线平均长度,mm。

对于一个具体测图区域选用布点方案应根据成图比例尺、摄影比例尺、像幅大小、地形条件、内业仪器设备、技术力量和经济条件等多种因素综合考虑。

8.2.2　像片控制测量技术计划的拟订

(1)资料收集与分析

在拟订技术计划前,首先应收集各种资料。这些资料包括大地测量资料、各种地图资料和航摄资料。

大地测量资料是计算航测外业像控点平面坐标和高程的起算数据,其包括大地点的坐标和高程以及与使用大地成果有关的其他资料数据,如点之记、成果说明、控制联测图、水准路线图、技术总结等。大地点主要是指国家等级的三角点、导线点、水准点和 GPS 点。

另外,还必须收集测区比例较小的旧地形图,因为测区老图是航外控制测量和调绘的重要工具,是制订计划,进行技术设计的基础图件。

航摄资料主要包括航摄像片、像片索引图和航摄鉴定表。分析检查航摄资料的目的是查明航摄的飞行质量和摄影质量,弄清航摄像片能否满足航测成图的要求。另外,还可依据像片情况提出合理的施测方案,以及对航摄资料的某些质量问题提出具体处理方法。

(2)技术计划的拟订

1)技术计划拟订的依据

①航空摄影测量外业规范。

②业务主管部门的技术设计书。技术设计书一般包括测区范围、任务分配范围、测区一般情况介绍、测区资料来源及使用时应注意的问题、成图方法、布点方案和图幅困难类别的划分,经踏勘后所了解到大地点的完好情况,计划要加测的小三角点和高等级水准路线的位置、数量及提供成果的时间,根据测区实际情况所采取的技术措施和技术补充规定等。

③收集分析资料情况。

2)拟订技术计划的程序和方法

①在老图上标绘控制点和图廓线。根据控制点坐标、点之记、水准路线图等资料,与老图上的地物地貌相对照,在老图上找出三角点、精密水准点或水准点等控制点的位置后,以规定的图式符号和颜色标绘在老图上,并注出点名或编号。三角点一般使用边长约 7 mm 的红色三角形,小三角点及精度低于国家等级的三角点、导线点使用边长约 7 mm 的红色倒三角形表示,水准点使用直径约 7 mm 的绿色圆圈中加叉符号表示。

在老图上标绘图廓线可采用对称折叠和量算两种方法。一般情况下,老图比例尺比成图比例尺小,可根据老图与成图比例尺的比例关系,以老图的图廓线为准纵横等分折叠,沿折叠线绘出图廓线,基本上可以满足在像片上标绘图廓线的要求。量算法是指用直尺量出老图四周图廓线的长度,将每条图廓线边长等分,得出等分点,然后以对称点为准纵横连线,得出所需的图廓线的位置。

②在航摄像片上转标图廓线和大地点。在像片上选点需要考虑图廓线大地点的位置,因此还需要将老图上标出的图廓线和大地点转标到航摄像片上。转标前应将像片按航线和像片右上角的编号进行清点和排列,然后用老图所表示的地物地貌符号和航摄像片相应的影像对照判读,在像片上判出图廓线和大地点的位置并用红、绿(或蓝)玻璃铅笔以相应的符号把它们标注出来。

③像片编号和像片上选点。像片编号包括图幅编号和像片序号。图幅编号应注于像片的北部中央,图幅内的航线编号由北向南,像片编号由西向东用阿拉伯数字书写,航线号和像片号之间用短线连接用 1-1、1-2、1-3、…注于图幅编号的下面。同时要求调绘像片与控制像片的编号完全一致。

像片选点就是指在满足规范各种要求的情况下在像片上初步圈定野外像片控制点的大概位置。选点是拟订技术计划的基础,选点的质量直接影响成图的精度,同时也直接影响内外业测量工作,因此必须耐心、细致、全面地考虑问题,才能获得最好的位置。像片选点一般应考虑以下问题：

  a.选点必须满足布点方案的要求。

  b.选点应满足野外控制点在像片上的基本位置要求。

  c.选点应考虑刺点目标的要求。

  d.选点应考虑实际施测的可能。由于选点时涉及的航线多、像片多，切忌混乱；选点前应将所用的像片整理好并有次序排放；涉及相邻航线间公用的控制点，必须满足六片或五片重叠，选点时需将相邻航线有关像片取出，同时考虑控制点的位置，以保证控制点在每张像片上都能满足规范规定的有关要求。因为选点时必须考虑地形情况，在有起伏的地区最好在立体观察下选点。选出的平面点、平高点均用玻璃铅笔以直径为 1 cm 的红圆圈标定；高程控制点以绿色或蓝色圆圈标定；并由北向南，从左到右进一步按规定过的符号进行编号；同一图幅或同一区域不能重号。如果利用邻幅或邻区的控制点则应在其编号后加注其所在图幅的图号。

  e.选点还应考虑已有大地点的应用。凡符合上述各项要求的大地点均可代替像片控制点，以减少野外工作量。

  ④制订野外控制测量联测计划。制订控制点联测计划一般在老图上进行，因此，在像片上选出控制点后，还要将这些控制点转标到老图上，转标的方法和前面所讲在像片上转标图廓线和大地点的方法类似，但是转标的符号应小一倍；然后在老图上根据大地点和控制点的分布情况，结合地形特点、控制点的性质和精度要求，综合思考，比较合理地制订全部控制点的平面和高程联测计划。

  联测计划包括联测方法的选择和按规定确定具体的联测图形或联测路线。

  当测区内通视良好，大地点较多且分布均匀，一般宜采用测角交会的方法进行联测，即根据具体情况分别采用单三角形、前方交会、侧方交会和后方交会等各种图形进行联测。也可采用 GPS 定位技术测定各控制点坐标。

  当测区内通视情况较好但大地点稀少时，可考虑适当加测小三角点、补点或以线性锁方式联测。加测小三角点、补点后，野外像片控制点便可以采用测角交会方法进行联测。如果采用小三角点线性锁联测，个别联测不到的控制点也可以采用测角交会方式进行联测。

  在测区平坦、隐蔽、同时困难的情况下，可采用全站仪测距导线施测。由于全站仪测距精度高，通视条件容易满足，这种方法方便灵活，是当前对付隐蔽地区的主要施测手段。

  在某些情况下，由于受补点方案和像片条件的限制，所选控制点的位置通视情况不好，不能用交会法直接测定；用经纬仪导线也不方便或工作量大，这时可由控制点发展引点和支导线测定。控制点的高程联测是航外控制测量的重要组成部分，像片上设计的高程点、平高点均须测定其高程。根据地形条件不同，控制点的高程联测一般采用测图水准、经纬仪水准、高程导线、三角高程导线、独立交会高程点等方法。

  ⑤绘制野外像片控制点联测计划图。在老图上按上述要求拟订野外像片控制点联测计划，一般用铅笔草绘。在联测计划拟订之后，另外用方格纸或其他质量较好、较厚的白纸进行转绘并按规定符号和颜色整饰。联测计划图的比例尺应等于或大于老图比例尺；联测计划图上的大地点、控制点的位置是概略标定的。对联测计划图上的各种符号规定如下：

  a.图廓线和各种注记用黑色。

  b.像主点绘边长 5 mm 蓝色正方形并注出像片编号。

  c.三角点绘边长 7 mm 红色三角形，水准点绘直径 5 mm 中间加叉的绿色圆圈，补点绘直径 7 mm 的红色圆圈,并注出点名或点号。

　　d.平面控制点和平高控制点绘直径 5 mm 的红色圆圈,高程控制点绘直径 5 mm 的绿色圆圈,并注出点名或点号。

　　e.控制点平面位置测定方向线绘红色直线,三角高程测定方向线绘绿色直线,并用实线与虚线分别表示双向和单向观测(虚线端表示未设站),高程导线、测图水准绘绿色曲线;等外水准绘红色曲线。

　　f.图幅编号、成图方法以及计划图名称,均注于北图廓外中央位置。

　　g.计划图的比例尺注在南图廓外中央,作业员姓名及年月日注在南图廓外东端。

　　h.如图内有像主点落水、航摄漏洞等,须在相应位置用不同颜色标出。

　　绘制联测计划图的目的是供野外作业时使用,它可以帮助作业人员记忆和有计划地安排、控制测量工作,以使野外作业有条不紊,以免由于临时考虑不周而造成错误、遗漏甚至返工。

　　联测计划图是临时性用图,在实际作业中还会有某些变动,因此在全部控制测量完成之后,应根据最后施测的情况重新绘制"野外像片控制点联测图",附于"测量计算手簿"目录之后第一页,以供以后工序参考。

8.2.3　像片控制测量的外业实施

(1)野外像控点的选取与刺点

1)野外像控点的实际选定

室内拟订像控点联测方案后,即已经在像片上确定了这些控制点的概略位置,但是人们的目的是要在实地测定这些控制点的坐标和高程,以供内业加密或测图使用,因此还必须在实地找到这些控制点的相应位置,并到实地去落实联测方案直到最后选定像控点。另外,在像片上预选的像控点和在已有地

控制点选点与
实测操作 1

形图上室内拟订的联测方案,只是主观上所计划的在纸上的东西,不一定都能符合实际情况,必须到野外去对预选的像控点意义实地核实确定,对拟订的联测方案的可行性进行现场落实。因此,在实地选定像控点时应重点考虑下述问题:

　　①首先勘察已知控制点,以熟悉测区已知控制点的情况。

　　②根据像片上预选像控点的影像,经实地判读,反复辨认出所预选的像控点在地面的位置,并核对点位是否符合刺点目标的要求,以及周围有无变动和破坏。

　　③根据拟订的联测方案确定在该像控点上有关各个观察所有方向是否通视。若所有方向都通视,则像控点被最后选定,联测方案落实。

　　为保证刺点准确和内业量测精度,对刺点目标应根据地物条件和像片控制点的性质进行选择,以满足规范要求。

　　平面控制点的刺点目标应选在影像清晰、能准确刺点的目标点上,以保证平面位置的准确量测。一般应选在线状地物的交点和地物拐点上,如道路交叉点、固定田角、场坝角等;线状地物的交角或地物拐角应为 30°~150°,以保证交会角点能准确刺点。在地物稀少地区,也可选在线状地物端点,尖山顶和影像小于 0.3 mm 的点状地物中心。弧形地物和阴影等均不能选做刺点目标。高程控制点的刺点目标应选在高程变化不大的地方,这样,内业在模型上量测高程时,即使量测位置不准,对高程精度的影响也不会太大。因此,高程控制点一般应选择在地势平缓的线状地物的交会处,如地角、场坝角;在山区,常选在平山顶以及坡度变化放缓的圆山

顶、鞍部等处,狭沟、太尖的山顶和高程急剧变化的斜坡等,均不宜选做刺点目标。

森林地区由于选刺目标比较困难,一般可选刺在没有阴影遮盖的树根上,或者选刺在高大突出、能准确判断的树冠上。在疏林、沙漠、草原选点困难地区,也可以灌木丛、土堆、坟堆、废墟拐角处、土堤、窑等作为选刺点的目标。当控制点刺在树冠上或刺点位置上有植被覆盖,且像片上看不清地面影像,应量注植被高度至分米。若航摄时间距测图时间较长,植被增长较大,还应调查注记摄影时的植被高度。

平高控制点的刺点目标,应同时满足平面和高程两项要求。

2)像控点的刺点

在选定像控点后,要在航摄像片上表示出其具体位置,目前仍采用在像片上刺点的方法。

像片刺点精度是保证摄影测量加密等数学精度的重要一环,特别是在大比例尺摄影测量的情况下,像片比例尺小于图比例尺较多时更为重要。如果刺点不准确,经常会造成内业作业返工或窝工,即使观测准确、计算无误也无济于事。随着区域网平差的应用,野外像控点的数量大大减少,因此对外业控制点的精度要求也就越来越高。同时,这项工作缺乏严格的检核条件,往往在加密计算时才能发现,给摄影测量后续工作造成了严重后果。因此,这项工作必须做到判准、刺准。在实地多找旁证,反复核对,证实无误后再进行刺点。

航片上平面点和平高点的刺孔偏离误差不得大于像片上的 0.1 mm,高程点如选在明显目标点上,则要求相同;高程点如选在山顶和鞍部等不易刺准的地方,应借助于立体观察,尽量准确刺出。对于每个像控点,一般只需要在一张像片上刺孔,因此应在相邻两航线的所有相邻像片中,选出像控点附近影像最清晰的一张像片上进行刺点。像控点如果照顾图幅布设时,相邻图幅公用的点必须在邻图幅的一张像片上转刺。

像控点的刺孔要小,刺孔直径最大不得超过 0.2 mm。刺孔要透亮,因此要选用细直而坚硬的针刺,垫上较硬的垫板轻轻刺出。如果不小心刺偏或刺错,不允许同一张像片上重刺,以免出现双孔、多孔或薄膜剥落等现象,这时应挑选一张相邻像片,重新仔细刺点,原像片作废。

刺点目标在像片上的影像应与实地形状一致,确认其没有变动后方可刺点。确认像片上微小目标的最好方法是在实地审定,目标在实地可能变动的范围应不大于 0.4 m。房角、水泥电杆等在 1:2 000 图中是比较理想的目标,只是在外业联测时,需要交会或引点。刺点目标在像片上的影像轮廓必须清晰,几何形状必须规整,单靠目视观察很难达到精度,平地需要放大镜,山地、丘陵地需立体观察辨认和刺孔。严格禁止远距离估计刺点、回忆刺点以及回驻地后再画略图等。

在像片控制点野外选刺的同时,还需将测区内所有国家等级的三角点和水准点、图根点等刺出。但是这些点通常属于不明显目标,当不能准确刺出时,不要勉强刺点,有时可用不明显目标的方法刺出其位置。

刺点工作由一人在现场完成后,必须由另一人到现场检查,刺点者和检查者均需签名,并签注日期,对于自由图边的像控点,则要求专职检察人员到现场检查,确实无误时,签注姓名、日期,以示负责。

3)控制像片的整饰

实地选定像片控制点后,控制点虽然在像片上有刺孔指示点位,但由于地物影像非常细小,当地物与地物处于复杂地形中时,内业量测仍难以分辨具体位置,往往会造成错判。因此,像片刺点后,还需要根据实际情况对控制像片的正面和反面进行整饰。

①控制像片的正面整饰。刺在像片上的野外控制点需用彩色颜料在刺孔对应的像片正面进行整饰和注记。根据刺孔用规定符号标出点位(对于不能精确刺孔的点、符号用虚线描绘)。符号右边用分数形式进行注记,分子为点号或点名,分母为该点的高程。平面点因无高程,可在分母处画一横线。控制像片正面的整饰符号的形状、尺寸和颜色见表8.1。

表 8.1   控制像片整饰符号

类 别	三角点	五等小三角点	埋石点	水准点	平面点/平高点	高程点
符号	▽	△	□	⊗	○	○
边长或直径/mm	7	7	7	7	7	7
颜色	红	红	红	绿	红	绿

按照规范规定,控制像片的正面整饰格式如图8.3所示。

像片所在的图幅编号应注于像片的北部中央。像片所在图幅内的航向编号写在图幅号下面,由北向南用阿拉伯数字1,2,3,…的方式编写,后跟一短线,短线后为像片号。

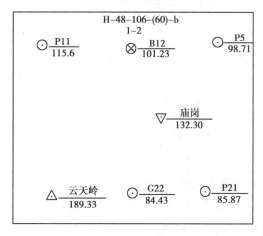

图 8.3   控制像片正面整饰

②控制像片的反面整饰。控制像片的反面整饰用黑色铅笔写绘,如图8.4所示。在像片反面控制点刺点位置上,以相应的符号标出点位,注记点名或点号及刺点日期,刺点者、检查者均应签名,以示负责。三角形、正方形、圆圈的边长或直径均为7 mm,若是水准点应在圆圈中加"×"。

点位说明应简明扼要,清楚准确,同时应与所绘略图一致。刺点略图应模仿正面影像图形绘制,与正面影像的方位、形状保持一致。绘制略图时可根据实际情况,采用色调和符号两种形式表示。如上头上无明显地物,则可用等高线表示。略图大小以 2 cm×2 cm 为宜,图中应适当突出刺点目标周围的地物地貌。

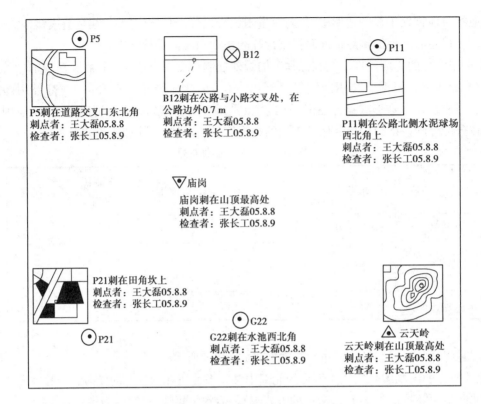

图 8.4　控制像片反面整饰

（2）**像控点的联测**

像控点联测就是像片控制外业测量，测定像控点所对应地面点的地面坐标，如前所述的将已整饰和编号的像控点转标到比例尺大致相近的旧地形图上，以便拟订控制联测计划。像控点坐标的测量方法主要采用 GPS 测量或者全站仪测量的方法，控制点的高程测量常采用几何水准、光电测距三角高程或者 GPS 测量的方法。这些方法在控制测量或地形测量中已经讲过，这里不再赘述。

控制点选点
与实测操作 2

GPS 辅助空中三角测量是利用 GPS 动态定位原理，采用机载 GPS 接收机与地面基准站接收机同时、快速、连续地记录相同的 GPS 信号，通过相对定位技术的离线数据处理，获得航摄飞行中摄站点相对于地面基准点的三维坐标，作为辅助数据应用于光束法区域网空中三角测量平差，可以节省大量地面控制点的个数甚至免去地面控制点，从而减少像片控制测量的工作量。

（3）**控制点接边**

控制测量结束后，要对成果资料进行认真整理，控制测量成果整理完成后，应及时与相邻图幅或区域进行控制接边，控制接边工作的主要内容如下所述。

①邻幅或邻区所测的像控点，如果作为本幅或本区公用，则应检查这些点是否满足本幅或本区的各项要求；如果符合要求，则将这些控制点转刺到本幅或本区的控制像片上，同时将成果转抄到计算手簿和图历表中。同样，如果按任务分配，本幅或本区所测的控制点应提供给邻幅或邻区使用，亦按同样的方法和程序进行转刺和转抄。

②自由图边的像控点，应利用调绘余片进行转刺并整饰，同时将坐标和高程等数据抄在像

片背面,作为自由图边的专用资料上交。

③接边时应着重检查图边上或区域边上是否因布点不慎产生控制裂缝,以便补救。

所有观测手簿、测量计算手簿、控制像片、自由图边及接边情况,都必须经过自我检查,上级部门检查验收,经修改或补测合格,确保无误后方可上交。

(4)野外像片控制测量应上交的成果

①控制像片:像控点的点位和点数符合布点方案,刺点无误,正反面整饰符合要求。

②观测手簿:水平角观测手簿、垂直角观测手簿、GPS观测手簿、水准测量手簿等。

③计算手簿:控制点点位联测略图、起算点成果、坐标换带、坐标计算、高程计算等。

④成果表:像控点坐标平差成果表、高程平差成果表等。

8.3 像片调绘

8.3.1 像片判读

航摄像片以影像的表现形式提供了丰富的地面信息,根据像片所显示的各种规律,借助相应的仪器设备及有关资料,采用一定的方法对像片影像进行分析判断,从而确认影像所表示的地面物体的属性、特征,为测制地形图或为其他专业部门提供必要的地形要素,这一作业过程称为像片的判读或像片解译。

像片判读

航摄像片调绘是以像片判读为基础进行的因为航摄像片虽然有地物地貌的影像,但按照影像把它们描绘下来并不是地形图信息,这是由于地形图上表示的地形要经过综合取舍,并按照一定的符号表示。并且,地形图还必须标注地物、地貌的名称以及各种数量、质量和说明注记等。因此,要达到地形图的要求,还必须进行实地调查,并将调查的结果描绘注记在像片上。

(1)像片判读的分类

像片判读是进行像片控制和像片调绘的基础,即进行这些工作必须首先掌握根据影像对相应地物的辨认定性和定位。因此,影响判读是进行像片控制选点和像片调绘工作的一项基本技术。

1)根据判读的目的分类

根据判读目的的不同,像片判读分为地形判读和专业判读。地形判读主要是指航空摄影测量在测制地形图过程中所进行的判读,其判读目的是通过像片影像的判读所获取、所需要的各类地形要素。专业判读是为解决某些专业部门需要所进行的带有选择性的判读,其判读目的是通过像片判读获取本专业所需要的各类要素。

2)根据判读的方法分类

根据判读方法不同,像片判读可分为目视判读和电子计算机判读。

①目视判读。目视判读是指判读人员主要依靠自身的知识和经验及所掌握的其他资料与观察设备,在室内或室外与实地对照去识别像片影像的过程。目视判读可进一步分为野外判读与室内判读。

a.野外判读是把像片带到所摄地区,主要根据实地地形的分布状况和各种特征,与像片影像对照进行识别的方法。这种方法的优点是判读简单,易于掌握,判读效果稳定可靠,在很长时间内航测成图中的像片调绘都是采用这种判读方法。但其缺点是野外工作量大,效率低。在目前的条件下,野外判读在生产中仍占据着重要的地位。

b.室内判读主要是根据物体在像片上的成像规律和可供判读的各种影像特征,以及可能收集到的各种信息资料,采用平面、立体观察和影像放大、图像处理等技术,并与野外调绘的"典型样片"比较,运用推理分析等方法,脱离实地所进行的判读。室内判读的优点是能充分利用像片影像信息,发挥已有的各种判读图件资料、仪器设备的作用,减少野外工作量,改善工作环境,提高工作效率。但室内判读对判读人员自身的综合素质要求较高,目前判读的准确率有待提高。因此,将野外判读与室内判读有机结合起来,称为室内外综合判读法。

②电子计算机判读。电子计算机判读称为电子计算机模式识别。模式识别是借助电子计算机,根据识别对象的某些特征对识别对象进行自动分类和判定。

(2)像片的判读特征

众所周知,航摄像片是由空中沿着与地面近似垂直方向进行摄影所取得的。像片上的影像与对应的目标在形状、大小、色调、阴影、纹理图案、布局位置和活动特征等方面有着密切的关系。人们就是根据这些特征去识别目标和解译某些现象的。这些特征称为判读特征。因为不同类型的像片及像片倾斜和地面起伏等因素会使判读特征有很大差异,所以,掌握判读特征以及各种因素对它们的影响,对像片判读有着重要的意义。

1)形状特征

形状特征是指物体的一般形状或轮廓在像片上的反映。各种物体都有一定的形状和特有的辐射特性。同种物体在像片上有相同的灰度特征,物体的形状与像片上的影像基本保持相似的关系,因此,物体的形状可作为主要的解译特征。但有些形状相同的影像,物体本身的形状可能完全不同,如旱地和苗圃、水渠和小路等。另外,受到投影差及阴影的影响,物体的影像也会产生不同程度的变形,如烟囱、通信电杆、里程碑等,此时,形状就不能作为主要的解译特征。根据地物空间的平面形态,地面对象可分为点状体、线状体、面状体,如图8.5所示。

(a)建筑物　　　　　　(b)飞机　　　　　　(c)盘山公路

图8.5　不同地物的形状特征

2)大小特征

大小特征是指地物在像片上的影像尺寸,如图8.6所示。物体成像的大小取决于像片比例尺的大小,用像片比例尺分母乘以影像的尺寸,可以大致确定物体的实际大小。在航空摄影像片上,平坦地区各地物影像的比例尺基本一致,实际大的地物反映了像片上的影像尺寸也越大,反之则小。但有些物体由于亮度、地形起伏等因素影响,成像大小往往超过了应有的大小,如坚实的谷场、草地上发白的小路等,由于反光的影响,成像会变得大一些。根据日常所熟悉的某些物体的大小,用对比法可以对某些物体加以区分或确定。

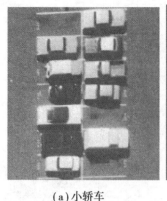  

(a)小轿车　　　　　　　　　(b)火车　　　　　　　　　(c)建筑物

图 8.6　地物的大小特征

3)色调特征

地物的亮度和颜色反映到像片上,是灰度不同的影像,这些影像颜色的深浅程度称为色调,如图 8.7 所示。像片影像的色调主要取决于感光材料(航摄底片)的感光特性、地物表面的照度和地物表面的反射能力。

在全色摄影像片上的影像色调主要取决于地物表面亮度,而地物表面亮度与地面表面照度、地物亮度系数、地物表面粗糙度有关。

 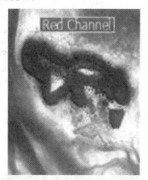 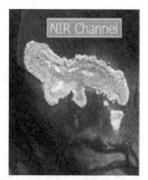

图 8.7　相同地物的不同色调

4)阴影特征

阴影是指地面物体在阳光照射下投影落在地面上的影子。阴影可分为本影和落影两部分:地物未被阳光直接照射的阴暗部分在像片上的影像,称为本影;地物影子在像片上的影像,称为落影,如图 8.8 所示。

阴影对判断高出地面的物体有重要作用。本影有利于判别物体的形状和获得立体感,如冲沟等地貌形状可以明显观察出来。而落影则可给人们以高度感,根据落影可以判读出高楼、烟囱、高压线杆和陡坎等,如图 8.9 所示。

但是,阴影也可能造成判断上的错觉,所以利用阴影进行判读时,一定要进行立体观察。

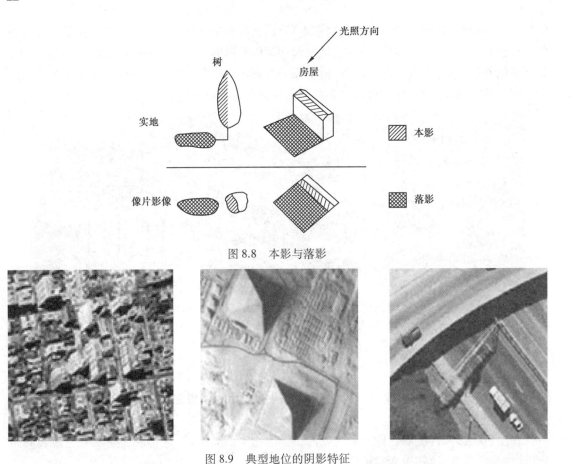

图 8.8 本影与落影

图 8.9 典型地位的阴影特征

5）纹理图案特征

细小物体在像片上有规律地重复组成纹理图案的影像称为纹理图案特征。纹理图案是地物形状、大小、阴影、色调、空间方向和分布的综合表现，反映了色调变化的频率。纹理图案的形式很多，有点、斑、纹、格、垅和栅等。在这些形式的基础上根据粗细、疏密、宽窄、长短、直斜和显隐等条件还可以再细分为更多的图案。

每种类型的地物在像片上都有本身的纹理图案特征，如平原耕地为平板状，森林为颗粒状，河流具有带状点的图案等。因此，可以从影像的这一特征识别相应地物如图 8.10、图 8.11所示。

（a）道路和树林　　　　　　　　（b）森林　　　　　　　　（c）堆积的木头

图 8.10 不同植被的纹理特征

(a)飞机场　　　　　　　　(b)稻田　　　　　　　　(c)河滩

图 8.11　不同植被的图案特征

6)位置布局特征

位置布局特征是指地物的环境位置,以及地物间空间位置配置关系在像片上的反映,也称为相关位置特征,是最重要的间接判读标志。

在地面上和像片上,各种地物之间都保持着一定的相互关系,称为它们的相关位置。将物体之间的距离、关系、分布等情况联系起来分析,有利于解译。尤其是解译像片上不清楚的地物,根据实地地物的相对位置,就可以解译出不清楚的影像。比如,水电站要求设置在江河边,不会设置在没有水域的地方;火电站由燃料场、主厂房、烟囱、供水设备等组成;锯木厂应有操作厂房和堆放的木头,如图 8.12 所示。

(a)水电站　　　　　　　　(b)火电站　　　　　　(c)锯木厂和周围堆积的木头

图 8.12　地物的位置布局特征

7)活动特征

活动特征是指目标活动所形成的症候在像片上的考虑。如坦克活动后留下的履带痕迹、舰船行驶时激起的浪花、工厂生产时烟囱的排烟等。这些都是目标活动的征候,是判读的重要依据。

上述 7 个判读特征,在应用时要综合分析、综合考虑,单凭某一特征来判读,通常是不完全可靠的。对于目视判读特征的应用,必须通过不断的学习和实践,不断总结经验,才能较好地掌握。

（3）**目视判读的一般方法**

像片判读方法,不论是室内判读、野外判读或综合判读,普遍采用的都是目视判读方法。一般情况下,判读可以从宏观的整个地区分析开始,然后再对细部进行认真的判读分析。判读者要按照顺序编排像片。有条不紊地进行工作,从一般细部到个别细部,从已知特征到未知特征,从局部特征到整个区域特征的判读特征,循序渐进地工作。

按照分析推理的观点一般有如下几种解译方法。

①直接判读法:依据判读标志,直接识别地物属性。

②对比分析法:与该地区已知的资料对比,或与实地对比而识别地物属性;或通过对遥感图像不同波段、不同时相的对比分析,识别地物的性质和发展变化规律。

③逻辑推理法:根据地学规律,分析地物之间的内在必然分布规律,由某种地物推断出另一种地物的存在及属性。如由植被类型可推断出土壤的类型,根据建筑密度可判断人口规模等。

④信息复合法:利用透明专题图或透明地形图与遥感图像复合,根据专题图或者地形图提供的多种辅助信息,识别遥感图像上目标地物的方法。

⑤地理相关分析法:根据地理环境中各种地理要素之间的相互依存、相互制约的关系,借助专业知识,分析推断某种地理要素性质、类型、状况与分布的方法。

⑥历史比较法:这是作动态研究时所采用的最好办法。即不同时期拍摄的影像,如研究滑坡、土体的厚度、滑坡速度、方向等。

(4)**目视判读的步骤**

1)目视解译准备工作阶段

①了解影像的辅助信息:即熟悉获取影像的平台、遥感器,成像方式,成像日期、季节,所包括的地区范围,影像的比例尺,空间分辨率,彩色合成方案等,了解可解译的程度。

②分析已知专业资料:目视解译的最基本方法是从"已知"到"未知",所谓"已知"就是已有相关资料或解译者已掌握的地面实况,将这些地面实况资料与影像对应分析,以确认二者之间的关系。

2)初步解译与判读区的野外考察

①建立解译标志:根据影像特征,即形状、大小、阴影、色调、颜色、纹理、图案、位置和布局建立起影像和实地目标物之间的对应关系。

②预解译:运用相关分析方法,根据解译标志对影像进行解译,勾绘类型界线,标注地物类别,形成预解译图。

③地面实况调查:在室内预解译的图件不可避免地存在错误或者难以确定的类型,就需要野外实地调查与检证。包括地面路线勘察,采集样品(例如岩石标本、植被样方、土壤剖面、水质分析等),着重解决未知地区的解译成果是否正确。

3)室内详细判读

根据野外实地调查结果,修正预解译图中的错误,确定未知类型,细化预解译图,形成正式的解译原图。

4)野外验证与补判

野外验证:检验专题解译中图斑的内容是否正确,检验解译标志。

疑难问题的补判:对室内判读中遗留的疑难问题的再次解译。

5)目视解译成果的转绘与制图

将解译原图上的类型界线转绘到地理底图上,根据需要,可以对各种类型着色,进行图面整饰以形成正式的专题地图。

8.3.2 图式符号的运用

（1）图式符号的意义

航摄像片虽然摄取了地物、地貌的影像，但是这些影像都是用深浅不一的色调表示的，如果直接将航摄像片作为地形图使用，仅从图面上表示情况来看，也很不方便和准确。因此，地形图必须采用不同点的点、线和图形等图式符号，以表示地面物体的位置、形状和大小，并且反映物体的数量和质量特征及相互关系。

1）概念明确

地形图上每一种图式符号都有明确的含义，只要人们理解了含义，就能根据相应符号判别地物的形状、大小、性质、位置、质量、数量以及分布情况等内容。像片上尽管给出了各种地形元素的影像，但这些影像所代表的内容，不经仔细判读，一般是不知道的，而且有时还会出现这些影像相同而实际所代表的地物完全不一致的情况，从而令用图者得出错误的结果。

2）清晰易读

符号需简单，外轮廓线准确清楚；符号之间的关系有合理明确的规定；符号有色调层次，在图面上的视觉反差较大；符号有统一规定的形状、尺寸、色彩，容易识别。因此，用图式符号表示的地形图比用色调表示的像片更具有清晰易读的优点。

3）能突出表示重要的地形元素

地面上某些物体虽然较小，但具有十分重要的作用，如独立树、烟囱、宝塔、电力线、管道等，它们都是地形图的重要内容，但这些物体体积较小，在比例尺小的航摄像片上往往较难辨认，甚至消失在影像上，当用图式符号表示时就能突出它们的重要性，使图面主次分明。

4）能表示无形元素

无形元素是指地面上看不见而地形图上必须表示的元素，如境界、地理名称及像片上未能成影像的林间小道等。无形元素在航摄像片上没有相应的影像，而采用图式可有效表示它们的作用。

由此可见，图式符号是绘制地形图和使用地形图的重要工具，也是测绘工作者和用户之间地形信息交换的图形语言。

（2）图式符号的制订原则

了解图式符号的制订原则，有助于正确运用图式符号去表达地形图所需要的内容。制订图式符号的基本原则如下所述。

①图式符号应能保证满足地形图必需的精度，即图式符号的中心点、中心线或外部轮廓的转折点都应有准确的可供判读的未知特征。

②图式符号应选用合适的尺寸，使符号既能表达较小的物体，又不致因为图形过分夸大而影响图面清晰。

③图式符号的图形必须尽可能的简单并与实际地物之间有某种相似之处，使人一看符号就能联想到实际地物，方便认识、记忆与描绘。

④符号与符号之间应有明显的区别。

⑤符号的数量不宜过多，以减少识图和绘图的困难。因此，同形状或性质的地物往往采用相同的符号，但必须加以注记说明。

⑥选取与地物相近的颜色绘制地物,这样可以增强符号的表达能力与可识别性。图上的文字与数字不是注记,但都是地形图必要的要素。使用文字与数字注记,是为了补充描述符号的意义。

⑦符号应具有统一性。同一要素在不同比例尺地形图上应尽量采用同样的色彩和类似的符号,按比例缩小图形可略微简化,符号尺寸也应适当缩小,但应保持外形的一致。

(3)图式符号的一般规定

1)符号的分类

①依比例符号:地物依比例尺缩小后,其长度和宽度能依比例尺表示的符号。

②半依比例尺符号:地物依比例尺缩小后,其长度能依比例尺而宽度不能依比例尺表示的地物符号,在图式中符号只注记宽度尺寸值。

③不依比例尺符号:地物依比例尺缩小后,其长度和宽度不能依比例尺表示。在图式旁注符号长、宽尺寸值。

2)符号的尺寸

①符号旁以数字标注的尺寸值,均以毫米(mm)为单位。

②符号旁只注记一个尺寸值的,表示圆或外接圆的直径、等边三角形或正方形的边长;两个尺寸值并列的,第一个数字表示符号主要部分的高度,第二个数字表示符号主要部分的宽度;线状符号一端的数字,单线是指其粗度,两平行线是指含线划粗的宽度(是指其空白部分的宽度),符号上需要特别标注的尺寸值,则用点线引示。

③符号线划的粗细、线段的长短和交叉线段的夹角等,没有表明的均以图式的符号为准,一般情况下,线划粗 0.15 mm,点的直径为 0.3 mm,符号非主要部分的线划长为 0.5 mm,非垂直交叉线段的夹角为 45° 或 60°。

(4)图式符号的定位

图式符号的定位是确定地形图图式符号与实际地物之间的位置,即要明确规定符号的哪一点代表实地相应物体的中心点,哪一条线是代表实地相应地物的中心线或外部轮廓线。只有这样才能准确知道实地物体在地形图上的位置。

图式符号的定位有以下规定:

①依比例尺表示的符号的轮廓线表示实地相对应物体的真实位置。

②圆形、正方形、长方形等独立的几何图形符号,其几何图形的中心点代表实地相应物体的中心位置,如三角点、导线点、路灯等。

③宽底图形符号,底线中心位置为地物的中心位置,如纪念碑、水塔、烟囱等。

④底部为直角的符号:直角的顶点为地物的中心位置,如独立树、风车、路标等。

⑤几种几何图形组合成的符号,下方图形的中电或交叉点代表地物的中心位置,如跳伞塔、教堂、气象站等。

⑥下方没有底线的符号:下方两端点的中点代表地物的中心位置,如窑、彩门、山洞等。

⑦半比例的线状符号:如道路、围墙、境界线等,符号的中心线代表实地地物的中心轴线位置。

⑧不依比例尺表示的其他符号(如岩溶漏斗)定位点在其符号的中心点。

⑨符号图形中有一个点的该点为地物的实地中心位置。

(5)图式符号的方向与配置

1)符号的方向

在图上描绘符号时,《1:500 1:1000 1:2000 地形图图式》(GB/T 20257.1—2017)对符号的方向作出了某些规定,一般分为真方向、固定方向和依从方向描绘等 3 种符号。

①真方向符号。真方向符号描绘的方向要求与实地地物的方向一致,如独立房屋、窑洞、山洞、泉、水闸河流、道路等。

②固定方向符号。固定方向符号是指符号始终按垂直于南北图廓线的方向描绘,而不考虑地物的实际方位,符号上方指北。绝大部分独立地物符号属于固定方向符号,例如水塔、烟囱、独立树等。另一种是西南—东北方向与南图廓线成 45°角,例如石灰岩溶斗、超高层房屋晕线。

③依从方向符号。依从方向符号是指符号的方向依风向、光照和相关地物而变化。例如,新月形沙漠和风蚀残丘符号与所形成的主要风向一致,陡石山和有关文字、数字注记方向依从西北方向照射的光线法则(假设日光由西北方向进来,表示对象的向阳面绘虚线或细线,背阳面绘实线或加粗线)处理。城墙、围墙符号的外突出部分一般向城外、墙外绘制,但与重要地物的表示矛盾时也可向内描绘。

城门、城楼、钟楼、鼓楼、古关塞等符号要求垂直于城墙方向,向城墙外描绘,与街道或道路方向一致,但不能倒置。

清绘时一定要事先从图式中查明符号的方向有无具体要求,否则会因为符号方向的错误使别人无法理解或得出错误的结论。

2)符号的配置

对于植被和土质等面状符号,配置是指所用符号为说明性符号,不具有定位意义,根据其排列形式如下所述。

①整列式。按一定行列配置,如苗圃、草地、经济林等。

②散列式。不按一定行列配置,如小草丘地、灌木林和石地等。

③相应式。按照实地的疏密或位置表示符号,如疏林、零星树等。表示符号时应注意显示其分布特征。

整列式排列一般是按照图示表示的间隔配置符号,面积较大时,符号间隔可放大 1~3 倍。在能表示清楚的原则下,可采用注记的方式表示。

在地物分布范围内,散列式或整列式布列符号可用于表示面状地物符号。

(6)符号的使用方法与要求

①图式符号除特殊注记外,一般用实线表示建筑物、构筑物的外部轮廓线与地面的交线(桥梁、水坝、水闸、架空管线除外),虚线表示地面部分或架空部分在地面上的投影,点线表示地类范围线、地物分界线。

②依比例尺表示的地物有以下几种情况:

a.地物轮廓线依比例尺表示,在其轮廓线内加以颜色,如河流等;或在其轮廓内的适中位置配置不依比例尺符号作为说明,如水井等。

b.面状符号。其分布范围内的建筑物用相应符号表示,在其范围内配置说明性符号或注记,如经济林或垃圾场。

c.面状符号。其分布范围内的建筑物用相应符号表示,在其范围内适中位置配置名称注记,若图内注记不下注记名称时,可在适中位置或主要建筑物上配置不依比例尺符号,如学校等,也可在其范围线内配置说明注记简注,如饲养场等。

d.分布界线不明显的地物,其范围线可不表示,但在其范围内需配置说明性符号,如盐碱地等。

e.相同的地物毗连成群分布,其范围线依比例尺表示,可在其范围线内适中位置配置不依比例尺符号,如露天设备等。

③两地物相重叠时,按投影原则下层被上层遮盖的部分断开,上层保持完整。

④图式中各种符号尺寸是按地形图内容为中等密度规定的。为了使地形图清晰易读,除允许符号交叉和结合表示者外,各符号之间的间隔(包括轮廓线与所配置的不依比例尺符号之间的间隔)一般不应小于 0.3 mm。如果某些地区地物的密度过大,图上不能容纳时,允许将符号尺寸略为缩小(缩小率不大于 0.8)或移动次要符号,双线表示的线状地物其符号相距很近时,可采用共线表示。

⑤实地有些建筑物、构筑物,图式中未规定符号,又不便归类的,可表示该物体的轮廓图形或范围,并加注说明。地物轮廓图形线用 0.15 mm 实线表示,地物分布范围线、地类界线用地类界符号表示。

⑥在图式中土质和植被符号中,点线框表示应以地类界符号表示实地范围线;实线框不表示范围线,只在范围线内配置符号。

⑦符号的宽度、深度、比高等数字注记,小于 3 m 注记至 0.1 m,大于 3 m 的注记至整米。

8.3.3　像片调绘的综合取舍

地面上的地物分类众多,要将全部地物都表示在地形图上是一件非常困难的事情。从广义角度看,可以说整个地面都被地物覆盖着,因此,航摄像片上的地物都是按比例尺缩小得到的。有些地物自身尺寸较小,要扩大后才能在图面上表示出来,加上图面上的各种注记也要占据一定的面积,这样就会造成表示内容所需要的图幅面积超出了图幅所承受的能力,也就是说,地形图在表示地面物体时不能超出自己的承受能力,必须对地面物体有选择性地进行表示。

调绘基本知识

（1）综合取舍的概念

所谓综合,就是指根据一定的原则,在保持原有地物的性质、结构、密度和分布状况等主要特征的情况下,对某些地物分不同情况,进行形状和数量上的概括。所谓取舍,就是根据测制地形图的需要,在进行调绘的过程中,选取某些地物、地貌元素进行表示,而舍去另一些地物、地貌元素不表达。因此,综合取舍的过程就是不断地对地面物体进行选择和概括的过程。

在航摄像片调绘过程中,还应掌握综合的另外两个含义:一是将许多性质相同而又连接在一起的某些地物,如房屋、稻田、旱地、树林等聚集在一起,不再表示它们的单个特征,而是合并表示它们总的形状和数量;二是在许多同性质的地物中,还存在着些别的地物,如稻田中的小块旱地,毗连成片的房屋中还有小块空地等,这些地物如果被舍去,则意味着已经将它们合并在周围的多数地物中,改变了它们原有的性质,这也是综合。

因此,综合与取舍的概念是联系在一起的,综合中有取舍,而取舍中也有综合,两者不能孤立地看待。

（2）**综合取舍的目的**

综合取舍的目的是通过综合和选择使地面物体在地形图上得以合理表示,具有主次分明的特点,以保证重要地区的准确表达和突出显示,反映地区的真实形态,从而使地形图更有效地为经济建设服务。

（3）**综合取舍的原则**

综合取舍是调绘过程中比较复杂、比较难掌握的一项技术。有的地物可以综合,如连成片的房屋、稻田、树木;有的地物不能综合,如道路、河流、桥梁。同一地物在某些情况下可以综合,如房屋连成片;但在另一种情况下又不能综合,如房屋分散。同一地物在有些地区应该表示,如小路在道路稀少的地区应尽量表示;而在另一种地区,如在道路密集的地区则可以舍去或选择表示。因此,这就要求调绘人员认真理解综合取舍的内涵和有关规定,而且只有通过长期实践,不断总结经验,才能较好地掌握这项技术。

运用综合取舍进行调绘,还应遵循下述重要原则。

1）根据地形元素在国民经济建设中的重要作用决定综合取舍

地形图主要是服务于国民经济建设,因此地形图所表现的内容也应服从这一主题,凡是在国民经济建设中有着重要的作用的地形元素,均是调绘时选择的主要对象。如铁路、公路、居民区、桥梁、水准点、电力线、较大面积的树林,以及在地图判读、定位,在设计、施工中进行量算具有重要作用的、各种突出于地面的独立建筑物,如塔、烟囱、独立树等在国民经济建设中都有各种不同的作用,是人们在调绘中应着重表示的地形元素。

2）根据地形元素分布的密度进行综合取舍

一般情况下,某一地物分布较多,综合取舍幅度可大一些,即可适当多舍去一些质量较次的地物,反之,综合取舍幅度就应小些,尽量少舍去或进行较小的综合。如在人口稠密地区的小路很多,则可选择主要的进行表示;在水网地区,舍去少量的小水塘也很常见;同样是散木,如生长在数目较多的地区,可以少表示或不表示;但是如果这些地物出现在人烟稀少的地区、干旱地区、很少生长植物的沙漠地区就必须表示,否则是重大遗漏。

3）根据地区的特征决定综合取舍

在根据地形元素分布密度进行综合取舍的同时又要注意反映实地地物的特征,否则就会使地形图表现的情况与实地不符,面貌失真,从而降低地形图的使用价值。如小路很多的地区,若进行大量舍去,结果是会使图面上的小路分布情况与人烟稀少地区的分布差不多,这就失去了这一地区小路分布密集的特征。也就是说,在进行综合取舍的过程中,也要注意地形元素的相对密度,即实地密度大,在图上表现的密度也大;实地密度小,图上所反映的密度也小,这才符合客观分布规律,在综合取舍中,必须辩证地处理两者之间的关系。

4）根据成图比例尺大小进行综合取舍

成图比例尺越大,图面表示的地物就越详细,图面的承受能力也越大,用图部门对图面表示内容的要求也越高,因此在调绘中,综合的幅度就应小些,即多取少舍少综合;反之,成图比例尺也小,综合取舍的幅度就可以大些,即可以相对地多舍、多综合一些地形元素。

5）根据用图部门对地形图的不同要求进行综合取舍

不同专业部门对地形图所表示的内容以及表示的详尽程度也有不同要求,如水利部门要求详细表示水系分布、水工建筑、地貌形态、居民地分布、交通条件等内容;林业部门要求详细表示森林分布状况、生长情况、树种名称,还有密度、森林采伐情况、林中的空地、通行情况等。总之,这些具有专用性质的地形图都各具侧重,调绘时可根据不同的要求决定综合取舍的内容与程度。

在正确运用以上原则的同时,还必须结合规范、图式的有关规定和实际情况,绝不能照搬。

总之,取与舍、合并与保留是对立统一的,有取就有舍,有舍就有取,地面上繁多的地物,必然有主要和次要之分,即使是同一地物,也要进行取舍,其原则是:取突出明显的,舍不突出不明显的;取主要的,舍次要的;取大的,舍小的;取永久性的,舍临时性的;与用图者直接有关的优先表示,一般的酌情简化。

(4)综合取舍应处理好的关系

1)准确与相似的关系

准确是指重要地物的位置要准确表示,次要地物可以移位、综合和舍去。相似是指次要地物移位、综合和舍去后要保持相关位置与实地一致,不失去总貌和轮廓特征。例如工矿企业的烟囱、水塔、主厂房等是主要地物,一定要准确表示,而其近旁的次要地物,是不能按其真实位置表示的,可以舍去或移位,但移位后必须使相关位置与实地一致。又如小路旁的独立房屋是按真实位置表示;河流、小路、并行,且紧靠陡坎时,河流要保持真实位置,小路与河流不能重叠,陡坎可适当移位。

2)主要特征与次要特征的关系

综合取舍时,一定要保持地物、地貌的主要特征,综合和舍去次要特征。例如,铁路通过居民地时,不得缩小其符号尺寸,也不得移动其位置。当然,重要的、明显的独立地区紧靠铁路时,则铁路符号可中断,独立地物应按其真实位置表示。

3)同一地区的地物取舍多与少的关系

同一地区的某种地物基本是一致的。因此,在同一地区或同一幅地图中,对某一种地物取舍的多少应保持一致,或者说在同地区的每一张调绘片对某一种地物的取舍的多少应保持一致,从而反映该地区的地物分布和密度特点。如对大面积梯田的每张调绘片不能再有些像片上取得很多,而在有些像片上舍得很多。

总之,综合取舍是一个比较复杂而又重要的问题,必须用对立统一的观点,辩证唯物的方法,经过实地调查和具体分析,才能取舍得当,同时也需外业作业人员不断总结经验教训,使调绘成果能反映实际,满足用途要求。

8.3.4 地物地貌的调绘

(1)像片调绘的作业程序

①准备工作。包括划分面积,准备调绘工具,做好调绘计划等内容。

②像片判读。应用像片对照实地判读来确定地形要素的性质以及它们在像片上的形状、大小、准确位置和分布情况,以便在像片上描绘。

地形调绘

③综合取舍。在像片判读的基础上,对地形元素进行合理的概括和选择是调绘过程中的重要手段。

④着铅。在综合取舍的原则下,用铅笔将需要表示的地形元素准确、细致地描绘在像片或透明纸上,这是着墨的重要依据。

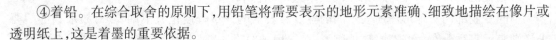

⑤询问、调查。主要是指向当地群众询问地名和其他相关情况,调查各级政区界线的位置和可能没被发现的地形元素。同时应将所得结果准确记录在像片或透明纸上。

⑥量测。量测陡坎、冲沟、植被等需要量测的比高,并作出相应记录。

⑦补测新增地物。新增地物是指摄影后地面新出现的地物。因像片上没有其影像信息,按照规范要求必须表示的元素,就需要在实地补绘。个别新增地物可根据与其相邻地物影像的相对位置补绘,但大面积的新增地物可采取其他方法补绘。

⑧清绘。根据实地判绘的结果,在室内着墨整饰。这时应按照图式规定的各种符号和规范的有关要求认真、仔细地描绘。

⑨复查。清绘中若发现不清楚的地方以及其他问题,应再到实地查实补绘。

⑩接边。调绘面积线处与邻片或邻幅的内容是否衔接,如本片调绘的道路通过调绘边线进入相邻像片,相邻像片也必定有同一等级的道路与之相接,而且相接位置应吻合,如有某一地区接不上,则必须查实、修改,直至全部衔接。

(2)像片调绘的准备工作

1)调绘像片的准备

首先应对调绘像片进行编号,然后选择最清晰的像片作为调绘像片。同时再对像片的质量进行一次仔细检查。主要检查像片影像的质量是否符合调绘的一般要求,有无云影、阴影、雪影、航摄漏洞等情况;检查像片比例尺是否能保证调绘质量,最好的办法是看各种比例尺表示的地物是否能清晰地在像片上描绘;如果像片比例尺太小,可申请放大。

由于航摄像片比较光滑,调绘时不易着铅,清绘时不易着墨,因此调绘前应对像片进行适当处理,一般方法是用沙橡皮(即硬橡皮)在像片正面适当用力来回擦,直到能着铅为止。但应注意不要擦坏影像。

2)工具准备

调绘工具的选用应考虑周全。除调绘像片外还应带上配立体的像片、像片夹、老图、立体镜、铅笔、小刀、橡皮、钢笔、草稿纸、皮尺或其他方便携带的量测工具、刺点针,以及其他必要的安全防护用品等。另外,每一张调绘像片都要贴一张透明纸,透明纸的一边贴在像片背面边缘,透明纸的大小以翻折以后能盖住像片正面为原则,其主要作用是在调绘时用作记录和描绘。

通常,软硬铅笔的一般使用方法为2H画底稿,HB加深底稿,H写字,在聚酯薄膜上绘图则应用4H至6H的。

3)制订调绘计划

在进行像片调绘前,事先应制订一个小计划。所谓小计划即通过对像片进行立体观察,结合老图和其他有关资料,对调绘地区进行初步分析,并在分析的基础上,安排某一阶段调绘的范围、调绘的路线、重点,以及调绘中应注意解决的问题。

进行初步分析主要是指掌握调绘区域的地形特征,如居民地的分布及类型特征、水系、道路、植被、地貌、境界以及地理名称的分布情况,初步掌握这些情况后,就可以估计调绘的困难程度,调绘的重点应放在哪里,调绘的路线应如何安排,调绘可能出现哪些问题,有了这样的思想准备和应对策略,才会取得较好的调绘效果。

4)选择调绘路线

调绘路线要根据地形情况和调绘重点进行选择。

①平地:居民地多,应沿着连接居民地的主要道路进行调绘,调绘路线可采用 S 形或梅花形,但沙漠、草原、沼泽等人烟稀少的平坦地区,应沿着主要道路进行调绘。

②丘陵地:居民地一般多在山沟内,调绘时主要沿着山沟转。但有时为了走近路或调绘山脊上某些地物,也要穿过某些山脊。因为丘陵地区山都不高,调绘时能有更多的灵活性。

③山地:一般采用分层调绘的方法,即先沿沟底再上山坡,一层调回完毕后再上更高一层,直到一条大沟调绘完毕后再转到另一条大沟。

调绘范围内如果有铁路、公路和较大的河流,一般应作为调绘路线,沿线调绘,这样便于详尽地表示其附属建筑物。

调绘是比较复杂的工作,事先必须把问题想得多一些,计划安排得周到些,这样才会取得好的调绘效果。

5)调绘面积的划分

调绘面积是指对每一张调绘像片进行调绘的有效工作范围。因为一幅图包括若干航摄像片,而且像片之间又有一定的重叠度,这就一定会产生调绘像片之间的接边问题,必然要划分工作范围。这是调绘之前必须进行的工作,也是一项很重要的工作。

划分调绘面积有下述要求。

①调绘面积以调绘面积线标定,为了充分利用像片,减少接边工作量,在正常情况下,要求采用隔号像片作为调绘片描绘调绘面积线。

②调绘面积线应绘在隔号像片的航向和旁向重叠中线附近,这样可以充分利用像片上影像比较清晰、变形较小的部分进行调绘。

③根据同样的理由,要求调绘面积线离开像片边缘 1 cm 以上,但压平线可以不考虑。

④当采用全野外布点时,调绘面积的 4 个角顶应在四角的像片控制点附近,且尽可能一致,偏离控制点连线不应大于 1 cm,因为内业不能超出控制点连线 1 cm 以外测图,势必要将一部分内容要转到另一个立体像对才能测绘,这样,会给内业增加某些不便。

⑤调绘面积线在平坦地区一般绘成直线或折线;丘陵地和山地,则要求像片的东、南边绘成直线或折线,相邻像片的西、北边根据相应的直线或折线在立体下转绘成曲线,这是因为地形起伏所产生的投影差,使像片上的直线在相邻像片上变成了曲线;如果在相邻像片上都是通过相应端点连成直线,则必然产生调绘面积的重叠或漏洞。

⑥划分调绘面积不允许有漏洞或重叠,所谓漏洞就是一部分地面不在任何调绘范围之内,所谓重叠就是一部分地面同时出现在相邻的两张调绘像片的调绘面积内,显然前一种情况使一部分地区成为空白,内业无法测图,后一种情况则增加了调绘的工作量。

⑦调绘面积线应避免分割居民地和重要地物,并不得与线状地物相重合,为此可将调绘面积线描绘成折线。否则,调绘面积线两边的地物,由于调绘面积线的误差影响,容易产生扩大、缩小或者遗漏,还应注意不要破坏刺点目标的影像。

⑧图幅边缘的调绘面积线。如为同期作业图幅接边,可不考虑图廓线的位置,仍按上述方法绘出,以不产生漏洞为原则;如为自由图边,则在以老图绘出调绘像片上的图廓线后,实际调绘时应调出图廓线 1 cm 以外,以保证图幅满幅和接边不出现问题。

⑨图幅之间的调绘面积线用红色,图幅内部用蓝色,并以相应颜色在调绘面积线外注明与邻幅或邻片接边的图号、片号。这样做的目的主要是便于区分和查找像片。

⑩旁向重叠或航向重叠过小而需分别布点时,调绘面积线应绘在两控制点之间,距任一控

制点的距离均不应大于 1 cm。

（3）像片调绘注意事项

1）注意采用远看近判的调绘方法

所谓远看，就是在调绘时不但要调绘站立点附近的地物，而且要随时观察远处的情况。因为有些地物，如烟囱、独立树、高大的楼房，从远处观察十分明显突出，到近处时，往往由于地形或其他地物的阻挡，反而看不清或者感觉不出它们的重要目标作用了。另外有些地物，如面积较大的树林、稻田、旱地、水库等，从远处观察，容易看清它们的总貌、轮廓、便于勾绘，到近处时，由于现场狭窄，只能看到局部，描绘时反而感到困难了。但是，有些地物在远处还不能判定准确位置，如独立物体，这时就必须在近处仔细判读它们的位置。因此，调绘独立地物往往采用远看近判相结合的调绘方法。

2）应注意以线带面的调绘方法

以线带面就是调绘时以调绘路线为骨干，沿调绘路线两侧一定范围内的地物，都要同时调绘。做到走过一条线，调绘一大片，这样就可以加快调绘速度。

3）着铅要仔细、准确、清楚

着铅是调绘过程中最重要的记忆方式。它是在准确判读和进行综合取舍后记录在像片或透明纸上的野外调绘测绘成果，是室内清绘的主要依据。因此，必须要仔细、准确、清楚。

除像片上影像明显，易记的地物，如铁路、公路、河流、水库、稻田、树林等可以不着铅会简单注记外，一般调绘的地物都要仔细着铅，即在像片或透明纸上用铅笔详细勾绘出地物影像的轮廓，并且要求位置准确、线条清晰，在室内清绘时能准确区分。对于独立地物，必要时要准确判断出其中心位置。

着铅既不能过于简单，也不能太详细。因为太详细会使得像片和透明纸画过分繁杂，反而不清晰了。因此，调绘者还必须逐渐培养职业记忆能力，让所有的调绘内容牢牢记在自己头脑中。这样可加快清绘速度。

4）调绘中要养成"四清""四到"的良好习惯

"四清"是指站站清、天天清、片片清、幅幅清。"站站清"就是调绘一处就把此处的问题全部弄清楚。"天天清"就是头一天的调绘内容第二天全部清绘完毕，一般不允许隔天清绘，更不允许隔几天才清绘。因为一天的清绘内容很多，隔的时间长了，记不清，容易绘错。"片片清"是调绘完一片，就要及时清绘一片。"幅幅清"是指一幅图彻底弄清楚后，再进行下一幅图的工作。尤其是收尾工作，如接边、复查、检查验收、修改、填写图历表等，一定要抓紧做完，不留尾巴。

"四到"是指跑到、看到、问到、画到。"四到"的总目标还是看清、画准。因此，只要看清画准就能保证成图质量。

5）注意依靠群众，多询问多分析

调绘过程中有许多情况必须向当地群众询问、调查，以获得可靠信息。如地名、政区界线、地物的季节性变化、某些植物的名称、隐蔽地物的位置等，都必须向当地群众调查才能知道。因此，依靠群众，尊重群众是每个测量工作人员应有的态度和重要的工作方法之一。

有时由于语言不通、工作性质的差异、文化水平低、表达能力不强等各方面的原因，在询问过程中往往会出现问不清楚或者说错的现象。因此，对了解的情况要综合分析以确保结论的准确性。

6)注意发挥翻译向导的作用

在少数民族或方言较重的地区,一般应有翻译或向导协助调绘工作。翻译、向导应聘用当地人,他们懂当地语言,有一定的文化,熟悉当地情况,称得上"活地图",充分发挥他们的作用会给调绘工作带来很多方便,在生活上也会得到很多帮助。

调绘方法有很多地方是灵活的,必须在实际工作中不断总结经验充实自己,以提高自己的作业水平。

(4)调绘对军事设施和国家保密单位的表示规定

1)表示原则

①军事设施和国家保密单位的调绘工作,应事先与有关单位联系,经同意后方可进入内部进行实地调绘;若不同意进入内部进行实地调绘,则调绘人员可采用航摄像片内判技术在室内直接判读的方法解决。

②调绘人员在工作过程中所看到的军事禁地和国家保密单位的情况,不得转告无关人员,严防口头泄密。

③不便表示的军事设施,须用与周围地形相适应的符号进行伪装(如稻田、旱地、房屋、沙漠等),不能显示破绽。

④除规定中某些地物提出的表达方法外,其他均应反映地面的地物状况。

⑤凡属保密单位,图上一般不注记其真实名称。

⑥利用自然地形走掩体的洞库(如武器库、炸药库、飞机库等)以及地下的设施,均不得表示。

2)面向表示对象的规定

①各种实验基地。导弹发射基地、原子弹、氢弹试验基地、火箭发射基地、卫星发射基地、炮兵基地、坦克基地等,均按以下规定表示:

a.具体发射、试验位置均不表示,但要用与周围相应的地物进行伪装。

b.通往基地的专用道路:单线道路可如实表示;双线道路绘制最近的较大村庄,从村庄至基地的双线道路用机耕路表示。铁路绘制以最近的城镇为止。

c.若双线道路和铁路并非专用道路,而是经过各种试验基地又通过其他城镇时,则道路在图上应如实表示。

d.试验基地内的地面观测站、办公室、生活区等用普通房屋符号表示。

e.试验基地内的油库、仓库(包括洞内的油库、仓库进出口)、气象站、雷达天线、指示灯塔等,有房屋的用普通房屋符号表示,否则一律不表示。

f.图上名称可用公开名称进行注记。

②飞机场。飞机场均需表示,在范围内绘一飞机符号。

通往机场的道路均如实表示,内部道路择要表示。

显示机场总范围的铁丝网、围墙等垣栅,图上如实表示。

机场内的生活区以及其他类似的房屋,均用一般居民地符号描绘。

机场内的机窝(机库)、油库、气象站、管线、指示灯、雷达天线、指挥塔以及其他机场性质的设施,有房屋的用普通房屋符号表示,没有房屋的一律不表示。

民用机场的名称均以真实名称注记。军用和军民合用的机场不注记名称,可用附近较大的城镇名称作为机场名称进行注记。

③港口。军港不表示码头。

通往港口的道路真实表示,内部道路择要表示。

港口内的办公区、生活区均用一般居民地符号描绘。

军港内的船坞、油库、气象站、雷达站以及其他反映港口性质的设施,图上均不用符号表示,有房屋的用普通房屋符号表示,没有房屋的一律不表示。

图上港口名称,商港均用真实名称注记,军港用自然名称注记。

④军队营房、兵工厂、对外保密的国家机关。位于城镇居民地内部或周围时,图上用一般居民地符号表示。远离城镇单独构成一个建筑群时,图上可表示出其范围线,内部建筑进行较大综合,外围的铁丝网、围墙等均用相应符号表示。

外部道路如实表示,内部道路择要表示。

图上名称,位于城镇内部或周围的,一般不注记;远离城镇点的可用公开名称注记。

⑤军用仓库。武器库、弹药库、用品仓库、油库等均按照下面规定执行:

洞库、地下库(包括洞库地下库的进出口),图上均不表示。

地面上的武器库、弹药库、油库等,有房屋的用普通房屋符号表示,没有房屋的一律不表示。仓库周围的围墙等垣栅用相应的符号表示。

通往仓库的道路如实表示。

图上不注记任何名称。

⑥靶场。靶场、炮位、掩体等图上不表示。

图上用公开名称注记。

靶场内其他地物均如实表示。

⑦监狱、劳改机构。位于城镇内部或周围的监狱、劳改机构,用一般居民地符号表示。远离城镇单独构成建筑群的,一般应如实表示,内部进行较大综合。

外部道路如实表示,内部道路择要表示。

调绘时用公开名称进行注记。

⑧军用通信设备。军事专用的通信线和通信电缆,图上均不表示。

军事专用的微波通信站只表示普通房屋,天线位置在图上不表示。

军事专用的无线电发射天线,图上不表示。

⑨稀有金属矿。地壳中储藏量少、矿体分散或提炼较困难的金属,如钛、锂电、铱等,均为稀有金属。

图上不表示矿井出入口。

露天采掘的矿场用乱掘地符号表示。

图上不注明任何名称。

其他地物均如实表示。

⑩兵要地志。地图上一般不表示直接与军队行动相关的兵要地志内容。

取消"制高点"名称,改为"地形特征点",主要指山顶、鞍部等位置。

岗楼、旧碉堡,图上如实表示。基地或阵地的岗楼、碉堡、地垒等,图上不表示。

(5)主要地物地貌的调绘

1)永久性测量控制点的调绘

永久性测量控制点是指实地设有永久性固定标志的测量控制点,如三角点、GPS 点、小三角点、水准点、独立天文点及埋石的高级地形控制点。这些控制点是测制地形图和各种工程测量施工放样的主要依据,标志完整的控制点,航测成图必须以相应的符号精确表示,还应注记控制点的点名和高程(以分数形式表示,分子为点名,分母为高程)。一般注记在符号的右侧(有比高时,比高注记在符号左侧)。测量控制点的高程凡经等外水准以上精度联测的高程注记至 0.01 m,其他注记至 0.1 m。其可供内业加密、测图以及作为重要地物描绘之用。

永久性测量控制点虽然属于需调绘的内容之一,但从表示精度和工作方便出发,一般均在航外控制测量过程中刺点并加以相应符号整饰在控制像片上,再由内业按坐标展绘出。因此,调绘时一般不调绘这些控制点。

位于居民地内的测量控制点,如果影响居民地的表示,其点名和高程均可省略。用烟囱、水塔等独立地物作为控制点时,图上除表示相应的地物符号、注出地物比高、点名和高程外,还应注出测量控制点的类别,如三角点。当无法注记时,可在图外说明,例如图内王村西北的水塔为三角点。

2)独立地物的调绘

①独立地物。独立地物大多高于地面,其在像片上一般是根据其投影和阴影的影像进行识别并确定其准确位置。当地物较小且像片的分辨率不高时,其影像不能反映独立地物的基本形态时,则必须采用野外调绘的方法确定其性质和在像片上的位置。

独立地物类型很多,但是,现行的图式中除在其他地形要素中列出了独立符号外,单独列出的独立地物符号只有 30 余个,还有很多独立地物没有专门设置符号。另外,有些地物有类似的性质和作用,或类似的意义,但具有不同的外形。因此,独立地物调绘的主要问题是正确判断独立地物的性质和灵活运用独立地物符号。

调绘独立地物必须做到位置准确、取舍得当。

独立地物是判定方法、确定位置、指示目标的重要标志,故首先要求独立地物的位置必须准确。不依比例尺表示的独立地区,一般要求用刺点针刺出中心点位置,且描绘时刺点中心应与符号中心点严格一致;依比例尺表示的独立地物则要求准确绘出轮廓线位置,像片上无法精确判定位置的重要地物,必要时应采用实测的方法确定。

独立地物的区分是相对的,因此在众多的地物中必须进行选择,优先表示出最突出的独立地物,即从普通中选特殊。如工业区烟囱众多,此时可舍去部分次要的烟囱,选取高大突出的烟囱表示;而在地物稀少的地区,有些地物也许并不高大,如一棵普通的小树或者一个小水坑,却因为周围地物极少而显得突出,必须表示。这就是选择独立地物的方法。

②独立地物符号的运用。图式虽然绘出了很多符号来表示独立地物,但毕竟有限,与地面上实际的地物种类相差甚远。随着社会的发展,新的地区不断出现,在调绘过程中常常遇到某些独立地物找不到恰当的符号表示,尤其是调绘现代工厂、矿山、情况更为复杂,因此要求调绘人员充分理解图式精神,尽量用图式给出的符号去表示各种各样的地物,解决实际存在的丰富多彩的地物表示问题。

符号种类不够用的情况主要是表现在独立地物方面,因此独立地物符号的运用应从以下几个方面考虑。

a.根据独立地物的外形特征选用符号。图式中的许多独立地物的符号反映了地物的外形特征,如烟囱、水塔、牌坊、独立树等;将外形特征相似的独立地物概括成同一符号表示,如钟楼、鼓楼、城楼、古关塞用同一符号表示,彩门、牌坊也用同一种符号表示。根据这一方法,在实际调绘中,当遇到某些独立地物在图式中找不到相应的符号进行表示时,首先分析地物形状。地物形状如果相似于某一图式符号表示的独立地物时,就可以选用这种符号来表示,并加注性质说明。

b.根据独立地物的作用和意义选用符号。有些地物具有类似的作用,但外形不同,如油库、煤气库、岸水库,既有球形的也有圆柱形的;另外也有些地物外形不同但意义相近,如纪念碑、纪念像、纪念塔等;还有外形不同但意义和作用都相同的独立地物,如无线电杆和无线电塔及其他无线电发射或接收设备,这些独立地物也是用同一符号表示。因此,在实际调绘中既要根据独立地物的外形也要根据独立地物的意义和作用选择相应的图式符号。是侧重于外形还是侧重于意义和作用,必须由独立地物的实际情况决定。

c.根据其他具体情况选择符号。现代工业有许多不同性质、不同形状、不同作用的专用建筑和设备,无论有多少选择符号的原则也很难全部概括,因此在实际调绘中还必须根据其他具体情况选择较合理的图式符号进行表示。如塔形建筑物,图式上规定散热塔、跳伞塔、蒸馏塔、瞭望塔等均用塔形建筑物符号进行表示,实际上这些建筑物既没有相近的作用和意义,而且形状的差别也较大,更没有一个所谓的标准的塔形建筑物进行比较,要以上述原则去理解是很困难的。因此,有些符号的选择是很近似的,必须在概括的基础上再概括,也就是在不同的基础上还要去寻找相同的条件,这样才能灵活地运用给定的符号去解决作业中的问题。

d.注意独立地物符号的描绘方向。独立地物符号绝大部分要求按照垂直于南北图廓线的方向绘制,但也有个别符号要求按真方向或与南图廓线斜交 45° 角进行描绘。按真方向描绘的有山洞、泉、打谷场、球场、桥、探槽等;石灰岩溶斗符号要求与南图廓线斜交 45° 角进行描绘。

e.注意独立地物符号描绘的位置。对个别地物符号的描绘做了特殊规定:气象站(台)符号应绘在风向标的中心位置;厂房面积较小的发电站(厂)符号绘在主要厂房的位置;面积较大的庙宇符号应绘在大殿位置,加油站符号应绘在实地油箱位置或储油的房屋上。这些规定主要是从实际情况出发,便于从图上确定独立地物的准确位置。

f.注意图式符号的版本和比例尺。随着国家建设和测绘学科的发展,一定时期的图式、规范都需要进行修改和补充,不同比例尺成图内容的详尽程度、成图精度都不一样,相应的图式符号的内容以及表示方法也有区别。因此,必须注意使用现行的相应比例尺的图式版本进行描绘。

g.注意独立地物符号与其他地物符号在描绘时的避让关系。独立地物与其他地物不能同时准确、完整地表示时,就必须进行避让。处理避让关系的基本原则是:中断其他地物符号,或者将其他地物符号移位,保证独立地物符号完整、准确的描绘,符号之间应留出 0.2 mm 的间距。如果两个独立地物紧靠在一起,符号不能按照真实位置同时绘出时,应选择其中主要的保持真实位置准确绘出,另一个做相对移位。

3)居民地的调绘

我国是一个幅员辽阔、地理复杂、历史悠久、人口众多和多民族国家。不同地理条件、不同历史时期和不同风俗习惯形成了不同类型的居民地。由于用途不同,对居民地的分类标准和表示方法的要求也不一样。有的按行政等级分类;有的按人口数量多少分类;有的以建筑形式和结构特点分类;有的根据分布特点和平面图形分类。对于测制国家基本比例尺地形图而言,居民地的分类必须从满足国家经济建设和国防建设的全局出发,兼顾特殊部门的需要。我国广大地区的居民地多为房屋建筑形式,黄土覆盖地区有窑洞等建筑形式居民地,草原和荒漠地区有蒙古包和帐篷等建筑形式居民地,测制国家基本比例尺地形图通常将居民地分为街区式居民地、散列式居民地、窑洞式居民地和其他类型居民地4类。

①调绘居民地应着重表示的特征。

a.外围轮廓特征:指村头村旁的独立房屋、凸凹拐角、外围墙、主要道路进出口。

b.结构类型特征:指房屋的分布特点、排列特点、组合特点。有街区式、散列式、集团式等类型。

c.通行情况特征:指区分出主要街道、次要街道、小巷,表达清楚道路的分布和连接。

d.方位意义特征:指居民地内具有方位作用的突出建筑。例如建筑物高大,或颜色明显,或造型别致。

e.地貌形态特征:指居民地内外的冲沟、陡坎、坑穴、土堆等。

f.相关位置特征:指居民地与水系、道路、垣栅之间的位置表示和避让关系。

②调绘居民地的具体表示方法。

任何一个房屋式居民地,不外乎由独立房屋、街区、街道3个基本图形和固定名称组成,但不同类型的居民地,组成情况不同。

a.独立房屋。独立房屋是指单幢房屋,有3种表示方式:独立房屋的图上尺寸小于0.7 mm×1.0 mm时,用0.7 mm×1.0 mm的黑色方块表示,称不依比例尺表示;以屋脊方向为长边方向,当为圆形或正方形的平顶房屋时,以门的左右方向为长边方向。独立房屋的图上尺寸宽小于0.7 mm,长大于1.0 mm时,用宽0.7 mm、长为实际长的黑色方块表示,称为半依比例尺表示。独立房屋的图上尺寸大于0.7 mm×1.0 mm时,用图上的实际尺寸内加晕线表示,称为依比例尺表示。当独立房屋分布密集不能逐个表示时,可外围全部选取,内部适当取舍,一般不宜综合。位于河边、路旁、村口处的独立房屋,具有判定方位的作用,要特别注意表示。独立房屋的围墙篱笆,能依比例尺表示时取,否则舍去。

b.街区式居民地。街区式居民地是指房屋毗连构成街道景观的居民地。要注意表示好街区外形特征:如街区外沿凸凹部分为图上1 mm以上时均应表示;位于街区边缘或道路进出口处的独立房屋不能舍去或合并;街区外围的河渠、冲沟、土堤、竹篱等要详细表示。要注意做好街区内部的综合取舍:如街区内房屋间距小于图上1.5 mm时可合并,较大的空地应区分表示,但工矿、机关、学校、新住宅区的房屋,不能视为街区,应逐个表示。街道的表示应反映通行特征:主要街道、次要街道应分明,巷道取舍应适当,十字街口、丁字街口、街道与巷道的交叉口位置要准确。具有方位意义的房屋,要用突出房屋的符号表示。

c.散列式居民地。房屋间距较大,排列分散,不能形成街道的居民地称为散列式居民地。散列式居民地的特点是房屋依天然地势沿山坡、河渠、道路、堤岸构筑。房屋之间不相毗连,有的均匀分布,有的三五成团,有的整齐排列,有的零散分布,没有明显的街道和外轮廓。相邻居民地之间也无明显的界限,散列式居民地的判读比街区式居民地困难,但是散列式居民地周围一般有茂盛的树木或竹丛,房前有空地,而植被和空地与居民地的背景有明显的反差,有利于发现散列式居民地并正确判读。

工矿、机关、学校、新住宅区的房屋也属散列式居民地。其综合取舍的原则是:对三五成团连接紧密的房屋可以综合,但综合不能过大,其余房屋应逐个表示,尤其对外围的独立房屋更应注意表示,以不失散列分布的特点为原则。

散列式居民地表示的关键是独立房屋的取舍问题。在很多散列式居民地中,独立房屋分布密度较大,不能逐个表示,而必须进行取舍。通常是取道路交叉处、道路旁、河渠边、山顶、鞍部等处有方位意义的房屋,或坚固稳定的房屋,舍去矮小、破旧、无方位意义的房屋。经取舍后表示在像片上的独立房屋符号的疏密状况应与实地特点一致。对于房屋相对集中的散列式居民地应注意选取村庄外围的房屋表示,以反映村庄的范围;而对于范围不明显的散列式居民地,则应注意舍去村庄间相邻处无方位意义的独立房屋,以利于用图者判断村庄的界限。

在散列式居民地中,当在局部范围内房屋分布较密时,应按规范要求综合成街区符号或小居住区符号表示,不应采用缩小符号的尺寸和间隔的方法逐个用独立房屋符号表示。

d.窑洞式居民地。窑洞式居民地是我国黄土覆盖地区农村的主要居住建筑形式之一,主要分布在河南、山西、陕西和甘肃等省。窑洞的分布位置与地形和水源条件关系密切,多建筑在黄土塬的坡壁及冲沟的沟壁上,影像为黑色小块,窑洞前空地影像呈白色,这是其构像特点。窑洞影像易被阴影遮盖,给判读带来困难,宜在立体观察下判读为好。窑洞要按真方位表示,符号绘在洞口位置,方向一般应与等高线大致垂直。窑洞的调绘,要注意反映出其分布特征,窑洞应逐个表示,表示不下时,可适当舍去,不能综合。窑洞有地面上窑洞和地面下窑洞两种。地面上窑洞是指直接在坡壁上挖成的窑洞;地面下窑洞是指先向地下挖一大坑,形成四面坑壁,再由坑壁水平掏成窑洞。我国大部分地区的窑洞为地上窑洞,有少数地区的窑洞以地下窑洞分布为主,还有的地上窑洞地区夹杂有地下窑洞。地上窑洞与地下窑洞在地形图上的符号不同,判绘时用其相应的符号表示。

地下窑洞最重要的特征是,其是从地面向下挖掘的方坑,方坑的四周坡壁有窑洞。在实际作业中会遇到有些窑洞建在陡坎棱线边缘附近,以很短的隧道或豁口与坎下的道路相通,它们与典型的地上窑洞和地下窑洞不同。不管方坑与陡坎棱线边缘之间的黄土层多宽,是否掏有窑洞,都应以地下窑洞符号表示。

地上窑洞有散列、成排和成排多层几种分布形式。

散列式窑洞多分布在冲沟谷地,依谷地自然形态散列配置,其特点是零乱、松散,方向互不一致。表示时,除需注意定位准确和符号方向与实际方向一致外,还要反映一个居民地窑洞分布的范围和内部分布的疏密情况。

成排分布的窑洞是在同一坡壁上按同一高度以大致相等的距离挖掘的窑洞,判绘中当不能逐个表示时,在保持两端位置准确的前提下,其间可用两个以上窑洞符号并联表示。

多层成排窑洞,当不能逐层表示时,则选择其中方位意义大的一层按真实位置绘出,另一层移位表示。

e.蒙古包、牧区帐篷和棚房。蒙古包、帐篷是我国牧区少数民族居住的主要形式,主要分布在西北地区。棚房是指有顶棚而四周无墙或仅有简陋墙壁的建筑物。如有些工厂的工棚、看管田园和森林的草棚及季节性居住的渔村等。

蒙古包是我国蒙古族传统的居住形式,其特点是搭拆方便、避暑防寒、宜于游牧,蒙古包一般不是常年固定在一个草场,属季节性建筑物。因为草原上其他地物很少,蒙古包及蒙古包迁走后留下的痕迹都有很好的方位作用,另外蒙古包的表示还能反映该地区草场的经济价值等信息。

蒙古包一般都是单个零散分布,也有密集分布的。在航摄像片上,蒙古包呈白色圆点影像,与草地影像有较大的反差。蒙古包不论其分布形式如何,只在蒙古包影像中心或牲口圈痕迹附近用单个蒙古包符号表示,并加注居住的月份,有名称的还应注记名称。居住月份的注记除参考老图,向当地群众调查外,还可以根据摄影时间,蒙古包所处的地形位置判断。

帐篷是牧区放牧的临时居住地,多见于西藏自治区、青海等的草场。帐篷有黑色和白色两种,判读和表示方法与蒙古包相同。帐篷的流动性更大,虽然也呈现出季节性,但是每年的位置并不固定,因此对帐篷符号的定位不必严格要求。

在航摄像片上,棚房不易与其他房屋区分,一般只有通过实地调查,或参考大比例尺地形图识别。城郊和农村人工种植经济作物和蔬菜的暖房,在大比例尺图式上有专门的符号,而在中、小比例尺地形图图式上没有专门符号,也可用棚房符号表示,并加注"温"。

4)道路的调绘

道路起着连接居民地和担负交通运输的作用,是重要的地形要素,道路分为铁路、公路、大车路、乡村路、小路5个等级。道路调绘要着重表示下述几点。

A.等级分明:大车路与乡村路,乡村路与小路的等级区分要正确,以正确地反映道路的通行能力。

B.位置准确:符号中心线即实地道路中心线,道路的交叉口、转弯、附属建筑不得移位。

C.取舍得当:主要表现在对小路的取舍,道路稀少的山丘地区要多取,道路密集的平坦地区要少取。在取舍中要注意反映各地区道路网分布的特点和保持相对密度,道路应走得通,连接合理,去向分明,以形成网络。

D.注记清楚:按道路的路面材料和宽度注记,以及对电气铁路、窄轨铁路、轻便铁路的注记等,注记要与实际情况相符。

E.交接清楚:道路与道路、道路与居民地、道路与堤、道路与地貌、道路与其附属设施等的关系要交接清楚,表达正确。

道路的调绘主要包括下述几个方面的内容。

A.铁路。铁路按两条铁轨间的距离分为标准轨铁路和窄轨铁路。标准轨铁路与窄轨铁路,单线铁路和复线铁路,电气化铁路和非电气化铁路在运输能力上不同。因此,在地形图上的表示也有区别。

在现行图式中,铁路用黑实线符号表示,标准轨铁路与窄轨铁路用不同宽度的实线加以区分;双线铁路加绘两短线以与单线铁路区分;电气化铁路加注"电气"二字,与非电气铁路区分。

铁路线路表示时还应注意以下问题。

a.双线铁路中途分岔为两条路基或两条铁路在某一地段并行,当不能同时准确表示时,则选取其中一条用双线铁路符号准确表示;当能分别表示时,则应分别用两条单线铁路符号表示。

b.建筑中的标准轨铁路、窄轨铁路用相应符号表示,但不加注记,其路堤、路堑不表示。

c.站线符号的表示要视具体情况而定,当正线符号已全部压盖了站线位置时,站线不表示;当正线符号不能压盖全部站线位置时,外侧站线准确绘出,中间内插站线符号。内插的站线符号是示意性质的,既不代表站线的真实位置,也不能反映站线实际条数的多少。

B.公路。公路是各城镇、乡村和工矿之间主要供汽车行驶的道路。它是城乡之间联系的纽带,像片调绘时必须将地面的公路全部表示在像片或地形图上,并注意区分不同技术等级和沿线设施的表示。

a.公路等级。公路部门根据交通量及其使用任务和性质将公路分为5个等级。

公路由路基、路面、桥涵和沿线设施组成。不同等级的公路,所组成的技术标准是不同的。在现行地形图图式上,公路分别用高速公路和普通公路符号表示,即高速公路用高速公路符号表示,不加注记,一、二、三、四级公路用普通公路符号加注记表示。

因我国在20世纪80年代才开始修建高速公路,故在像片判读中易与普通公路区分。高速公路与其他通道相交时全为立体交叉,交叉形式除在控制出入的地点为互通式立体交叉外,其他均为简单立体交叉;高速公路路基很宽,并且有宽大于4.5 m的中间带。

在普通公路中,一、二、三、四级公路的通行情况和运输能力各不相同,在地形图上表示时用注记的方法相区分。除一级公路外,在像片上区分二级与三级,三级与四级是很困难的。一方面由于像片比例尺的限制,不可能精确测定出路基和车行道宽;另一方面,我国1981年以前修建公路的技术标准与现行标准并不完全一致,有些公路的实际技术指标并不与现行标准的同一级公路相对应。因此,在像片判绘中确定公路技术等级比较困难,通常采用实地调查或参阅有关公路资料确定。

b.公路注记。普通公路注记包含路面宽度、铺面宽度和铺面材料性质注记3项。

路面宽度就是路基宽,即路面两侧路肩外缘的间距。对于某些在路肩上栽有行树,影响汽车通行的旧公路,其路面宽注记则应以行树间的距离为准。

铺面宽度是铺筑路面材料部分的宽度,即车行部的宽度。

地形图上路面材料采用简注的形式。凡是有沥青的,不管是沥青混凝土、厂拌沥青碎石,还是沥青贯入式碎石、沥青表面处理等,都注记"沥"字;水泥混凝土路面注记"水泥";石块、条石路面注记"石"字;碎石、砾石路面分别注记"碎"和"砾"字。所谓粒料加固土路面是用砾石、料礓石、碎石、碎砖瓦、炉渣等材料与黏土掺和铺成的路面。这种路面材料根据粒料的性质相应注记"砾""碎""渣"等。当地材料加固或改善的土路面一般为当地砂土和黏土按一定比例掺和筑成,其路面注记则根据具体情况注记路面宽,不注铺面材料和铺面宽度。凡是路面未经粒料加固或当地材料改善的不能用公路符号表示。

公路注记资料,在像片上不易正确判读出,一般都应现地调查量注,或参考公路部门的近期普查资料和公路竣工图进行注记,其注记格式为:

= = = =铺面材料、铺面宽(路面宽)= = = =

例如 = = = =沥9(12) = = = =

c.路堤、路堑及沿线设施。

●路堤。铁路、公路通过低洼地段,为保持线路平直,用土或其他材料填筑的高于地面的路基称为路堤。公路路堤比较复杂,除填筑形式外,还有半填半挖式、台口式等。废弃公路上的路堤,根据其实际情况用堤或岸垄符号表示。

●路堑。路堑是铁路和公路通过高地,为保持线路平直,向下挖掘形成路基,两侧或一侧低于地面的地段。

路堑的上沿棱线和坡壁比较整齐。黄土地区,沿自然冲沟的沟壁简单修整形成的路堑也用路堑符号表示,当上沿棱线或坡壁不齐时用陡崖符号表示。

路堤和路堑的表示,对于反映道路的通行情况很有意义,在地物稀少地区对于判定方位也有一定的作用。因此,在像片判绘时要注意表示。有明显方位作用的路堤和路堑,其长度虽没有达到规定要求表示的长度,在不影响其他地物表示的情况下,也可适当放长表示。

●路标。公路标志也是公路沿线设施之一。主要包括交通标志和指路标志。交通标志又分为指示标志(如弯道、陡坡标志)、警告标志(如危险路段、急弯鸣号标志)、禁令标志(如限速、限通行车类别标志)。指路标志有指向牌、指路牌和里程碑。指向牌一般在岔路口前100~200 m处,指路牌设置在岔路口处。

指向牌和指路牌在地形图上用路标符号表示。交通标志一般不表示。里程碑是夜间沿道路行进的方位物,一般情况下每隔一段距离准确表示一个,并注记千米数。有的里程碑两面有不同的里程数字,注记时只取较小的里程数注记。

●行树。行树是指沿道路一侧或两侧栽植成行的乔木。公路部门要求凡宜林路段都应绿化。以稳定路基、美化路容和增加行车安全,但路肩上不得植树。在地形图上,行树用相应符号表示。

当道路一侧或两侧栽植灌木时,图上则以狭长灌木符号表示。

C.其他道路。其他道路主要包括简易公路、乡村路和小路。

a.简易公路。简易公路是指经过简易修筑或直接由载重汽车、大型拖拉机长期碾压形成路面,全年或除雨季外均能通行载重汽车的道路。

确定简易公路的标准是能通行载重汽车,即路面宽度大于4 m,而又达不到国家等级标准的道路。其路面质量一般比普通公路路面质量差,沿路的护路、路标等设施不全或没有,雨季不一定能通车。

简易公路对于沟通城乡联系具有重要意义,像片判绘时应注意表示,特别是连接公路的简易公路一般不得舍去,也不得降级表示。我国北方农村大车路较密集,其中很多都能通行载重汽车。这些能通行载重汽车的大车路若是连接大居民地、公路或通向山地、河边、矿采掘场等地者,均用简易公路符号表示,不得舍去和降级;若仅通向耕地,则可舍去不表示。南方规划区、农场的机耕路可以用简易公路符号表示,而路面宽4 m以下仅能通行吉普车、手扶拖拉机和运输竹木的双轮车道,不能用简易公路符号表示。

b.乡村路和小路。乡村路是农村不能通行载重汽车的主要通道,而小路是农村的次要道路或仅适于单人单骑行走的小径。它们的区别不取决于路面的宽窄,而是根据重要性决定,判绘时要注意区分。

用乡村路符号表示的农村主要道路有下述3种情况。

农村、林区、矿区不能通行载重汽车而只能通行小型拖拉机、轻型汽车和马车的道路。

农村大居民地之间或大居民地通往城市、乡镇、集市,而不通行载重汽车的道路,用乡村路符号表示。这些道路路面宽度不一定很大,有的路面还铺有石条或石块;沿路设施较好,有的还有路亭、茶亭、桥梁、渡口。这种乡村路多分布于南方农村。

我国西南山区农村公路不发达,大居民地间的连接主要是驮运路。驮运路虽然路窄,但运输能力较强,比较重要,也应用乡村路符号表示。

在农村比乡村路次要的道路,或通行困难地区只能供单人单骑行走的路为小路。一般丘陵地小路较密,判绘时应注意取舍,否则容易造成主次不分,图面不清晰。取舍的一般原则是,当小路密集时,两村庄间只取捷径路,舍去绕行小路。多条小路与乡村路以上等级道路并列,舍去与高级道路相近的小路。仅通向田间的小路一般不表示,但出入山地、森林、沼泽地区和在缺水地区通往水源的小路必须着重表示。通行困难地区和地物稀少地区,小路有着重要的意义,因此上山的"之"字形小路,为了保持其"之"字形特征,可适当放大表示。通过悬崖、绝壁,路面用支柱支撑或铁索吊拉的栈道,也用小路符号表示,并在栈道地段注记"栈道"二字。

D.桥涵、渡口、徒涉场。桥涵、渡口、徒涉场是跨越河渠等障碍物的设施和场地,对交通运输有重要影响。判绘时必须正确区分桥梁与涵洞、车行桥与人行桥、车渡与人渡,准确注记各种数据和性质,以正确反映这些地区的通行情况和运输能力。

a.桥梁与涵洞的区分。桥梁与涵洞是道路跨越水流、山谷、线路等障碍的建筑物。因为它们的方位作用、建筑规模和对通行的影响程度各不相同,所以桥梁与涵洞在地形图上分别用不同符号表示。

桥梁与涵洞一般易于区分,但在实际工作中,一些小桥与涵洞的界限却难以掌握。

铁路部门认为,凡结构上没有梁,填料(土、石)厚度(铁轨底至泄水建筑物顶)1 m以上为涵,其他为桥。公路部门规定:孔形泄水建筑,当单孔跨径5 m以下,多孔跨径8 m以下者为涵洞;圆管形及箱形泄水建筑,不论管径、跨径大小及数量多少,均为涵洞。显然铁路与公路部门区分桥涵的标准不尽一致。为便于地形图的使用,像片判绘时对桥涵的区分主要从建筑形式和跨径两个方面判定:跨径5 m以下,路面又无桥栏或者填土厚1 m以上者用涵洞符号表示;跨径5 m以上,或者跨径虽小于5 m,但填土厚度在1 m以下,且有梁、有栏杆者为桥梁。

b.车行桥。凡是能通行火车或载重汽车的桥称为车行桥。凡是能通行载重汽车的桥梁,不论其建筑材料、长度、承重形式如何,在地形图上均用车行桥符号表示。建筑特点和通行能力,以加注桥长、桥宽、载重量和上部承重结构建筑材料性质的方式表示。

● 桥长量注。桥长是指桥梁主体的总长。有桥台的桥长为两岸桥台的侧墙或八字墙尾间的距离;无桥台的桥长为行车道长度。

值得注意的是,桥梁的悬空部分长度并不一定等于桥梁总长,所以不能把悬空部分长作为桥长注记。另外,桥头的引桥、引道不能作为正桥表示和注记。弯曲桥的桥长以桥面中心线长为准量注;斜面桥以水平距离长为准注记。

● 桥宽量注。桥宽就是桥面的净宽,即行车道宽度。按公路工程技术标准的规定,桥宽应与公路的技术等级相适应,并对各级公路的桥面净宽有明确要求。另外,有些旧公路的线路经改造提高了等级,但桥梁并未加宽,与公路线路等级不相适应。在利用参考资料注记时应予注意。

在量注公路桥面宽时,当人行道、自行车道与车行道不在一个平面上时,仅量注车行道宽,而不应包含人行道和自行车道;当人行道、自行车道与行车道在一个平面上,不管有无分开标志,则以桥面两侧的缘石内侧的垂直距离作为桥面宽量注。

桥面长、宽只注记到整米。当桥梁实际宽不为整米数时,则不作凑整处理,而舍去小数部分,如4.6 m注记为4 m,以确保车辆有效通过,而不给用图者造成错误判断。

● 桥梁载重量调查注记。重型汽车沿公路行进时,必须了解桥梁的载重量,以判断能否安全通过。因此,地形图上要注记桥梁载重量。桥梁的荷载在实地测量判定是比较麻烦的,精度也不高,一般是根据公路部门提供的资料或桥头载重限制标志所示的吨数注记。

● 桥梁性质注记。桥梁性质是指桥梁的主要承重结构建筑材料的性质。不同类型的桥梁承受结构不同。梁式桥、拱桥和桁桥的主要承重结构分别为主梁、拱圈和主桁架,所以桥梁的性质由主梁、拱圈和主桁架的材料决定。如承重结构为木、砖、石块、钢材、水泥混凝土或钢筋混凝土,则桥梁性质分别简注为"木""砖""石""钢""水泥"。

桥梁的长、宽、载重量和建筑材料的注记对于反映通行情况是重要的,但所占面积较大,影响图面清晰。因此,铁路上的桥梁、简易公路、乡村路和小路上能通行载重汽车的桥梁,以及废弃公路上仍能通行载重汽车的桥梁,均用车行桥符号表示,但不加注记。

c.人行桥。不能通行载重汽车的桥统称为人行桥。它包括能通行轻型汽车、拖拉机和马车的桥梁,以及供单人单骑通行的小桥。这些桥在地形图上都用人行桥符号表示。

因为人行桥包括的范围很广,所以它的建筑形式很多。特殊形式的人行桥,如铁索桥、溜索桥、竹索桥、藤桥、级面桥和亭桥等,除用人行桥符号表示外,还应按建筑形式的不同,分别加注"铁索""溜索""竹索""藤""级""亭"等。

铁索桥无桥墩,主要由固定在河流两岸的数条悬空铁索组成。铁索上铺木板供人、马通行。溜索桥是用铁索(或绳索)倾斜固定在河流两岸,供人在铁索上滑溜通过的桥梁。藤桥、竹索桥是主要以藤、竹编制的藤索、竹索固定在河两岸而构成的桥梁。级面桥多为高于地面的拱桥,为了方便行人,桥面修有多级台阶。亭桥是在桥面上修造亭式建筑物,供行人休息或游客观光的桥梁。时令桥是枯水季节架设,洪水季节拆除的简易桥梁,也用人行桥符号表示,并注明通行月份。当桥梁拆除后有人渡,而且人渡时间比架桥时间长,则不表示为桥,而表示为人渡。

在河渠和道路密集的地区,人行小桥较多,如全部表示影响图面清晰时,可以选取有方位意义或结构较好的小桥表示,舍去可徒涉河渠上结构简单的小桥,但当河渠不能徒涉时,不论桥梁结构是否简单,均应表示。

d.涵洞。涵洞按结构分为箱涵(盖板涵)、拱涵和圆涵。在地形图上,它们都用涵洞符号表示,描绘时应注意,涵洞符号为两个"人"字分别相交于道路符号的两边,而不应绘成交叉。

乡村路和小路上的涵洞一般不表示;公路、铁路上既无方位作用又没河、渠,或路从洞下通过的涵洞也可以不表示,但当洞下有河渠或道路通过时应准确表示。

e.渡口、徒涉场和跳墩。渡口是用船或筏将人、畜、车辆和物资运送过水域的场所。渡口分为车渡和人渡两种。车渡是指渡船能运载汽车或列车渡过水域的场所;人渡是指不能运载重汽车的渡口。车渡和人渡表示的符号相同,但前者需要加注"车渡"和渡船最大载重吨数;而后者仅注记"人渡"两字。

徒涉场是人、畜、车辆涉水过河的场所。在地形图上,当徒涉场位于单线表示的河渠上时,道路符号压盖河渠符号绘出;当位于用双线表示的河流上时,则用渡口符号表示。

为反映徒涉场情况,凡水深在0.5 m以上,不论是用单线表示,还是用双线表示的河流,均以黑色加注徒涉场的河宽、水深及河底性质,而与河流的绿色注记相区别。徒涉场注记要准确,因为人、畜、车辆的徒涉能力与流速、水深及河底性质有关。

跳墩是在浅水河中供人跨跳过河的一列固定石墩或大石块,又称墩桥。石墩、石块由人工按能够跨越的距离整齐排列安置,高于常水位水面。非人工设置的跨步过河的石块不表示。

E.道路与其他地物关系的处理。

a.道路与独立地物。由于独立地物大多有方位意义,因此判绘时,当道路遇独立地物而不能分别表示时,一般是独立地物按其真实位置准确表示,道路符号断开,或部分断开表示。但铁路和公路旁的房屋可按相关位置移位表示,而不间断铁路和公路符号。

b.道路与水系。铁路、公路与河渠平行,不能同时准确绘出各自符号时,在不使水系与地貌关系发生重大矛盾的情况下,一般以铁路、公路为主,按真实位置表示,河渠移位表示。但是,当简易公路、乡村路和小路的表示与河渠的表示发生矛盾时,以河渠为主,道路移位表示。

当铁路和公路在堤上通过时,以铁路、公路为主,堤以路堤符号表示;当铁路和公路在堤脚通过时,堤移位表示。当简易公路、乡村路和小路在堤上或堤脚通过时,则用省略道路符号或道路符号移位表示。当道路断续与堤岸相接时,其与堤岸重合路段可省略道路符号;非重合路段,则必须绘出,不能省略道路符号,以保证道路有明确走向。

c.道路与地貌。道路与地貌符号发生矛盾时,以表示道路为主,即准确表示道路,地貌符号移位表示或舍去不表示。例如,道路与用双线表示的冲沟重合时,道路按真实位置描绘,冲沟可适当放宽以陡崖符号表示;道路与单线表示的冲沟重合时,道路按真实位置描绘,若单线冲沟明显,则放大为双线表示,否则舍去不绘。

乡村路、小路通过陡崖,如果陡崖不高,道路符号可用直接压盖陡崖符号表示;如果道路从陡崖的断开处通过时,则陡崖符号应断开。

描绘山区小路,一般应在立体观察下进行,注意道路与山形的关系,合理地表示道路通过山谷和鞍部的情况,防止小路"飞越山涧",使道路架空移位。

5)管线、垣栅和境界的调绘

管线的调绘包括管道、电力线和通信线的调绘。

①管道

管道主要用于输送水、石油、天然气和煤气等液态及气态物质,有重要的经济意义和军事价值。管道有的露在地面,有的埋在地下,还有的架空跨越河渠。

地面上有方位作用的管道一般均应表示,地下管道一般不表示。管道架空跨越河流、道路、冲沟等,符号不中断,压盖这些地物绘出。若从这些地物下面通过,则管道符号绘至这些地物符号两侧断开。当输水管道与水渠相互接替时,各自按相应符号表示。比较短的管道可以不表示。长的管道还应注记其运输物质的性质。

管道的调绘应注意以下两点:

a.管道的转折点应准确判出,架空的和地表的管道以实线表示,地下管道以虚线表示,图上长度不足 1 cm 的不表示,居民地内的管道不表示。管道应加注输送物名称。

b.管道通过河流、冲沟、土堤及架空通过双线路时,管道符号均不中断。

②电力线和通信线的调绘

电力线的调绘应注意以下问题:

a.要准确判读出转折点,以确定其位置,以相应符号表示。对具有方位意义的杆架一定要判好刺准。电力线、通信线遇居民地应中断。

b.电力线与通信线共杆,电力线与通信线平行,电力线与电力线平行,图上间距在 2 mm 以内时,则只择其高一级按真实位置绘一条,到转折分岔处再分别表示。电力线、通信线平行公路、铁路,且距路中心距离在 5 mm 以内时不必绘出,到转折分岔处再分别表示。

c.电力线要以"kV"为单位注记电压高低。

d.接边准确。判绘高压线,一般只判读出拐折点,而连以直线。由于投影误差的影响,在丘陵地和山地,两拐折点的连线并不一定通过直线上的所有电线杆、塔,也就是说,实地在一直线上的电线杆、塔,由于所处高程不同,在像片上的影像不一定在一条直线上,因此,在判绘面积的边缘处不管有无拐折点,均应在判绘工作边内、外各刺出一个电线杆、塔的位置,若线路上相邻两个拐折点在相邻两张判绘像片上都能刺出时,则在两张像片上全部绘出,以便于邻片接边和避免内业造成人为转折。

e.高压线与其他地物的关系。高压线通过独立地物和居民地上空时,高压线符号断开,与独立地物符号空 0.2 mm,与街区边缘不空。高压线通过其他大面积地物(植被、水域)和线状地物(道路、河渠、管道、垣栅)均不断开,压盖绘出。

有线通信线由通信线杆和导线(架空明线、电缆)组成。它是利用电信号在导线上传输传送声音、文字、数据和图像,以达到有线通信的目的。

有线通信线在地形图上用通信线符号表示。表示的方法与电力线基本相同。但是,有线通信线只在地物稀少地区才表示,一般地区不表示。在地形图上表示的有线通信线中途与地下通信电缆相接时,地下电缆不表示,只在交接处绘一弧线,以示意转为地下。

③垣栅的调绘

垣泛指墙,这里主要是指园场周围的障壁。栅即栅栏。垣栅是各种障壁与栅栏的合称。在地形图上表示的垣栅主要有长城、城墙、土围、垒石围、围墙、铁丝网、篱笆及其他栅栏等。

长城用砖石城墙符号表示,并注记名称和比高。损坏的部分用相应符号表示。长城上的城门、城楼、古关塞等用相应符号表示,并注意符号的方向及符号间的配合表示。

城墙是旧时在都邑四周用作防御的墙垣。因此,凡是能依比例尺表示其长度的城墙均应表示。城墙的建筑材料有砖石和土质两种。砖石城墙用砖石城墙符号表示,并注记比高;土质城墙用围墙符号表示。

围墙、栅栏与双线表示的道路重合时,可断开道路的一条边线来表示;紧靠单线表示的道路又绘不下两个符号时,可将道路略移位,离垣栅0.2 m绘出。

④境界的调绘

境界又称边界或疆界。在地形图上表示的有:与邻国的境界(国界);国内行政区管辖的界线(国内境界)。

判绘国界是关系到国家主权和国际关系的重大问题,必须认真对待。通常根据国家正式签订的边界条约或边界议定书及附图,并会同边防人员实地踏勘,按图式和规范的要求精确绘出。

地形图上表示的国内境界有:省、自治区、直辖市界;自治州、盟、省辖市界;县、自治县、旗界;特种地区界等。

判绘国内境界虽然没有国界那样严格,但仍有很强的政治意义和行政管理意义。如果判绘有错,会给用图者造成错觉和引起行政管理上的麻烦,甚至引起不必要的纠纷。因此,也要认真对待,并应注意以下几点。

a.应以国务院最新公布的行政区划为准,参考旧地形图、行政区划图和询问当地政府机关、群众确定境界线。

b.国内境界上的界碑、界桩或其他界标,要用相应符号准确绘出。当境界通过山顶、山脊时,要立体描绘。

c.走向明确的境界一般应准确绘出。当境界与较大的用双线表示的河流重合时。境界符号在主航道位置或河流中心线位置上间断地给出,并清楚地表示岛屿、沙洲的隶属关系。当境界与其他线状地物重合时,可沿该地物符号的两侧每隔3~5 cm交错绘出3~4节符号,但转折、交接点、判绘工作边和图廓线处必须绘出符号,以反映真实走向和便于接边;当境界不与线状地物重合时,符号应不间断地绘出。

d.无明显界线的境界,可根据当地政府和群众所指的走向,依地形特征线(山脊、山谷、干河床、道路、河流)绘出,但必须正确表示居民地的隶属关系,并不得将明显属于一个行政区管辖的一片果园、一个湖泊分割开。

e.飞地界线以相应行政区划境界符号绘出。所谓飞地是指属于某一行政区管辖,但不与本区毗连的土地。图上面积小于 $10~cm^2$,其内不能注记出行政区划名称的飞地可不单独表示。

f.在调绘像片的边缘、图廓线外的境界线两侧,应注出所属市、县、旗的名称。当两级以上行政区划境界重合时,只绘出高一级境界符号,但在判绘像片上应同时注出两级名称。

(6)水系、地貌、土质和植被的调绘

水系在地理学中也称"河系",是流域内各种水体构成脉络相通系统的总称。测绘部门所指的水系实际上是指在地图上表示的海洋、江河、湖泊、水库、池塘、水渠、井、泉、沼泽和盐田等各种自然和人工形成的水体的总称。

水系对于农田灌溉、水力资源利用、航运和矿产开发均有重要意义。

水系判绘的内容很多,主要是指河流、湖泊、水渠的位置、形状、大小和分布;河流的宽底、深度、流向、流速和河底性质;水库的容量和拦水坝的性质;海岸线和潮浸地带的性质;井、泉、沼泽和盐田;水上运输设施等。

①河流、湖泊、水库

a.常年有水的河、湖和池塘。

• 河流分级表示。一般来说,河流的长和宽能反映其经济价值和对军事行动影响的程度,因此,正确确定和准确表示岸线是判绘河流的基本要求。由于测图比例尺的限制,因此地形图上不可能依比例尺表示所有的河流宽度,必须根据实际宽度进行分级,分别用依比例尺双线或用由细渐变为粗的单实线符号表示。

河流分级的原则是:凡在图上宽度等于或大于 0.4 mm 的河流,依比例用双线符号表示;在图上宽度小于 0.4 mm 的河流,用 0.1~0.4 mm 的渐变单实线符号表示。河流在不依比例尺地形图上的划分标准见表 8.2。

表 8.2　河流的分级标准

图上宽度	比例尺		
	1:25 000	1:50 000	1:100 000
	实地宽度		
0.1~0.4 mm	<10 m	<20 m	<40 m
双线	≥10 m	≥20 m	≥40 m

同一条河流根据实际情况可以用单实线和双线符号交替表示。一般情况下是上游宽度小,下游宽度大,而且是逐渐变化的。

• 河流注记。仅表示了河流的岸线并不能完全反映河流的性质和特点,还必须沿流向按一定间隔注记河宽、水深、河底性质、流速和流向。这些注记数据一般通过实地量测取得,或参考水文资料注记。必须注意的是,判绘像片上单双线符号变换处的注记数字与河流分级符号际宽度应协调一致。有的河流水深大于 3 m,深度测量不方便,又没有可靠资料利用,只可注记河宽,不注记水深。

流速大于 0.3 m/s 时,对徒涉有影响。因此,凡流速大于 0.3 m/s 的河流都要注记。流有固定流向的水渠也要表示流向。

河流的宽和深应注记在量测标志位置附近。在双线河符号内能清晰注出时,就注在河内,否则与单线河符号一样,绘注在河流符号的一侧。

● 湖泊、池塘。湖泊和池塘以常水位岸线表示其范围,一般不表示高水位岸线,但对于水位随季节变化很大的湖泊,如白洋淀、文安洼等,高水位岸线明显时,应表示。非淡水湖泊还要加注水质,如"咸""苦"等。例如青藏高原上的100多个大盐湖,含有40多种盐类矿物,最高矿化度达526 g/L,均为非淡水湖泊。

池塘大多有挡水堤坝。这些堤坝一般不表示,只有当坝长大于图上5 mm和坝高大于2 m时,才按实地情况用堤岸或堤的符号表示,并量注比高。有的地区池塘很多,可以进行适当取舍。

b.时令河、湖。时令河、湖除用时令水位岸线符号表示其范围外,还应注记有水月份。时令河的分级标准与常年有水河相同。

判绘时除了要注意摄影的季节,还应与常年有水河、干河床区分。值得注意的是,有的河床上游修建了大型水库,人工控制水流,水库放水时,河床有水;不放水时,为干河床。这种河流可按时令河表示,但不注记流水月份。

c.消失河段、地下河段。消失河段是河流流经沼泽、砂砾地、沙地时,河床不明显或表面水流消失的地段。消失河段用点线符号表示。点的大小与岸线符号和单线河符号线画一致,颜色一致。

地下河流是河流流经地下或穿过山洞的地段,也称"暗河"或"伏流"。地下河是在进水口和出水口位置用圆弧线符号表示,并在进口处绘一水流方向符号。地下水渠的表示与地下河段相同。以U形断面通过道路、河流、谷地、居民地的地下渠道称为倒虹吸管,也以地下河段符号表示,但不绘流水方向符号。水渠以地上管道通过谷底,当管道较短,不能用管道符号表示时,应用地下河段符号表示。

d.水库。凡能拦蓄一定水量,起径流调节作用的蓄水区域,统称为水库。一般针对在河流上用人工建筑拦河坝(闸)后形成的水库而言。水库主要由库区、拦水坝、闸和溢洪道等组成。

● 水库岸线与库容量。

水库岸线。水库的水位除受降水影响外,还受人工控制,在地形图上只表示常水位岸线,不表示高水界。一般根据摄影时的水涯线影像描绘。当摄影时水涯线比常水位线低很多时,通常是在水涯线附近刺出一些常水位通过的明显地物点,并量取至水涯线的比高,作为内业立体测绘常水位岸线的依据。因为大型水库的上游水位与拦水坝附近水位并不一定等高,有的相差几米,所以在立体镜下根据明显地物点描绘大型、巨型水库岸线时,必须注意水库水位并不是一水平面,而是上游高、下游低的倾斜面。摄影后蓄水的水库,像片上没有水库岸线影像,可在水库周围精确刺出3个以上常水位点,在立体镜下根据这些点的高度描绘常水位岸线。

库容量。水库的大小一般是根据蓄水容量分级。1×10^3万 m^3以下的为小型水库,1×10^3万~1×10^4万 m^3的为中型水库,1×10^4万~1×10^5万 m^3的为大型水库,1×10^5万 m^3以上的为巨型水库。重要的小型水库和中型水库都要注记常年容量和水库名称。

● 拦水坝与滚水坝。

拦水坝。拦水坝是横断江河和山谷的建筑物。按照建筑材料区分为水泥混凝土坝、石坝、橡胶坝和土坝。拦水坝不论建筑材料和建筑形式均用拦水坝符号表示,并区分坝顶能够通行载重汽车。比较大的坝,当坝长100 m以上或高30 m以上时,要加注坝长、坝高。如建筑材料为水泥混凝土、石块和橡胶时,还应加注"水泥""石"或"橡胶"。简易修筑的挡水坝,一般不用拦水坝符号表示,根据坝体至水涯线的距离大小用堤或堤岸符号表示。简易修筑的挡水坝与拦水坝在性质上没有什么差异,主要是建筑规模、建筑材料、溢洪和护坡工程等条件不同。前者所形成水库蓄水量在 $1×10^3$ 万 m^3 以下,建筑材料一般为土质、溢洪道、水渠、闸门等配套设施不完全,没有很好的护坡设施。

滚水坝。滚水坝也称溢流坝,是坝顶允许过水的坝。提高的水位通过渠道供灌溉、水磨、水车使用。滚水坝的建筑规模一般比拦水坝小,上游水面比下游宽,没有形成明显的库区。当水流从坝面溢过在下游激起浪花,旱季坝顶露出水面,影像明显,易于判读。

水闸。水闸是设在河流、渠道中用闸门启闭调节水位、控制流量以及分配用水的人工建筑。各种水闸根据其能够通行载重汽车用相应符号表示,符号的尖端朝向上游描绘。拦水坝和滚水坝上有水闸时,一般只表示坝不表示闸,只有当依比例尺表示坝后同时也能绘出水闸符号时,才分别表示。

②运河、沟渠

a.运河、沟渠的分级和分类

运河与沟渠都是人工开挖的水道,对于运输、灌溉、排涝、泄洪、发电等方面有重要意义。运河与沟渠在性质上没有不同,只是在规模大小上有差别。另外,运河的主要作用是沟通不同河流、水系和海洋,连接重要城镇和工矿区,发展水上运输。沟渠规模较小,主要用于灌溉和排涝。

运河、沟渠用相同的符号表示。凡宽度大于图上 0.4 mm 的以双线符号表示;小于 0.4 mm 的以 0.1 mm 或 0.3 mm 单线符号表示,具体分级标准见表 8.3。

表 8.3 沟渠的分级标准

图上宽度	比例尺		
	1：25 000	1：50 000	1：100 000
	实地宽度		
0.1 mm 单线	<5 m	<20 m	<40 m
0.3 mm 单线	5~10 m	10~20 m	20~40 m
0.4 mm 双线	≥10 m	≥20 m	≥40 m

沟渠根据其底部平面与地表面的高度关系分为一般沟渠和高于地面的水渠两种。一般沟渠是指沟底低于地面,或与地表在同一高度的水渠。高于地面的水渠是指沟底高于地面的水渠,两种水渠各自用不同的符号表示。

b.水渠注记

运河、水渠与河流一样,除用符号表示岸线外,还应测注宽和深。水渠的大小不同,障碍作用不同,对注记要求也不一样。用双线和用 0.3 mm 单线表示的沟渠都应注沟宽、沟深。用 0.1 mm单线表示的沟渠只在沟渠稀少地区才注记。常年流水、水深在 1 m 以上的运河、沟渠应测注沟宽、水深。当沟渠有堤,堤脚与沟沿间无台阶或台阶极小时,沟宽、沟深以堤面为准;如堤脚与沟沿间一侧或两侧有较宽台阶时,则沟宽、沟深以沟渠上沿为准,而不以堤面为准量注,以正确反映其障碍作用。

③地貌和土质

地貌是地表自然起伏形态的总称,凡能用等高线表示的地貌由航测内业测绘,有些地貌陡、窄、隐蔽不能用等高线表示,需调绘时,以专用符号表示。需调绘表示的地貌有冲沟、陡岸、滑坡、陡石山、山洞、溶洞、石灰岩溶斗、干河、干湖、梯田、独立石、土堆、坑穴等。土质是指覆盖在地壳表层的土壤性质,地形图对未被植被覆盖的土质用专门符号表示,其中有沙地、砂砾地、戈壁滩、盐碱地、石块地、露岩地等。对地貌和土质调绘的基本要求如下:

a.对能依比例尺表示的地貌土质,要准确显示其性质和形态范围;对不依比例尺表示的地貌土质,要准确显示其性质和位置。

b.对具有方位意义的地貌,如岩峰、山隘、独立石、土堆等,位置要准确表示。对主要交通线两侧和地物稀少地区的地貌要详细表示。对有阴影的地貌调绘,应进行立体观察。

c.当地貌元素密集时,允许取舍,但不得综合。山洞、溶洞应按真方位表示,且以洞口为符号位置。冲沟、陡岸、梯田、土堆、坑穴应量注比高。

d.冲沟、干河床,图上宽 0.5 mm 以下绘单线,0.5 mm 以上绘双线。冲沟图上宽 1.5 mm 以上,且坡度在 70° 以上,以陡崖表示。

e.山洞、溶洞、独立石等地貌有专名时应加注名称。

f.砂砾地、戈壁滩、盐碱地、龟裂地以相应符号表示,当面积大于图上 4 cm^2 时,应加注"砂砾地""戈壁滩"等注记。

④植被

植被是覆盖在地面上天然生长的和人工栽培的各种植物的总称,它具有绿化环境、保持水土、防风固沙、调节气候、军事隐蔽等作用。不同比例尺的地形图,对植被表示的详细程度不同。在实测中小比例尺地形图上表示的植被类型有乔木林、竹林、灌木林、经济林、经济作物地、草地和稻田,以及有方位作用的旱地。其中除草地、稻田只在分布范围内均匀配置相应符号表示外,其他植被均应根据分布的疏密情况用不同的符号表示;根据面积的大小分别用依比例尺、半依比例尺和不依比例尺符号表示。

A.树林

树林因其密度、高度、粗度和分砟特点的不同,图式规定,在地形图上分别用依比例尺的森林、疏林、矮林(幼林、苗圃)符号,半依比例尺的狭长林带符号,不依比例尺的小面积树林、独立树丛、突出树和零星树符号表示。

a.森林与疏林

森林与疏林都为乔木林,只是分布的疏密程度不同。

广义森林是集生的乔木与其共同作用的植物、动物、微生物和土壤、气候等的总称。在此仅指集生的成片乔木林地。森林对国民经济有重要意义,它不仅提供木材和其他林产品,还具有保持水土、调节气候、保护农田、卫生保健等作用。地形图图式从密度、高度、胸径 3 个方面定义森林,即树木生长密集,树冠边缘之间的平均距离小于树冠的平均直径,平均树高 4 m 以上,齐胸处平均树粗(胸径)0.08 m 以上的乔木林地,称为森林。森林在地形图上为套色植被,以绿色显示其范围,不绘地类界符号。测绘时在像片上用简化的地类界符号表示轮廓范围。当森林面积在图上大于 4 cm^2 时,要注出林种名称、平均树高和胸径,可不绘符号。若为混交林,而又无一优势树种占林木的 80% 以上时,则选择主要的两种树木,依其数量的多少按其上下或左右的次序注出。

疏林是树木生长稀疏,树冠之间的平均距离在树冠直径的 1~4 倍的乔木林地。疏林在地形图上不套色,也不绘地类界,不区分树木的种类、高矮,只在其相应范围内配置用疏林符号表示。

b.矮林、幼林和苗圃

矮林是外形矮小的树林,平均树高不足 4 m。一种为分布在高山顶天然长不高的林木;一种是在森林更新作业中由伐株萌芽形成的林木。

幼林为树粗小于 0.08 m 的幼龄林,多为人工播种或栽种。

苗圃为培育苗木的土地。

矮林、幼林、苗圃在地形图上用同一符号表示。尽管三者有相近之处,但在高矮、粗细方面还是存在差异,作用也不一样,为了便于区别,当图上面积大于 2 cm² 时,还应根据其性质,加注相应的"矮""幼""苗"和平均树高。

c.狭长林带和单行树

狭长林带是呈条状分布的乔木林地。当图上宽度小于 1.5 cm 时,以狭长林带符号表示。如果林带长大于 2 cm,也要加注平均树高。树木稀少的地方,对于长度大于图上 5 mm 的田间密集整齐排列的单行树,也要用狭长林带符号表示,但不注记平均树高,以此区分真正的狭长林带。

d.小面积数目和零星树

地面上有的树林面积很小,但较明显,当图上面积为 2~25 mm²,不能用森林或幼林符号表示时,则不论是森林、矮林或苗圃均用小面积树林符号表示。符号的大圆圈绘在树林影像的中心位置,小圆圈绘在方便处。

零星树是指零星分布的数目,或面积在图上小于 2 mm²,且方法意义不突出的树林。在地形图上只表示有依附地物的零星树。如沿道路、河渠、堤旁、坎边的零星树,除在林区外一般都表示。居民地内外的零星树和田野中的零星树一般不表示。但是,公园、疗养区和居民地内外的林荫地段要用零星树木符号表示。零星树木符号是示意性的,并不反映实地的数量和准确位置。

e.独立树丛和突出树

独立树丛是指具有明显方位意义的成丛树林。独立树丛与小面积树林的差异主要在于方位作用的大小。独立树丛的面积比小面积树林的小,但方位作用明显。

突出树是指具有良好方位作用的单株树。无明显方位意义的单株树为零星树。

B.竹林

竹林是竹子生长比较茂盛的林地。竹林的种类很多,有大径的毛竹、斑竹和小径的青皮竹、水竹等。在地形图上不区分胸径的大小与种类,均用竹林符号表示,并按面积的大小和分布区分为大面积竹林、小面积竹林和狭长竹林 3 种符号表示方法,区分标准与树林相同。对于天然长不高的成片丛生小竹,形如灌木,可用灌木符号表示。

C.灌木林

灌木林是指成片生长的无明显主干、枝权丛生的林地。地形图上按其密度、面积和分布特征区分为密灌木林、稀疏灌木林、小面积灌木林和狭长灌木林 4 种,分别用相应符号表示。它们在面积和宽度上的区分标准与树木相同,而密集灌木与稀疏灌木以平均间距大小区分。丛距小于 3 m 的为密集灌木,大于 3 m 的为稀疏灌木。

D.经济林

树林根据用途可分为用材林、防护林、薪炭林和经济林等。在地形图上,前三者不加以区分统一用树林符号表示,而经济林由于其具有的特殊经济意义和种植规律,故用专用的经济林符号以区别于其他林地表示。经济林是指主要为取其花、果、汁的林地,有木本粮油林、特种经济林和其他经济林类型等。

E.草地

地形图上根据草的高度分为高草地和草地两种类型符号。高草地是指草高在1 m以上的芦苇和其他高秆草本植物地。高草地不绘地类界,只在相应范围内配置高草地符号,面积较大时还要注记高草名称。草地是指高度低于1 m的生长茂密的草类地段,或者有放牧价值的草原。地形图上草地不绘地类界,只在其范围内配置相应符号。面积较小草地一般不表示。

F.稻田、旱地

农作物耕地可粗略地划分为稻田和旱地。稻田又分为常年积水和季节性积水两种。在地形图上不区分常年积水还是季节积水,均应用同一符号表示,不绘地类界,只在其相应范围内配置稻田符号。零星分布的稻田,若无方位意义时,可不表示。

旱地一般不表示,但在大片树林、草地或稻田范围内,且具有方位作用的小块旱地,则应绘出地类界,用有方位作用的旱地符号表示。

植被调绘应注意以下几个问题:

a.地类界的应用。地类界是表示植被轮廓的符号,作用是画出某种植被的分布范围。需绘地类界的植被有树林、竹林、灌木林、幼林、经济林、苗圃、经济作物地、稻田、草地、菜地等。不需绘地类界的植被有疏林、芦苇地、草地、半荒植被地、植物稀少地等。地类界应走向明确,轮廓要封闭,当地类界与地面上有实物的线状地物(如道路、水渠、垣栅等)重合时,地类界可不绘;当地类界与地面上无实物的线状地物(如通信线、电力线)重合时,地类界应略移位描绘。对小于图上1.5 mm的弯曲地类界,可综合取舍。

b.需绘地类界的植被,是用地类界内配置相应植被的符号表示的;不需绘地类界的植被符号,植被的调绘要正确反映植被的质量特征和类别特征,要掌握各种植被的区分标准,同一范围内混生多种植被时,最多选择主要表示的3种,对经济价值不大的或数量较少的植被可舍去,符号配置的疏密多少要注意反映实地各种植被间数量上的基本比例。

c.对具有方位作用的植被,如独立树、独立树丛、独立竹林、独立灌木丛等,要注意突出准确表示。

d.植被符号不得压盖、截断和接触地类界或其他地物符号。

e.要按图式要求做好文字及数字注记,如树林应注树名、平均树高、平均树粗;如苗圃、幼林除符号照绘外,还应加"苗""幼"文字注记;如经济树林需加注树种名称等。

(7)地理名称的调查和注记

地理名称简称地名。它是人们赋予某一地理实体的语言文字代码,或者说是区别不同地理实体所代表的特定方位、范围的一种语言文字标志。在地形图上它是一项重要元素,对用图关系极大。

a.地理名称的分类

• 居民地名称:包括城市、集镇、街道、村庄、农场、林场、茶场、牧场、工厂、矿区、企事业单位、车站、码头等。

● 山地名称:主要包括山脉、山峰、山隘、山口、山谷、山洞、山坡、台地、高地等名称。

● 水系名称:主要包括海洋、湖泊、江河、运河、渠道、渡槽、水库、河口、海湾、海峡、港湾、沙洲、岸滩、井、泉、冰川等名称。

● 其他地理名称:主要包括独立地物、工程设施、交通线路、名胜古迹、行政区划、土壤植被、数字代号等名称。

b.地理名称调查的一般方法

在进行判读之前,首先要进行地名资料的搜集工作。搜集的内容包括各种比例尺的地形图、行政区划图、规划图、水系图、交通图、旅游图以及行政区划等有关资料。上代地形图和地名普查资料及各省出版的行政区划简册是像片判绘取得地名的基本资料。

根据所搜集的资料进行综合分析,对注记清楚、位置准确无异议的地名可先确定下来。对有疑问的可到实地调查确定。

地理名称的调查到实地进行,要多问,要向不同的对象问,要做到"音""文""字"三者统一,防止音同字异及错字现象。对调查的资料要注意与省、市、县行政区划图相核对,核查经分析调查的名称是自然名还是行政名,是总名还是分名;要首先选取国务院公布的正式名称,以及取重要的,舍一般的,取较大的,舍较小的,取较固定的,舍易改变的;不得选用群众按照相关位置称呼的前街、后街、南山、北山、东头、西头为地理名称,也不得选用带有侮辱性的地理名称。记录用字要以国务院颁布的简化字为准,不得自造字。

c.地理名称的注记

地理名称的注记,要做到字迹工整,疏密得当,主次分明,位置合适,指向明确。

地理名称注记,不得压盖重要地物,在不压盖重要地物和图面清晰的前提下,应尽量注记详细些。当地理名称过密时,可按取总名舍分名,取著名,舍一般,取大的,舍小的原则进行取舍。注记字体的排列如图 8.13 所示,常见的有以下 4 种:

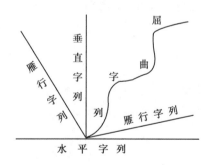

图 8.13 注记字体的排列

● 水平字列,又称"横字列",注记文字的中心连线与上下图廓线平行,在小比例尺图上与纬线平行,排列方向是从左至右,如居民点注记。

● 垂直字列,又称"竖字列",注记文字的中心连线与上下图廓相垂直,文字从上到下排列。

● 雁行字列,又称"斜字列",注记文字中心连线为直线并与上下图廓斜交,当交角小于 45°时,文字由左向右排列,大于 45°时,从上到下排列。

● 屈曲字列,又称"曲线字列"。注记文字中心连线呈曲线或折线,文字排列随所注地物而定,如河流注记等。按照地物自然延伸的方向灵活运用。居民地一般采用水平字列,水系采用雁行字列或屈曲字列。

地理名称注记的位置,应指向明确,注意反映地物的分布特点,以便于阅读。如图8.14所示,居民地名称注记的位置有5个可供依次选取,当前一位置注记压盖其他地物时,可选用下一位置进行注记。

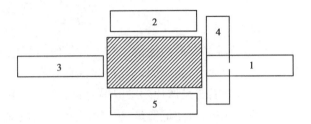

图8.14 地理名称注记位置

d.注记资料的量测和注记

● 注记资料的分类

文字注记:用以说明性质和功能,例如树林品种、路面材料、水坝性质、特殊建筑用途以及沼泽地通行情况等。

数字注记:用以说明某些地形元素的高低、宽深、大小、月份等。例如,冲沟、陡岸、田坎、路堤、路堑、城墙、土堆、坑穴等需量注比高;河流、沟渠、桥梁、路面等需量注宽度;水井、徒涉场、河流等需量注深度;桥梁需注记载重量;电力线需注记电压;山隘、时令路需注记通行月份。

● 注记资料的量测

注记资料要到实地进行调查和量测,不得凭印象估计。量测位置要选取在具有代表性和明显特征的地方,例如河宽、水深的量测,要选在便于车马行人通过的河段上及桥梁、渡口附近;路堤、路堑的比高要选在最高处;陡岸的比高要选在转弯处;冲沟的比高要选在汇合处。各种数字注记的量测精度,成图比例尺不同,要求也不同。量测精度要与成图比例尺的要求相一致。

● 注记资料的标注

文字注记用字要统一,一般按图式执行,例如打谷场标注"谷"字,抽水机房标注"抽"字等。数字注记,调绘片上标注的测定点要与实地量测位置一致,不得移位,数字写在测定点的近旁。

8.3.5 新增地物的补测

在摄影时间距调绘时间较长地区的调绘中常常会出现许多新增地物,对于这些新增的地物必须在调绘时加以补测。此外,对被云影、阴影所遮盖的地物,也必须在调绘时加以补测。新增地物补测是像片调绘中常常遇到的问题。

在条件允许的地方,可采用各种交会法定位,外业作业人员按照大补小、主补次、外补内的原则准确量距交会定位,具体方法有距离交会法、截距法、直角关系法、似直角关系法、平行线法、方向交会法等。参照物必须准确无误。以房角为参照物时,尽量使用无檐房角,困难时使用有檐的房角时,只能使用墙体实部拐角,不能使用房檐虚拐角。内业编辑时必须在改檐后才能交会定位所补地物。

（1）新增地物补测的一般方法

1）距离交会法

先在实地对照像片找出两个明显的地物点，量取这两个明显地物点到新增地物的距离，而后依比例尺换算出像片上的相应长度，分别用圆规截取两段长度画弧，相交点即为新增地物的位置，如图8.15所示。

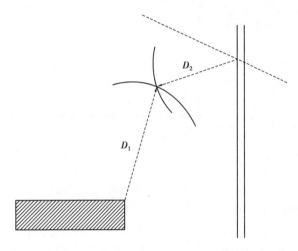

图8.15　交会法

2）截距法

当新增地物在线状地物旁边时，可以自线状地物上一明显地物点量至新增地物间的距离，然后依摄影比例尺换算出像片上的长度截取定位，如图8.16（a）所示。又如补测通信线转角杆位置 P，从明显地物点道路交叉处沿路取 A 点，使 A,P,B（独立房角）3 点在同一直线，在实地量 D_1，在像片上定出 A 点，在实地量 D_2，在像片上从 A 点起沿 AB 的连线定出 P 点；在实地量 D_3，检查像片上 P 点的正确性，于是通信线转角杆就可以补测出来了，如图8.16（b）所示。

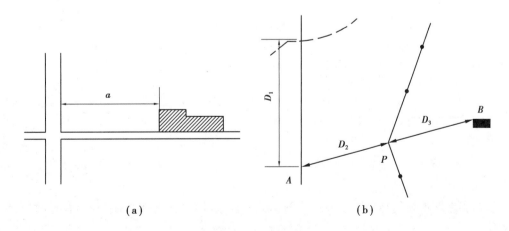

（a）　　　　　　　　　　　　　　（b）

图8.16　截距法

3)坐标法

如图 8.17 所示,当新增地物距线状地物有一段距离时,可从新增地物作线状地物的垂线,其垂足即为辅助点;量垂线长 D_1,量线状地物上一明显点到辅助点的距离 D_2,而后在像片上由明显点求出辅助点,再由辅助点沿垂线求出新增地物的点位。

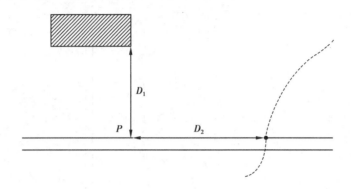

图 8.17　坐标法

4)平行线(垂距)交会法

如图 8.18 所示,已知一个房屋的 4 个角 A,B,C,D,求取天井的位置。其方法为:分别量取待定点 P_1 到 AB 和 BC 的垂直距离 O_1P_1 和 O_2P_1,这样即可利用 AB 和 BC 的平行线相交求出 P_1 点。同样方法或采用其他方法如量取 $P_1P_2,P_1P_4,P_2P_3,P_3P_4$,再分别作各边的平行线,相交即可求出 P_2,P_3,P_4 点,类似情况均可使用此法。

5)延长线交会法

如图 8.19 所示,已知 A,B 两点,待求点 P 落在水域中,人难以到位,此时即可利用此法求出 P 点。先在 AP 和 BP 的连接线上确定两个点 D 和 C,再量取 AC,AD,BC,BD,利用距离交会法求出 C,D 两点,这样就可以利用延长线交会求出 P 点。需要注意的是,不能用短边来定长边,因此 AD 和 BC 两边不能太短。

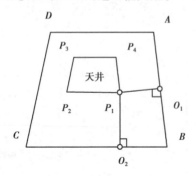

图 8.18　平行线(垂距)交会法

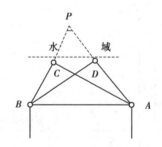

图 8.19　延长线交会法

6)比较法

根据实地新增地物与周围明显地物的相关位置,采用目视内插直接判定新增地物在像片上的位置。

(2)补测中应注意的问题

由于补测的地物在像片上没有影像,补测时稍不注意便会产生较大的位移、变形或失真,直接影响成图精度,所以在补测时除选用较正确的补测方法外,还应注意以下几个问题。

1)注意地物的中心位置

绘不依比例尺表示的地物都是以中心点为准,线状地物都是以中心线为准,所以在补测新增地物量距时必须要注意两侧到中心点或中心线的位置,因为地物的边缘到中心点或中心线有一段距离。如砖瓦窑,窑中心点到窑边缘是有一定距离的,量距离必须量到窑中心。如果把地物的边缘误认为中心点或中心线,补绘的地物就必然要移位,从而影响成图精度。

补绘的地物准确与否也与量测距离的准确性及换算到像片上的距离有直接关系。每一项工作都必须准确无误,才能测绘出高精度的图像。

2)注意地物的方向

除图式规定垂直于南图廓描绘的独立地物外,在补测其他地物时应特别注意地物的方向,补绘时方向容易绘错,而内业又难以发现和改正。因此,最好的操作方法是在描绘好后,再使用周围相关地物检查一下,看补测的地物是否与周围相关地物的方向一致。

3)注意地物的形状和大小

对于依比例尺或半依比例尺描绘的地物,补绘时应特别注意其形状大小,否则会失真变形。补绘时不能把长方形绘成正方形,宽的绘成窄的,短的绘成长的,使地物失真,从而影响地形图精度。因此,在补绘时,首先应准确判定或测定地物轮廓的转折点,然后判定或测定其他地物点。如补测一新增工厂,应先准确判定或测定工厂的轮廓,围墙、铁丝网或外围建筑物的转折点,以准确判定工厂的范围、内部厂房及其他建筑物,可根据它们之间的相互关系用前面讲到的几种补测方法来确定其位置,然后检查它们之间的位置关系是否正确,如有误差可平差一下再精确确定各地物点位置。

补测线状地物,应注意各转折点的位置准确。补测盘山渠道时首先补测渠道绕过山谷和山脊的准确位置,然后在立体模型下根据渠道走向进行描绘,如渠道位置判断不准,应概略绘出渠道位置,在渠道主要转弯点测注渠底高程,内业成图时精确绘出。新增水库水涯线的补绘,如位置不易判准,可测定水库常水位高程,由内业绘出,如是大型水库,可分别在上、中、下游同时测定常水位高程,由内业绘出。

4)注意表示补测地物的附属建筑物

在补测地物时,有些地物不但要精确补测出地物本身,而且要注意补测出附属建筑物和附属设施,如道路、水系,如只注意补测了道路、水系,而遗漏了附属建筑物及附属设施,不仅会造成漏绘,而且会造成地物之间的不协调或矛盾,如道路通过水系没有桥梁或涵洞,通过谷地没有路堤或桥涵,这些都会造成图面不合理,而内业又无法处理。因此,在补测地物时一定要注意同时补测附属建筑物及附属设施。

一般情况下可以采用上述方法补测地物,但如补测的地物周围像片上无明显地物影像,则根据周围明显地物补测地物已失去了依据;如需大面积补测地物,用上述补测方法已无法准确补绘,这时应按平板仪测图的方法进行补测。

8.3.6 调绘片的整饰

(1)整饰

调绘像片的着墨整饰称为清绘。

外业调绘的地物、地貌、名称注记和数字注记,要在像片上着墨清绘,这一工序的好坏,将直接影响成图质量。如果以上各个工序成果质量很好,但在清绘时绘错了位置,漏绘了符号,各地物符号之间的相互关系处理不当,数字注记有错,与实地外业测错、算错后果是一样的,它将直接影响成图质量,一笔之差就会造成质量不符合要求。因此,对清绘工作必须认真对待,做到认真、细致、准确,确保各地物符号正确无误、符号标准、不遗漏、清晰易读、整洁美观。

1)像片清绘的一般要求

①调绘的内容及时清绘。当天调绘的内容最好是当天清绘,在地物比较多而且复杂的情况下,最好是上午调绘,下午清绘。如夏季作业天气炎热,下午不易清绘时也可采用下午调绘,第二天上午清绘。如调绘的地点与驻地距离较远且地物不太复杂时,亦可采用头一天调绘第二天清绘的方法。及时清绘可以避免因对某些地物记忆不清而造成的漏绘、错绘,即便在地物稀少的情况下,遇有特殊困难,调绘时间距清绘时间最多也不得超过3天。

②清绘时各种地物的中心位置要准确,中心点、中心线应按图式规定绘出。

③正确运用图式符号。描绘时应按图式规定的符号绘出,对于某些地物符号,清绘时可以比图式规定略稀一些,如植被符号、电力线、通信线符号可以比图式稀一些;陡岸的短线符号间隔可以放大一些,但一幅图应保持一致,不能一部分密,一部分稀而造成图面杂乱无章,使内业难以辨认或产生误解。各种地物符号应按图式正规绘出,不能将符号绘成"四不像";如土堆绘得像水井、围墙绘得像梯田坎,独立房屋绘成方形、圆形,半依比例尺的房屋绘得过大、过长等,线状地物符号,线画粗细、长短应严格区分,基本上按图式规定绘出。如清绘道路,线画粗细、长短掌握不好,很容易造成一幅图道路等级不分,给内业带来困难。

④各地物符号之间的关系要交代清楚,合理反映地物之间的相互关系,地物符号之间应保持0.2 mm的间隔。各种地物符号并列平行不易绘出时,应严格遵照规范有关地物移位规定绘出,像片比例尺一般情况下都小于成图比例尺,如处理不当,清绘出来的地物符号会产生很大移位,给内业造成较大困难,这时最好将地物符号缩小绘出,使移位尽可能小些;各种说明注记必须清楚、明确;整个图面必须清晰易读。

⑤清绘中要做到不遗漏。尤其是被线状地物包围的地区,注意不要遗漏植被符号。如面积较小时至少也得绘一个符号,不移位、变形。山区、丘陵地清绘时应参照立体模型,不然易出现陡坎方向绘反、河沟爬坡等情况,严重影响成果质量。清绘要想做到不遗漏、不移位变形,就应做到随时检查,随时修正。

⑥调绘片上整饰地物时,对颜色的一般规定如下所述。

a.黑色:正规表示的各种地物,独立地物,房屋及其附属设施:轮廓线、结构、层数;大车路、乡村路、小路、桥梁、道路附属设施、内部道路、境界、人工地貌、植被符号、管线、直线上的电杆符号、地理名称等。

b.红色:所有修改地物的线条,补调地物的图形,各类植被符号,土质性质简注,各类性质说明注记,地类界,电线拐点及交叉点,变压器等符号,房体与附属设施的分隔线,廊宽尺寸,阳台宽尺寸,各种附属设施的简化定性符号(或字母),所有的打"×"[对已拆除或实地不存在的地物(地貌)逐个打"×"]符号,各种独立地物的定性符号,简单房屋斜线。

c.绿色:水涯线、沟渠及宽度注记、流向、水系名称注记、行树树圈、干沟、水井、泉、输水管、水准点及房檐注记等。

d.棕色:冲沟、陡崖等自然地貌和沙地、沙砾地、露岩地、石块地等土质符号及山脉注记等。

e.蓝色:调绘范围线、接边符号、围墙等。

2）清绘的方法

①清绘前的准备工作。

a.工具准备：没有良好的清绘工具是很难清绘出高质量成果的，常言说"磨刀不误砍柴工"，首先要修磨好各种粗细的笔尖、小圆规、曲线笔，如能自制一些地物符号更好；准备好各色颜料，清绘常用到的洗笔水、脱脂棉、立体镜等。

b.做好清绘前的思想准备：清绘前应首先回顾一下所调绘的内容，参照透明纸上的记录应全部清楚地记得调绘过的情况；然后再参照立体模型进行准确判定，如有些地物记不清楚、地物之间的关系记不准，最好是弄清楚后（也就是再去调绘）再清绘，或者是把这个地方先留下来等以后再统一出去补调，切不可采用自欺欺人的办法，这是测绘人员职业道德所不允许的。总之，清绘工作前应做到心中有数。具体清绘可根据各自作业习惯和地物的难易程度来确定清绘计划。

②清绘程序。清绘方法因各人的习惯不一样而各有差异，现介绍下述几种以供参考。

a.按调绘路线清绘：一边回忆一边参照透明纸记录的先后顺序着墨清绘。此种方法的优点是记忆清楚，不易遗漏地物，地物关系处理得当；但不足的是换笔频繁，系统性较差。具体清绘时还应按以下顺序进行：独立地物、居民地、道路、水系、管线、垣栅、地貌、地类界、各种注记、植被，最后普染水域。

b.按地物分类清绘：清绘时按各种地物一样一样地清，清绘完一种地物再清另一种地物。其具体清绘顺序与第一种方法介绍的一样。此种方法的优点是换笔次数少，可以提高工作效率，尤其是在地物稀少地区其优点更为突出。但最大的缺点是容易漏绘地物，尤其是地物较复杂的地区更容易漏绘。

c.前两种方法结合起来，具体做法是：独立地物、居民地、地貌、地类界、各种注记、植被、水域普染按第一种方法；一些通向很长又有一定系统性的地物，如道路、水系、管线、垣栅、境界按第二种方法清绘。此种方法具有以上两种方法的优点，克服了一些缺点，如第一种方法清绘道路、水系、管线不易进行，因为人们在调绘路线时不可能与这几种地物完全重合，而道路、水系、管线的系统性、完整性又很强，不易分段清绘，分类清绘是比较有利的。

③检查。清绘时绘图人员可根据地物复杂程度，选用自己习惯的清绘方法，但不论采用哪一种清绘方法，都应当做到一边清绘一边检查。清绘完一块后检查一下看是否有遗漏地物、移位现象；无误后再进行下一块图像的清绘，一片清绘完后统一检查一次，看清绘的是否符合要求。具体方法是：按调绘路线，回忆各种地物并结合透明纸上的记录对照检查，参照立体模型看各种地物绘得是否存在移位变形，如发现不妥之处应及时修正，如发现一些地方有疑问，记录下来，等一幅清绘完成后统一补调，同时把清绘好的成果再自我实地对照检查一次，以保证调绘质量。

（2）接边

接边即是图幅与图幅之间或调绘片与调绘片之间在拼接时各种地物要素应严密衔接，协调一致，并与实地情况吻合。

实际作业时由于作业方法不同、比例尺不同、作业时间不同、作业人员不同，往往会造成接边矛盾；就是同一作业人员调绘的成果中，幅与幅之间、片与片之间因为工作疏忽造成接不起边的现象也时有发生，接边问题外业不处理好，内业无法处理，此项工作必须引起各级检查人员及作业人员的高度重视。

接边按范围可分为图幅内部接边、幅与幅之间接边。

按作业时间可分为同期作业接边、不同期作业的接边（一般是与已成图之间的接边）。

1）同期作业片与片、幅与幅之间的接边

本幅内自己所调绘的各片，应自我检查以确保各调绘片之间无误。幅与幅之间，各自应调绘到所绘的图边调绘面积线（经过接边的调绘面积线）。约定好由一方带自己的调绘片到另一方去接边，发现问题，应立即到野外核实解决。

接边时应注意的问题如下所述。

①地物应严密相接，即地物位置按影像应严密相接，不能错开，形状与宽度应完全一致，不能出现一宽一窄，更不能出现你有我无，你是这种地物，我是那种地物。

②道路等级应一致，作业时由于作业人员理解的原因，等级差可允许差一级，但接边时应根据两边的实际情况统一起来，如一条道路在一幅图中较宽可按大车路表示，而在另一幅图中逐渐变窄达不到大车路等级。两幅图此时接边时，表示大车路的一幅图只能降级表示，改绘为乡村路；公路接边时路面铺设材料及宽度注记应一致。

③地理名称注记及数字注记应完全一致。如一个村庄两幅图上所注村庄名称应完全一致，不能出现音同字不同，或者名称不一致。数字注记应一致，同片树林不能一片注记平均树高为15 m，而另一片注记平均树高为5 m，这在实际上是不可能的。如遇此种情况，接边双方均应实地呈现，统一后再修改。

④地类界应严密相接，地界内植被符号应完全一致，这一点比较容易疏忽，接边时应引起注意。

⑤陡坎、冲沟、路堤等应完全相接，最好配合立体模型相接，注意所绘地物符号方向应一致，比高注记不应出现矛盾。

⑥管线、垣栅接边处应保持地物原来的直线性，不能在接边处出现人为的转折，故次接边处的管线应在调绘面积线外刺一个杆位以便于接边。在山区由于像片投影差的影响接边处是直线的地物可能变成曲线，此时不能强求两片接边处同时通过同一地物点，这时两边可以在接边处同刺一个杆位，各自连成直线，虽不严密相接，但经内业测图消除投影差后，就会相互衔接。

⑦河流、湖泊、水库、沟渠拼接应一致，水涯线描绘一般应一致，如遇不同期航摄资料，较大的湖泊、水库水涯线会相差很大，不易接边。此种情况，外业调绘时应调注常水位高程，内业测图时根据等高线来确定水涯线接边。

⑧图幅与图幅之间接边完成后应签注接边说明，如"已与××图接边"，同时签注接边者、检查者姓名以及接边时间。

2）已成图的接边

实际是利用已成图资料进行接边，接边方法与同期作业接边方法完全一致，接边时应注意以下问题：

①接边时如同名地物接边差在接边允许范围以内，只修改新作图幅，使之与已成图完全接边。

②接边时若同名地物接边误差超限或完全不相接，此时若是本幅图绘错或遗漏，本幅图应立即修改；若为已成图幅问题，可利用本幅图的调绘像片实地补测一部分，注明补测和改动情况并向已成图单位反映，让其组织人员修改。若系新增地物，以本幅为准，不再强接，但应在接

边栏内注明情况。

3）自由接边

①自由图边：就是本期作业的外围图边，而以前又没有同等比例尺已成图的图边。调绘自由图边，必须保证满幅且应调出（或测绘出）图边外8 mm，以保证下一期测图接边用。自由图边没有接边任务，但需进行抄边，并将抄边作为正式成果资料上交。

②抄边：就是用余片把图边附近（图边内1 cm，图边外4 mm）的调绘内容全部抄录下来。具体做法是，首先用红色准确地绘出图廓线，在图廓线内1 cm外4 mm绘出抄边范围，对照原调绘片将全部地物、地貌、注记等内容抄录下来，控制点也应抄边，即把图边控制点在抄边上转刺下来，正反面进行整饰，在像片背面抄录控制点的平面坐标及高程，以备邻幅下期作业时利用。抄边片应经严格检查无误后，抄边者、检查者签名并签注日期。

（3）调绘面积线外的整饰

整饰格式如图8.20所示。对格式做如下说明。

①图幅编号注于像片北部中央。

②图幅内航线号由北向南编号，像片号自西向东编号。

③调绘面积线本幅内用蓝色，图廓线和自由图边线用红色。

④调绘面积线当有投影差影响时，东南边绘直线，西北边绘曲线。

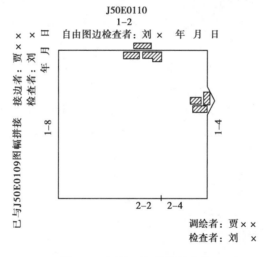

图8.20 调绘面积线外的整饰

本章小结

航空摄影测量外业工作主要包括两项内容，其一是选择一定数量的点作为像片控制点为解析空中三角测量和立体测图提供基础数据；其二是像片的判读和调绘。选择和测量像片控制点称为像片控制，像片控制点布设的方法分为全野外布点和非全野外布点，像片控制测量分为像片控制点的选刺、整饰及像片联测几个步骤。像片的解译是为了识别目标，并通过形状、大小、色调、阴影和相关位置等直接判读标志和间接判读标志进行航摄像片的目视解译。在对航摄像片解译的基础上，根据地形图的需要，对影像目标进行适当取舍，在调绘中应特别注意综合取舍。对于新增地物采用交会法、截距法和支距法。本章内容实践性较强,通过学习,应能够熟练进行像片控制点布设和像片的判读和调绘。

思考与习题

1.航测外业的两项工作是什么?

2.像片控制点有哪几种? 它们的表示方法如何?

3.像片控制点的布设分为哪两种方法? 各有什么优、缺点? 试述选择像片控制点位置要求。

4.在非全野外布点方案中像片控制点的布设方法有几种?

5.试说明像片控制点刺点的方法和要求。

6.简述航摄像片的判读特征。

7.调绘工作的主要内容是什么?

8.调绘中的补测方法有哪些?

9.以实习小组为单位,完成面积 0.5 km²(以 1∶500 航测地形图测绘为目的)全野外像片调绘。

9

遥感技术基础知识

9.1 遥感的基本概念

9.1.1 遥感的基本概念

遥感一词来自英语"Remote Sensing",即"遥远的感知"。广义理解,泛指一切无接触的远距离探测,包括对电磁场、力场、机械波(声波、地震波)等的探测。

现阶段,遥感技术是从人造卫星、飞机或其他飞行器上收集地物目标的电磁辐射信息,判认地球环境和资源的技术。它是 20 世纪 60 年代在航空摄影和判读的基础上随航天技术和电子计算机技术的发展而逐渐形成的综合性感测技术。

9.1.2 遥感技术与遥感技术系统

遥感技术就是根据电磁波辐射原理,通过安装在平台上的传感器来探测由对象辐射或(和)反射的电磁波信息,再经过对这些信息的分析与处理,从而对目标进行探测与识别获得对象信息的一种方法。

根据遥感的定义可知遥感系统包括:被测目标的信息特征、信息的获取、信息的传输与记录、信息的处型和信息的应用五大部分。

(1)目标物的电磁波特性

任何目标物都具有发射、反射和吸收电磁波的性质,这是遥感的信息源。目标物与电磁波的相互作用,构成了目标物的电磁波特性,它是遥感探测的依据。

(2)信息的获取

接收、记录目标物电磁波特征的仪器称为传感器或遥感器。如扫描仪、雷达、摄影机、摄像机、辐射计等。装载传感器的平台称为遥感平台,主要有地面平台(如遥感车、手提平台、地面观测台等)、空中平台(如飞机、气球、其他航空器等)、空间平台(如火箭、人造卫星、宇宙飞船、空间实验室、航天飞机等)。

（3）信息的接收

传感器接收到目标地物的电磁波信息,记录在数字磁介质或胶片上。胶片是由人或回收舱送至地面回收,而数字磁介质上记录的信息则可通过卫星上的微波天线传输给地面的卫星接收站。

（4）信息的处理

地面站接收到遥感卫星发送来的数字信息,记录在高密度的磁介质上(如高密度磁带或光盘等),并进行一系列的处理,如信息恢复、辐射校正、卫星姿态校正、投影变换等,再转换为用户可使用的通用数据格式,或转换成模拟信号(记录在胶片上),才能被用户使用。

地面站或用户还可根据需要进行精校正处理和专题信息处理、分类等。

（5）信息的应用

遥感获取信息的目的是应用。这项工作由各专业人员按不同的应用目的进行。在应用过程中,也需要大量的信息处理和分析,如不同遥感信息的融合及遥感与非遥感信息的复合等。

总之,遥感技术是一个综合性的系统,它涉及航空、航天、光电、物理、计算机加信息科学以及诸多的应用领域,其发展与这些学科紧密相关。

9.1.3　遥感的特性和分类

（1）遥感的特性

不同的遥感方法其特性也有所区别。综合而言,遥感具有下述三大特性。

1）探测范围大

航摄飞机高度可达 10 km;陆地卫星轨道高度可达 910 km。一张陆地卫星图像覆盖的地面范围可超过 3 万 km²,约相当于我国海南岛的面积。我国只要 600 余张陆地卫星图像就可以全部覆盖。

2）获取信息高效便捷

实地测绘地图,要几年、十几年甚至几十年才能重复一次;以陆地卫星(land-5)为例,每 16 天可以覆盖地球一次。同时,遥感技术获取信息受地面条件限制少,不受高山、冰川、沙漠和其他恶劣条件的影响。

3）获取手段丰富、信息量大

用不同的波段和不同的遥感仪器取得所需的信息;不仅能利用可见光波段探测物体,而且可以利用人眼看不见的紫外线、红外线和微波波段进行探测;不仅能探测地表的性质,而且可以探测到目标物的一定深度;微波波段还具有全天候工作的能力;遥感技术获取的信息量非常大,以四波段陆地卫星多光谱扫描图像为例,像元点的分辨率为 79 m×57 m,每一波段含有7 600 000个像元,一幅标准图像包括 4 个波段,共有 3 200 万个像元点。

（2）遥感的分类

遥感的分类主要有下述 3 种方式。

1）按遥感平台分类

①地面遥感:传感器设置在地面平台上,如车载、船载、固定或活动高架平台等。

②航空遥感:传感器设置于航空器上,主要是飞机、气球等。

③航天遥感:传感器设置于环地球的航天器上,如人造地球卫星、航天飞机、空间站、火箭等。

④航宇遥感:传感器设置于星际飞船上,主要用于对地月系统外的目标的探测。

2)按工作方式分类

①主动遥感和被动遥感:主动遥感是由探测器主动发射一定电磁波能量并接收目标的后向散射信号;被动遥感的传感器不向目标发射电磁波,仅被动接收目标物的自身发射的对自然辐射源的反射能量。

②成像遥感与非成像遥感:前者传感器接收的目标电磁辐射信号可转换成(数字或模拟)图像;后者传感器接收的目标电磁辐射信号不能形成图像。

3)按遥感的应用领域分类

①从大的研究领域分类可分为外层空间遥感、大气层遥感、陆地遥感、海洋遥感等。

②从具体应用领域分类可分为资源遥感、环境遥感、农业遥感、林业遥感、地质遥感、气象遥感、水文遥感、工程遥感及灾害遥感、军事遥感等,还可以划分为更细的研究对象进行各种专题应用。

9.2 遥感的基本原理

9.2.1 电磁波与电磁波谱

遥感信息的获取是通过收集、探测、记录地物的电磁波特征,即地物的发射辐射电磁波或反射辐射电磁波特征来完成的。因此,要熟悉遥感技术,首先需要了解一些电磁波与电磁波谱的必要知识。

(1)电磁波

振动的传播称为波。电磁振动传播的是电磁波。为直观起见,以最简单的机械波绳子抖动为例,在绳子的一端有一个上下振动的振源,振动沿绳向前传播。从整体看波峰和波谷不断向前运动,而绳子的质点只做上下运动并没有向前运动。波动是各质点在平衡位置振动而能量向前传播的现象。如果质点的振动方向与波的传播方向相同,称为纵波。如振动弹簧一端,使振动向弹簧另一端传播,若质点振动方向与波的传播方向垂直,称为横波,如上述绳子抖动产生的波。电磁波是典型的横波。在横波中,传播方向可以是垂直振动方向的任何方向,且振动方向一般会随时间变化而变化(图9.1)。如果振动方向不随时间变化,则称为线偏振的横波。电磁波具有偏振现象。

两列以上的波在同一空间传播时,空间质点的振动表现为各单列波质点振动的矢量合成,即波的叠加原理。

当电磁振荡进入空间,变化的磁场激发了涡旋电场,变化的电场又激发了涡旋磁场,使电磁振荡在空间传播,这就是电磁波。

电磁波具有4个要素,即频率(或波长)、传播方向、振幅及偏振面。振幅表示电场振动的强度,振幅的平方与电磁波具有的能量大小成正比。从目标物体中辐射的电磁波的能量称为辐射能,包含电场方向的平面称为偏振面,偏振面方向一定的情况称为直线偏振。

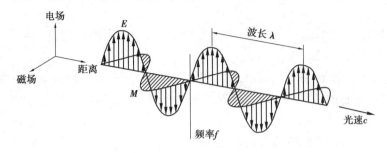

图 9.1　电磁波

这 4 个量与电磁波具有的信息相对应,可以表示为图 9.2 所示情形。频率(或波长)对应于可见光领域中目标的颜色,其包含了与目标体有关的丰富的信息。在各个波长中表示目标体辐射能量大小的曲线具有该物体固有的形状。在微波领域,根据目标和飞行平台的相对运动,利用频率上表现的多普勒效应可以得到地表物体的信息。物体的空间配置及形状等,可以根据电磁波传播的直线性从传播方向上获知。此外也可以从电磁波的强度即振幅中得知。当电磁波反射或散射时,偏振的状态往往会发生变化,此时,电磁波与反射面及散射体的几何形状发生变化。偏振面对于微波雷达是非常重要的,因为从水平偏振和垂直偏振中得到的图像是不同的。

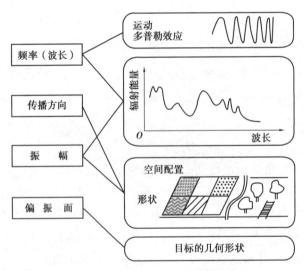

图 9.2　电磁波的 4 个要素

1889 年赫兹用电磁振荡的方法产生了电磁波。经实验证明,电磁波的性质与光波的性质相同。随着对光本性认识的深化,光波和电磁波被统一起来。此后发现的更多形式的波也具有电磁波的性质,如 1891 年发现的 X 射线,1896 年发现的 γ 射线等。

按电磁波在真空中传播的波长或频率递增或递减排列,则构成了电磁波谱(图 9.3)。该波谱以频率从高到低排列,可以分为 γ 射线、X 射线、紫外线、可见光、红外线、无线电波。在真空状态下频率 f 与波长 λ 的乘积等于光速 c。电磁波谱区段的界线是渐变的,一般按产生电磁波的方法或测量电磁波的方法来划分。习惯上电磁波区段的划分见表 9.1。

表 9.1 电磁波谱

波 段		波 长	
长波		大于 3 000 m	
中波和短波		10~3 000 m	
超短波		1~10 m	
微波		1 mm~1 m	
红外波段	超远红外	0.76~1 000 μm	15~1 000 μm
	远红外①		6~15 μm
	中红外		3~6 μm
	近红外		0.76~3 μm
可见光	红	0.38~0.76 μm	0.62~0.76 μm
	橙		0.59~0.62 μm
	黄		0.56~0.59 μm
	绿		0.50~0.56 μm
	青		0.47~0.50 μm
	蓝		0.43~0.47 μm
	紫		0.38~0.43 μm
紫外线		$10^{-3}~3.8\times10^{-1}$ μm	
X 射线		$10^{-6}~10^{3}$ μm	
γ 射线		小于 10^{-6} μm	

遥感中较多地使用可见光、红外线和微波波段。可见光波谱虽然波谱区间很窄,但对遥感技术而言却非常重要。电磁波具备以下性质:

①是横波;

②在真空以光速传播;

③满足:

$$f \cdot \lambda = c$$

式中 f——频率;

λ——波长;

c——光速,$f = 3\times10^{8}$ m/s。

④电磁波具有波粒二象性。

在近代物理中,电磁波也称为电磁辐射。电磁波传播到气体、液体、固体介质时,会发生反射、折射、吸收、透射等现象。在辐射传播过程中,若碰到粒子还会发生散射现象,从而引起电磁波的强度、方向等发生变化。这种变化随波长而改变,因此电磁辐射是波长的函数。

(2)**电磁波谱**

经过多年的实践,人们已经了解的宇宙射线、γ射线、X 射线、紫外线、可见光、红外线、无线电波、工业用电等都是电磁波。所有这些波在本质上基本相同,不同的是它们的波长和频率。为了便于比较电磁波辐射的内部差异和描述,按照它们的波长(或频率)大小,依次排列画成图表,这个图表称为电磁波谱,如图9.3所示。

1)γ射线

γ射线的波长$\lambda<0.03$ nm,由于波长短、频率高,故具有很大的能量、很高的穿透性。γ射线是原子核跃迁产生的,由放射性元素形成,来自放射性矿物的γ射线可以被低空探测器所探测,是一个有前景的遥感波区。

2)X射线

X射线的波长λ为0.03~3 nm,能量也较大,贯穿能力较强,是原子层内电子跃迁产生的,可由固体受高速电子射击形成。X射线在大气中会被完全吸收,不能用于遥感。

3)紫外线

紫外线波长λ为3 nm~0.38 μm,紫外线由原子或分子外层电子跃迁产生,按波长不同,可进一步分成近紫外(300 nm ~0.38 μm),远紫外(200 nm~300 nm)和超远紫外(3 nm~200 nm)。紫外线粒子性明显。来自太阳的紫外线,小于0.3 μm者完全被大气吸收,0.3~0.38 μm的可以通过大气用感光胶片和光电探测器进行探测。但是,该波段散射严重。

4)可见光

可见光波长λ为0.38 ~0.76 μm,由分子外层电子跃迁产生,是电磁波中眼睛所观察到的唯一波区。能通过透镜聚焦,经过棱镜色散分成赤、橙、黄、绿、青、蓝、紫等色光波段,具有光化作用和光电效应。在遥感中能用胶片和光电探测器收集记录。

5)红外线

红外线波长λ为0.76~1 000 μm,由分子振动与转动产生,按波长不同,可分成近红外(0.76~3 μm)、中红外(3~ 6 μm)、远红外(6~15 μm),超远红外(15~300 μm)和赫兹波(300~1 000 μm),近红外是地球反射来自太阳的红外辐射,其中0.76~1.4 μm的辐射可以用摄影方式探测,所以也称为摄影红外。中、远红外等是物体发射的热辐射,所以也称为热红外,它只能用光学机械扫描方式获取信息,红外线对人眼不起作用,能聚焦、色散、反射,并具有光电效应,对一些物质和现象有特殊反映,如叶绿素、水、半导体、热等。

6)微波

微波波长λ为0.1~100 cm,由固体金属分子转动所产生,其中可分为毫米波、厘米波和分米波,微波的特点是能穿云透雾,甚至穿透冰层和地面松散层,其他辐射和物体对其干扰小。物体辐射微波的能量很弱,接收和记录均较困难,要求传感器非常灵敏。

7)无线电波

无线电波由电磁振荡电路产生,不能通过大气层,短波被电离层反射,中波和长波吸收严重,故不能用于遥感。

实际上,整个电磁波是连续不断的,各个波区或波段的分界点并不十分严格,其划分标准不一,且相邻波区也有相当部分重叠。

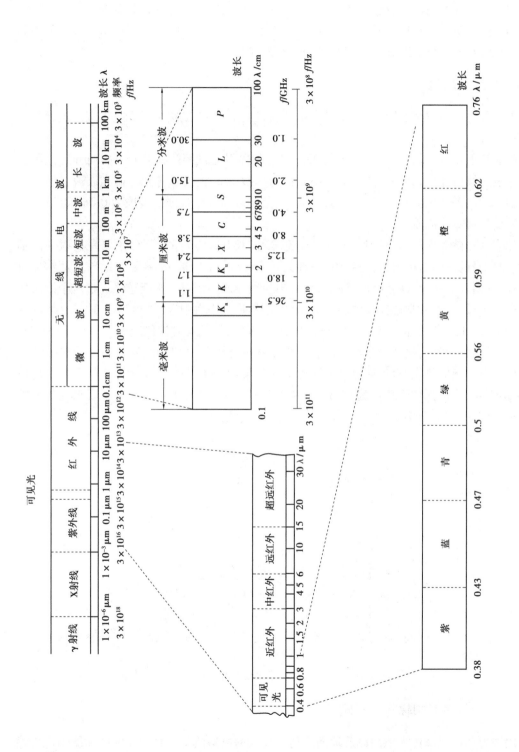

图9.3 电磁波谱

电磁波谱中的高频波段,如宇宙射线到大部分紫外线,粒子性特征明显;低频波段,如大部分红外线、微波、无线电波,波动性特征明显;处于中间波段的可见光和部分紫外线、红外线,具有明显的波粒二象性。这些不同的电磁波,从理论上讲都可进行遥感。但是,由于技术的限制和其他干扰,目前的遥感使用的主要为可见光、红外线和微波。

9.2.2 太阳辐射

在地球环境中,最强大的辐射源便是太阳。它是当前航天、航空可见光及近红外遥感仪器的主要辐射源。

太阳能辐射各种波长的电磁波,大约99%的太阳辐射能量都落在0.15~4.0 μm。太阳辐射光谱是一条连续的光谱,其辐射能量的最高峰值为0.47 μm,相当于青光与蓝光波段。但是达到地球表面的电磁波主要是0.17~3.0 μm的波长范围。而其中最强的波段为0.38~0.76 μm,也就是所说的可见光波段。

地球作为自然辐射源,其辐射可分为3个部分:波长0.3~3.0 μm部分主要是反射太阳辐射的,地球自身的热辐射极弱,可忽略不计;在波长6 μm以上的部分,主要是地球表面物体自身的热辐射;而在3~6 μm的红外波段部分,太阳与地球的热辐射均不能忽略。在这个波段作红外摄影时,摄影时间常常选择在清晨时分,目的是尽量减小太阳辐射的影响。地球平均温度只有300 K(27 ℃),电磁辐射的峰值波长为9~10 μm处,属远红外波段范围。

地球热辐射的能源,除部分是反射地表太阳辐射外,还以火山喷发、温泉和大地热流等形式不断地向宇宙辐射热能,每年通过地面流出的总热量约$1×10^{21}$J。其中大洋底的热流平均值为79.8 mW/m²,大陆热流平均值为62.3 mW/m²,全球总平均为74.3 mW/m²。太阳辐射地球的光谱辐照度如图9.4所示。

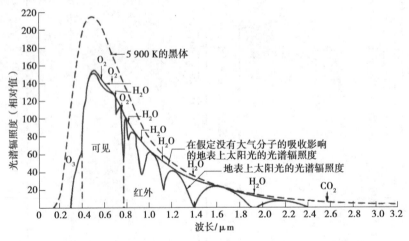

图9.4　太阳辐射地球的光谱辐照度

9.2.3 大气对太阳辐射的影响

太阳辐射的电磁波进入地面以及地面反射或发射的电磁波都要穿过大气层才能到达传感器,因此,电磁波必然会受到大气层的影响和干扰。

（1）大气对电磁波的反射

太阳辐射的电磁波穿过大气层时，有一部分被反射回宇宙空间。在这种反射中，各种气体分子、水滴和尘埃等粒子的反射能力很小，由尘埃和水滴组成的云的反射能力变化很大，它主要决定于云量和云的厚薄。地球表面的云量，平均每天有一半的地区为云所覆盖。所以，每天反射回宇宙空间的太阳能量，据估计约为其辐射于地球的 1/4。

（2）大气对电磁波的吸收

由于电磁辐射与大气的相互作用，其中有部分辐射能被吸收，吸收的大小与气体成分和不同的电磁辐射波段有关。太阳光投向地面小于 0.3 μm 的电磁波全被臭氧所吸收，同时在 0.6 μm 附近产生一个宽的弱吸收带。水气和二氧化碳是产生红外吸收带的主要原因。越往红外延伸，吸收也越强。在 0.76 μm 处有强而窄的氧吸收带。在透射系数较高的那些波段内，微量气体与急浮微粒的情况类似，都较多地吸收辐射能。

（3）大气对电磁波的散射

电磁辐射能与大气相互作用的另一个结果是辐射能被散射。大气层中的一切粒子——原子、分子和大粒子都散射电磁能，然而对于原子来说，即使数目不多，散射也相当厉害。在近紫外和可见光波段，分子散射电磁能最甚，但波长超过 1 μm 时，这种散射可忽略不计。实际上分子散射都是由氮（N_2）和氧（O_2）引起的。

如果大气微粒的大小和入射电磁波波长的比值之数最级小于十分之一时，即产生散射现象。大气分子的散射能力与光波波长的 4 次方成反比。即波长越短，散射越强。根据计算，小于 0.5 μm 波段的电磁波散射量最大，所以陆地卫星收录不到这一波段内的信息。而大气对 0.5~0.7 μm（相当于 MSS_4 和 MSS_5）波段内的散射影响也很大。这也就是为什么要到野外实地测量波谱以进行大气校正的原因。大气对于大于 0.7 μm 波段的电磁波散射较小，即 MSS_6 和 MSS_7 所受散射较小，特别是 MSS_7 波段几乎不受散射的影响，所以其图像较为清晰。

（4）大气窗口

在太阳辐射的传输过程中，由于受到大气的衰减作用，在不同波段的透过率是不同的。典型的大气透射曲线如图 9.5 所示。所谓大气窗口是指可以透过大气层的那些电磁波段。

主要的大气窗口有：0.32~0.38 μm，属紫外波段的窗口；0.4~0.7 μm，属可见光波段的窗口；0.7~1.3 μm，属边红外波段的窗口；1.3~2.5 μm，属近红外波段的窗口；3.5~4.2 μm，属远红外波段窗口；8~14 μm，属远红外波段窗口；15 μm 以上的大气窗口属微波波段，已经不受大气干扰了，目前微波传感器常用的工作波段是 3 mm、5 mm 和 8 mm 的波段。

随着遥感技术的发展，对大气窗口的研究也越来越细致，因为传感器的工作波段必须根据大气窗口来进行选择，否则仪器无法接收到地面物体传来的电磁波信息。

9.2.4   地物的波谱特性

应用遥感技术对地面物体进行探测，是以各种物体对电磁波辐射的反射、吸收和发射为基础的，进行地物波谱辐射特性的研究，可以为多波段遥感最佳波段的选择和遥感图像的解译提供基本依据。

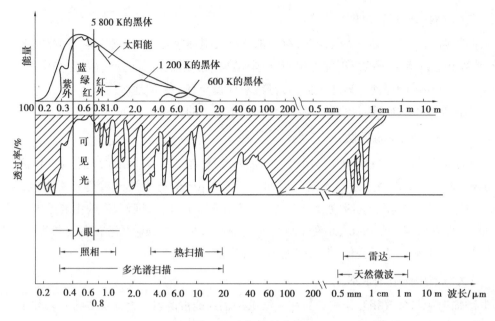

图9.5 大气投射曲线

地物的电磁波波谱是地物遥感信息的基本表现形式。物体在同一时间、空间条件下,其辐射、反射、吸收和透射电磁波的特性是波长的函数。当将这种函数关系,即物体或现象的电磁波特性用曲线的形式表现出来时,就形成了地物电磁波波谱,简称地物波谱。不同的物体由于其组成成分、内部结构和表面状态以及时间、空间环境的不同,它们辐射、反射、吸收和透射电磁波的性能也不同,即具有不同的波谱曲线形态。不同的波谱曲线形态决定了物体的不同的色调、光泽和一些物理性质。因此根据由波谱曲线所决定的影像特征来识别物体的性质,并将此作为遥感的理论依据,也是遥感理论的基础研究的一部分。

目前对地物波谱的测定主要分为两个部分,即反射波谱和发射波谱。从遥感技术应用的角度和研究深度而言,可见光和近红外区的反射波谱特性应用最广,研究较多。

(1)反射波谱

反射波谱是某物体的反射率(或反射辐射能)随波长变化的规律,用一曲线来表示,此曲线即称为该物体的反射波谱。物体的反射波谱限于紫外、可见光和近红外,尤其是后两个波段。一个物体的反射波谱的特征主要取决于该物体与入射辐射相互作用的波长选择,即对入射辐射的反射、吸收和透射的选择性,其中反射作用是主要的。物体对入射辐射的选择性作用受物体的组成成分、结构、表面状态以及物体所处环境的控制和影响。在漫反射的情况下,组成成分和结构是控制因素。

可见光和近红外波段的波谱反射特性可以在实验室内对采回来的样品进行测试,但它不可能逼真地模拟自然界中千变万化的条件,因此,进行地物波谱反射特性的野外测量是十分重要的。地物反射率可用 $0.3 \sim 2.5 \mu m$ 的光谱辐射计来测定。测定的方法是将地物与已知反射率的白板相比较,从而求出地物的反射率 ρ。

(2)发射波谱

用曲线表示某物体的辐射发射率随波长变化的规律,此曲线称为该物体的发射波谱。目前对物体发射波谱的研究主要集中在 $3 \sim 5 \ \mu m$ 和 $8 \sim 14 \ \mu m$。

当今多使用 $8 \sim 14 \ \mu m$ 的辐射计来测量地物亮度温度 T_B 和发射率 ε（表 9.2），即亮度温度是发射率与实际温度 T 的乘积: $T_B = \varepsilon T$。

表 9.2 常温下几种主要地物的发射率

目标	发射率/%	岩石—矿物	发射率/%	土壤—植被	发射率/%	水	发射率/%
人皮肤	0.98~0.99	石墨	0.98				
木板	0.98	大理石、灰炭	0.95				
柏油路	0.93	石英	0.89	灌木	0.98		
土路	0.83	橄榄岩	0.88	麦地	0.93	-10 ℃水	0.98
粗钢板	0.82	砂岩	0.83	稻田	0.89	霜	0.98
炭	0.81	安山岩	0.77	黑土	0.87	水（蒸馏）	0.96
铸铁	0.21	玄武岩	0.69	黄黏土	0.85	冰	0.96
铁	0.05	红砂岩	0.59	草地	0.84	雪	0.85
铝（光面）	0.04	花岗岩	0.44	腐殖土	0.64		
		石油	0.27				

发射率对描述和分析物体表面或材料的电磁波辐射特性具有和反射率同等重要的作用。任何物质在温度 T 时都处于热状态，并发射与其温度相应的电磁波辐射。发射率是地物光谱辐射率与同样温度下黑体光潜辐射率之比。由于测定物体的发射率要比测定物体的温度特性更困难，加之地物之间的发射率差异又小，而物体之间的较小温差会造成发射辐射能量较大的差异（$W = \varepsilon \sigma T^4$），因此在应用时往往用测量温度或发射辐射能量—热来区分地物。不同物体因其热学性质及其所处环境的不同，往往存在一定的温差，热红外遥感比较容易检测到物体的这些信息。

9.3 遥感图像的处理系统

遥感图像表征了地物波谱辐射能量的空间分布，辐射能量的强弱与地物的某些特性相关。现代遥感技术获取的资料容纳了大量的信息，如果仅用传统的目视解译方法进行解译，必然造成很大的浪费。为了挖掘遥感资料的信息潜力，提高解译效果，必须用先进的技术方法对原始图像进行一系列处理——图像处理，使影像更为清晰，目标物体的标志更明显突出，易于识别。图像处理虽然未增加图像的信息量，但改善了图像的视觉条件，提高了可辨性，是遥感图像分析研究的一种有效手段。

遥感图像处理的内容包括:图像复原和图像增强。

（1）图像复原

图像复原是指借助某些方法，改正成像过程中因仪器性能弱点和大气干扰等因素所导致的误差，并期望使图像失真缩小到最低程度，图像复原主要进行几何校正、大气校正、辐射校正、扫描线脱落和错位校正。在一般情况下，提供给使用人员的遥感图像都已进行了这项工作，所以图像复原又称为预处理。

(2)图像增强

图像增强是指利用光学仪器或计算机等手段，改变图像的表现形式和影像特征，使图像变得更加清晰可判，目标物更加突出易辨。

图像处理的方法主要有两类：光学处理和计算机数字图像处理。近年来，随着计算机数字图像处理技术的发展，遥感图像的计算机处理越来越普及；在光学处理中，由于仪器设备和形式大都可以运用计算机处理代替。因此，光学处理有被计算机处理替代的趋势。

9.3.1 数字图像处理系统

数字图像处理是 20 世纪 60 年代以来随着计算机科学的发展而发展起来的一门新兴学科，就是用计算机对图像进行处理。遥感图像的数字图像处理是将传感器所获得的数字磁带或经数字化的图像胶片数据，用计算机进行各种处理和运算，提取出各种有用的信息，从而通过图像数据去了解、分析物体和现象的过程。

(1)数字图像处理的特点

遥感数字图像处理的主要目的是在计算机上实现生物，特别是人类所具有的视觉信息处理和加工功能，处理的实质是从遥感数字图像提取所需的信息资料。

1)数据和运算量大

遥感图像数据是将图像上的每一个点都采用它的行、列像元坐标以及该坐标上的亮度共同表示的。

2)图像进出外部设备复杂

由于遥感资料除了数据磁带之外还有大批的可见影像，输入必须有数字化输入设备；影像经过处理获得所需的成果影像和图件，须用自动化成图输出设备输出；图像处理的过程和中间结果也须显示，以便及时地控制、修改处理程序或参数，以期获得满意的效果，这样必须有方便灵活的人机对话装置和影像显示系统。

3)多终端用户

图像处理一方面要求大容量、高速度，另一方面又需人机对话。因人的处理速度远比机器慢，这就出现了矛盾。为了解决这一矛盾，可采取多终端、多用户的方法来防止浪费，以提高计算机的使用率。

4)软件系统庞大

由于遥感图像的复杂性和处理方法的多样性，因此遥感数字图像处理系统有一个庞大的软件系统，一般有数百个以上程序，用于图像的输入、输出、显示，图像的几何校正、辐射校正、增强处理、信息提取、图像分类和计算与统计等。

(2)遥感数字图像处理过程

遥感数字图像处理涉及数据的来源、数据的处理以及数据的输出，这就是处理的 3 个阶段：输入、处理和输出，处理过程流程如图 9.6 所示，包括的内容有：

1)数据的输入

采集的数据中包括模拟数据(航空照片等)和数字数据(卫星图像等)两种。

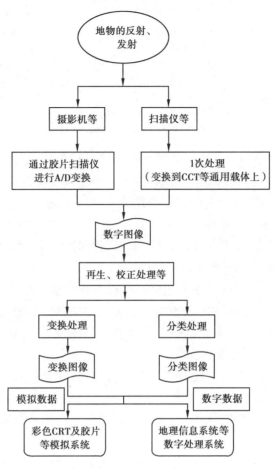

图 9.6　遥感数字图像处理

2）校正处理

对进入处理系统的数据，第一，必须进行辐射校正和几何纠正；第二，按照处理的目的进行变换、分类。

3）变换处理

把某一空间数据投影到另一空间上，使观测数据所含的一部分信息得到增强。

4）分类处理

以特征空间的分割为中心，确定图像数据与类别之间的对应关系的图像处理方法。

5）结果输出

处理结果可分为两种，一种是经 A/D 变换后作为模型数据输出到显示装置及胶片上；另外一种是作为地理信息系统等其他处理系统的输入数据而以数字数据输出。

（3）**遥感数字图像处理设备系统**

1）遥感数字图像处理设备

数字图像处理工作是在计算机和显示设备上完成的。由于遥感的数据源很多，有磁带数据、影像、专业图件、辅助资料等。所有这些资料数据，都需要经过输入设备从存储介质转移到计算机存储器上。处理后的数据也需经过各种输出记录到各种各样的介质上，如纸张、胶片等。因此，一个数字图像处理系统由 3 部分组成，如图 9.7 所示。

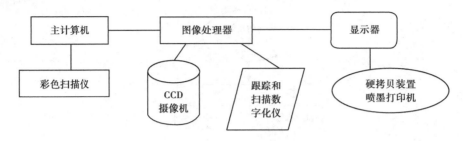

图 9.7　图像处理系统硬件设备

①输入设备。以不同方式存储的数据,需要不同的输入设备进行原始数据到计算机数据的转换和输入。存储在 CCT 磁带上的卫星图像数据,相应的输入设备是磁带机;如果是卫星影像、像片这一类记录在胶片(相纸)上的数据,需要经过扫描,用光电转换方式将影像数字化,输入设备有扫描数字化仪、飞点扫描器等;专业图件用线画符号描述的信息,则采用数字化的方式,以矢量数据存储,输入设备为数字化仪。

②处理系统。一个完整的处理系统包括计算机部分和显示设备。对计算机系统的要求是:有一定的计算速度、一定容量的内存和大容量磁盘存储器。显示设备用于观察、监测处理中的过程和结果图像,并能对图像进行一定的处理,显示设备中包括大容量的随机存储器阵列、彩色显示屏幕以及显示操作部件。

数字图像处理数据量非常大,但运算方式却比较规范,在现代的设备中,通常配置了专用的处理器来加快运算速度。

③输出设备。输出完成的记录结果。磁带机既是输入设备又是输出没备,计算处理后的结果可以用磁带保留。

打印机是最常用的一种输出设备,通过打印,将结果记录在纸质介质上,通常采用彩色喷墨打印的方式记录结果影像。

将处理结果记录在胶片上,也是一种输出方式。当然,专用的设备考虑了在摄像过程中可能出现的光学系统的误差和显示系统的畸变并予以校正,使得记录的结果更为可靠。这类设备有快速硬拷贝机(彩色记录仪)、扫描仪等。

图像处理系统在主计算机的控制下,通过输入设备将原始数据传送到计算机磁盘中储存起来。处理过程则是通过硬磁盘、主机、显示器三者间的数据传输与交换来完成数据处理的工作。图像处理系统的显示器一般有其自身的中央控制单元,从而可以独立地进行一些处理工作而不受主计算机控制。处理后的数据仍然是存储在硬磁盘上的,最后再经过各种输出设备记录在各种介质上,以供进一步识别与使用。

2)遥感数字图像处理软件系统

遥感数字图像处理软件系统包括系统软件和应用软件,应用软件又可进一步分为图像处理软件和专题应用软件。

①系统软件。系统软件是现代计算机系统不可分割的组成部分。它可实现对计算机系统资源的集中管理(处理机管理、存储管理、输入输出设备管理以及文件管理等),以提高系统的利用率;它可提供各种语言处理,为用户服务,是用户和计算机系统的一个界面。系统软件一般包括操作系统,各种语言编译、解释程序,服务程序以及数据库管理系统和网络通信软件等。

②应用软件。应用软件分为图像处理软件和专题应用软件两种。

a.图像处理软件是各种专题处理时均要用到的一些基本的图像处理软件。如图像数据的格式转换、输入输出,图像的校正、变换、增强、配准、镶嵌、显示,各种算术和逻辑运算,各种度量的计算,直方图及各种统计计量的计算,特征参数的提取及监督分类和非监督分类等。

b.专题应用软件是解决各种专业具体问题的软件。现阶段测绘行业主要使用的遥感影像处理软件有:IDRISI、PCI、ENVI、TITAN Image、ERDAS IMAGINE。

9.3.2 遥感影像的处理

(1)图像校正

1)辐射校正

进入传感器的辐射强度反映在图像上就是亮度值(灰度值)。辐射强度越大,亮度值(灰度值)越大。该值主要受两个物理量影响:一是太阳辐射照射到地面的辐射强度;二是地物的光谱反射率。当太阳辐射相同时,图像上像元亮度值的差异直接反映了地物目标光谱反射率的差异。但在实际测量时,辐射强度值还受到其他因素的影响而发生改变。这一改变的部分就是需要校正的部分,故称为辐射畸变。

引起辐射畸变的原因有两个:一是传感器仪器本身产生的误差;二是大气对辐射的影响。

仪器引起的误差是多个检测器之间存在差异,以及仪器系统工作产生的误差,这些误差导致了接收的图像不均匀,从而产生条纹和"噪声"。一般来说,这种畸变应该在数据生产过程中由生产单位根据传感器参数进行校正,而不需要用户自行校正。用户应该考虑的是大气影响造成的畸变。

①传感器的灵敏度特性引起的畸变校正。由光学系统特性引起的畸变校正:在使用透镜的光学系统中,承影面中存在着边缘部分比中心部分暗的现象(边缘减光)。若光轴到承影边缘的视场角为 θ,则理想的光学系统中某点的光量与 $\cos \theta$ 几乎成正比,利用这一性质可进行校正。

由光电变换系统的特性引起的畸变校正:由于光电变换系统的灵敏度特性通常有较高的重复性,故可定期地在地面测定其特性,并根据测量值进行校正。

②太阳高度及地形等引起的畸变校正。视场角和太阳角关系所引起的亮度变化的校正:太阳光在地表反射、散射时,其边缘比周围更亮的现象称为太阳光点,太阳高度高时容易产生。太阳光点与边缘减光等都可以用推算阴影曲面的方法进行阴性纠正。阴影面是指在图像的阴暗变化范围内,由太阳光点及边缘减光引起的畸变成分。一般用傅立叶分析等提取出图像中平稳变化的成分作为阴影曲面。

地形倾斜的影响校正:当地形倾斜时,经过地表扩散、反射才入射到传感器的太阳光的射亮度就会因倾斜度而变,故必须校正其影响。可采用地表的法线矢量和太阳光入射矢量的夹角进行校正,或对消除了光路辐射成分的图像数据采用波段间的比值进行校正。

③大气校正。大气会引起太阳光的吸收、散射,也会引起来自目标物的反射及散射光的吸收、散射,入射到传感器的除目标物的反射光外,还有大气引起的散射光(光路辐射),消除并校正这些影响的处理过程称为大气校正。

大气校正方法可分为:利用辐射传递方程式的方法、利用地面实况数据的回归分析方法和最小值去除法。

2）几何校正

当遥感图像在几何位置上发生了变化，产生诸如行列不均匀，像元大小与地面大小对应不准确，地物形状不规则变化等畸变时，即说明遥感影像发生了几何畸变。遥感影像的总体变形（相对于地面真实形态而言）是平移、缩放、旋转、偏扭、弯曲及其他变形综合作用的结果。产生畸变的图像会给定量分析及位置配准造成困难，因此在遥感数据接收后，首先由接收部门进行校正，这种校正往往根据遥感平台、地球、传感器的各种参数进行处理。而用户拿到这种产品后，由于使用目的的不同或投影及比例尺的不同，仍旧需要作进一步的几何校正，在此仅讨论被动式遥感的情况。

遥感影像变形的原因主要有以下几种：

①遥感平台位置和运动状态变化的影响。无论是卫星还是飞机，运动过程中都会由于种种原因产生飞行姿势的变化从而引起影像变形。

a.航高：当在平台运动过程中受到力学因素影响时，产生相对于原标准航高的偏离，或者说卫星运行的轨道本身就是椭圆的。航高始终发生变化，而传感器的扫描视场角不变，从而导致图像扫描行对应的地面长度发生变化。航高越向高处偏离，图像对应的地面越宽。

b.航速：卫星的椭圆轨道本身就导致了卫星飞行速度的不均匀，其他因素也可导致遥感平台航速的变化。航速快时，扫描带超前，航速慢时，扫描带滞后，由此可导致图像在卫星前进方向上（图像上下方向）的位置错动。

c.俯仰：遥感平台的俯仰变化能引起图像上下方向的变化，即星下点俯时后移，仰时前移，发生行间位置错动。

d.翻滚：遥感平台姿态翻滚是指以前进方向为轴旋转了一个角度。可导致星下点在扫描线方向偏移，使整个图像的行向翻滚角引起偏离的方向错动。

e.偏航：指遥感平台在前进过程中，相对于原前进航向偏转了一个小角度，从而引起扫描行方向的变化，导致图像的倾斜畸变。

以上各种变化均属于外部误差，即在成像过程中，传感器相对于地物的位置、姿态和运动速度变化而产生的误差。

②地形起伏的影响。当地形存在起伏时，会产生局部像点的同一位置上某高点的信号代替。由于高差的原因，实际像点距像幅中心的距离相对于理想像点距像幅中心的距离移动。

③地球表面曲率的影响。地球是球体，严格说是椭球体，因此地球表面是曲面。这一曲面的影响主要表现在两个方面，一是像点位置的移动，二是像元对应于地面宽度的不等。

④大气折射的影响。大气对辐射的传播产生折射。由于大气的密度分布从下向上越来越小，折射率不断交化，因此折射后的辐射传播不再是直线而是一条曲线，从而导致传感器接受的像点发生位移。

⑤地球自转的影响。在卫星前进过程中，传感器对地面扫描获得图像时，地球自转影响较大，会产生影像偏离。因为多数卫星在轨道运行的降段接收图像，即卫星自北向南运动，这时地球自西向东自转。相对运动的结果是使卫星的星下位置逐渐产生偏离。

3）几何畸变校正

几何畸变有多种校正方法，但常用的是一种通用的精校正方法，适合于在地面平坦，不需考虑高程信息，或地面起伏较大而无高程信息，以及传感器的位置和姿态参数无法获取的情况时应用。有时根据遥感平台的各种参数已做过一次校正，但仍不能满足要求，就可以用该方法作遥感影像相对于地面坐标的配准校正,遥感影像相对于地图投影坐标系统的配准校正,以及不同类型或不同时相的遥感影像之间的几何配准和复合分析,以得到比较精确的结果。

基本思路:校正前的图像看起来是由行列整齐的等间距像元点组成的,但实际上,由于某种几何畸变,图像中像元点间所对应地面距离并不相等。校正后的图像亦是由等间距的网格点组成的,且以地面为标准,符合某种投影的均匀分布,图像中格网的支点可以看作是像元的中心。校正的最终目的是确定校正后图像的行列数值,然后找到新图像每个像元的亮度值。

(2)**图形增强**

当一幅图像的目视效果不太好,或者有用的信息突出不够时,就需要作图像增强处理。例如,图像对比度不够,或希望突出的某些边缘看不清,就可用计算机图像处理技术来改善图像质量。在此介绍较为简单的数字图像处理方法,主要有对比度扩展、空间滤波、图像运算和多光谱变换等,通过增加颜色提高图像目视效果也不失为图像增强的方法之一。共同的目的是提高图像质量和突出所需信息,有利于分析判读或作进一步处理。

9.4 遥感图像判读

9.4.1 概论

遥感图像解译(Imagery Interpretation)是从遥感图像上获取目标地物信息的过程。遥感图像解译分为两种:一种是目视解译,又称目视判读,或目视判译,它指专业人员通过直接观察或借助辅助判读仪器在遥感图像上获取特定目标地物信息的过程。另一种是遥感图像计算机解译,又称遥感图像理解(Remote Sensing Imagery Understanding),它以计算机系统为支撑环境,利用模式识别技术与人工智能技术相结合,根据遥感图像中目标地物的各种影像特征(颜色、形状、纹理与空间位置),结合专家知识库中目标地物的解译经验和成像规律等知识进行分析和推理,实现对遥感图像的理解,对遥感图像的解译。

目视解译是信息社会中地学研究和遥感应用的一项基本技能。遥感技术可以实时地、准确地获取资源与环境信息,如重大自然灾害信息等,可以全方位、全天候地监测全球资源与环境的动态变化,为社会经济发展提供定性、定量与定位的信息服务。地理学家通过目视判读遥感图像,可以了解山川分布、研究地理环境等;地质学家通过目视判读遥感图像,可以了解地质地貌或深大断裂。考古学家通过目视判读可以在荒漠中寻找古遗址和古城堡,由于目视判读需要的设备少,简单方便,可以随时从遥感图像中获取许多专题信息,因此是地学工作者研究工作中必不可少的一项基本功。

遥感图像处理利用计算机解译的结果,需要运用目视解译的方法进行抽样核实或检验。通过目视解译,可以核查遥感图像处理的效果或计算机解译的精度,查看它们是否符合地域分异规律,这是遥感图像计算机解译的一项基础工作。忽视目视解译在遥感图像处理和计算机解译中的重要作用,不了解计算机处理过程中的有关图像的地学意义或物理意义,单纯强调计算机解译或遥感图像理解,有可能成为一种高水平的计算机游戏。计算机技术的日益发展,会更加迫切要求运用目视解译的经验和知识指导遥感图像计算机解译,从这点来看,目视解译是遥感图像计算机解译发展的基础和起始点。

9.4.2 遥感图像的目视判读

图像是人的视觉所能感受到的一种形象化的信息。在日常生活中,人们经常能够接触到各种不同的图像,如黑白照片和彩色图像等。人从外界获取的信息中,80%以上是通过视觉获得的。对于地表空间分布的各种物体与现象,遥感图像包含的信息量远比文字描述史为丰富、直观和完整,因此,在地学研究中人们非常注意利用遥感图像来获取地球表层资源与环境的信息。

遥感图像目视解译的目的是从遥感图像中获取需要的地学专题信息,它需要解决的问题是判读出遥感图像中有哪些地物,它们分布在哪里,并对其数量特征给予粗略的估计。

（1）目标地物特征

遥感图像中目标地物特征是地物电磁辐射差异在遥感影像上的典型反映。按其表现形式的不向,目标地物特征可以概括地分为"色、形、位"三大类。

①色:指目标地物在遥感影像上的颜色,这里包括目标地物的色调、颜色和阴影等。

②形:指目标地物在遥感影像上的形状,这里包括目标地物的形状、纹理、大小、图形等。

③位:指目标地物在遥感影像上的空间位置,这里包括目标地物分布的空间位置、相关布局等。

（2）目标地物识别特征

色调（tone）:全色遥感图像中从白到黑的密度比例称为色调（也称为灰度）。如海滩的砂砾,因含水量不同,在遥感黑白像片中其色调是不同的,干燥的砂砾色调发白,而潮湿的砂砾发黑。色调标志是识别目标地物的基本依据,依据色调标志,可以区分出目标地物。在一些情况下,还可以识别出目标地物的属性。例如,黑白航空像片上柏树为主的针叶林,其色调为浅黑灰色,山毛榉为主的阔叶林,其色调为灰白色。目标地物与背景之间必须存在能被人的视觉所分辨出的色调差异,目标地物才能够被区分,如北京故宫博物院与护城河之间的色调差异。

颜色（colour）:是彩色遥感图像中目标地物识别的基本标志。日常生活中目标地物的颜色是地物在可见光波段对入射光选择性吸收与反射在人眼中的主观感受。遥感图像目标地物的颜色是地物在不同波段中反射或发射电磁辐射能量差异的综合反映。彩色遥感图像上的颜色可根据需要在图像合成中任意选定,例如多光谱扫描图像可以使用几个波段合成彩色图像,每个波段赋予的颜色可以根据需要来设置。按照遥感图像与地物真实色彩的吻合程度,可以把遥感图像分为假彩色图像和真彩色图像。假彩色图像上地物颜色与实际地物颜色不同,它有选择地采用不同的颜色组合,目的是突出特定的目标物。真彩色图像上地物颜色能够真实反映实际地物颜色特征,这符合人的认知习惯。同一景多光谱扫描图像的相同地物,不同波段组合可以有不同的颜色,目视判读前需要了解图像采用哪些波段合成,每个波段分别被赋予何种颜色。

人眼具有很高的区分色彩能力,将遥感图像赋予颜色,能够充分显示地物的差异,如森林及农作物看上去同为绿色,由于存在微小色差,有经验的目视解译人员仍然能判别出树种及作物的种类。

阴影（shadow）:是遥感图像上光束被地物遮挡而产生的地物的影子,根据阴影形状、大小可判读物体的性质或高度,如航空像片判读时利用阴影可以了解铁塔及高层建筑物等的高度及结构。阴影的长度、方向和形状受到光照射角度、光照射方向和地形起伏等的影响,山脉等阴影笼罩厂的树木及建筑物往往会使目标模糊不清,甚至丢失。

不同遥感影像中阴影的解译是不同的,例如:侧视雷达影像中目标地物阴影由目标阻挡雷达波束穿透而产生,热红外图像中目标地物阴影是由于温度差异所形成的,例如夏季中午飞机飞离机场不久进行热红外成像,地面仍会留下飞机的阴影。

形状(shape):目标地物在遥感图像上呈现的外部轮廓。如飞机场、港湾设施在遥感图像中均具有特殊形状。用于图像判读的图像通常多是垂直拍摄的,遥感图像上表现的目标地物形状是顶视平面图,它不同于人们日常生活中经常看到的物体形状。由于成像方式的不同,飞行姿态的改变或者地形起伏的变化,都会造成同一目标物在图像上呈现出不同的形状。解译时必须考虑遥感图像的成像方式。

纹理(texture):也称内部结构,指遥感图像中目标地物内部色调有规则变化造成的影像结构。如航空像片上农田呈现的条带状纹理。纹理在高分辨率像片上可以形成目标物表面的质感,在视觉上看上去显得平滑或粗糙,幼年林看上去像天鹅绒样平滑,成年的针叶树林看上去很粗糙。纹理可作为区别地物属性的重要依据。

大小(size):指遥感图像上目标物的形状、面积与体积的度量。它是遥感图像上测量目标地物最重要的数量特征之一。根据物体的大小可以推断物体的属性,有些地物如湖泊和池塘,主要依据它们的大小来区别。判读地物大小时必须考虑图像的比例尺。根据比例尺的大小可以计算或估算出图像上物体所对应的实际大小。影响图像上物体大小的因素有地面分辨率、物体本身亮度与周围亮度的对比关系等。

位置(site):指目标地物分布的地点。目标地物与其周围地理环境总是存在着一定的空间联系,并受周围地理环境的一定制约。位置是识别目标地物的基本特征之一,例如水田临近沟渠。位置分为地理位置和相对位置。依据遥感图像图框注记的地理经纬度位置,可以推断出区域所处的温度带,依据相对位置,可以为具体目标地物解译提供重要判据,例如位于沼泽地的土壤多数为沼泽土。

图型(pattern):由林地物有规律地排列而成的图形结构。例如住宅区建筑群在图像上呈现的图型,农田与周边的防护林构成的图型,以这种图型为线索可以容易地判别出目标物。

相关布局(association):多个目标地物之间的空间配置关系。地面物体之间存在着密切的物质与能量上的联系,依据空间布局可以推断目标地物的属性。例如,学校教室与运动操场,货运码头与货物存储堆放区等都是地物相关布局的实例。

地面各种目标地物在遥感图像中存在着不同的色、形、位的差异,构成了可供识别的目标地物特征。目视解译人员依据目标地物的特征,作为分析、解译、理解和识别遥感图像的基础。

(3)不同影像的判读

解译标志是遥感图像目视解译中经常用到的基本标志。由于遥感图像种类较多,投影性质、波谱特征、色调和比例尺等存在差异,故利用上述解译标志时应区分不同的遥感图像的不同特点。

1)彩红外图像

这种像片相对彩色像片而言,由于每一层(黄、品红、青)所感受的色光(绿、红、红外)向长波光区移动了一个"带区",即底片上的蓝色是感受绿光后形成的,而绿色和红色是分别是感受红外线形成的,所以像片上的色彩与自然景物的色彩不同。由地物反射辐射的光谱特征曲线可知,健康的植物是绿色的,由于它大量地反射近红外辐射,使像片上的影像呈红色或品红色。有病虫害的植物,由于降低了红外反射,使像片上的影像呈现暗红色或黑色。水体由于对红外辐射有较高的吸收性,使像片上的影像呈现蓝色、暗蓝色或黑色。而沙土由于绿光或红外光谱段没有明显的选择反射,使像片上的影像呈白色或灰白色。

2)多光谱图像中的单波段图像

多光谱图像中的单波段图像(MSS 有 4 个单波段图像)本身就是地物反射辐射强弱的反映。如水体,由于红外辐射很弱,所以它在 MSS7 波段 S 上的影像呈现深色调,而 MSS4 和 MSS5 波段上其色调就相对地浅一些。绿色的植物对红外辐射较强,它在 MSS7 波段上的影像色调较浅,而在 MSS4 和 MSS5 波段上,其色调就相对深一些。

3)假彩色合成图像

这种像片本身就是根据解译对象和要求,以突出解译内容为目的的像片(不同波段图像和不同滤光片的组合),其影像色彩都是人为的。因此应用这种像片解译,必须了解假彩色合成图像生成的机理情况,以便建立起景物色彩与影像色彩相对应的解译标志。

4)热红外图像

这种像片的影像形状、大小和色调(或色彩)与景物的发射辐射有关,景物发射辐射与绝对温度的 4 次方成比例,同一性质的物体(如冷水和热水),由于温度不同,其影像色调(或色彩)也不同。影像的形状和大小只能说明物体热辐射的空间分布,不能反映物体真实的形状和大小。例如,飞机起飞后尾部排出热辐射的影像形状和大小就不是飞机的真正形状和大小。

5)雷达图像

雷达图像是多中心斜距投影的侧视图像,具有与其他遥感图像不同的一些特点,主要是:图像比例尺的变化(比例尺是波束俯角的函数)使图像产生明显的失真,一块正方形农田变成菱形;雷达图像具有透视收缩的特点,即在图像上量得地面斜坡的长度比实际长度要短;当雷达波束俯角与高出地面目标的坡度角之和大于 90°时,雷达图像产生顶底位移,即相对于飞行器的前景将出现在后景之后。如广场上的一根旗杆,在雷达图像上表现为顶在前,其根在后的一小线段,这与航空摄影中旗杆的影像正好相反;此外,在雷达图像上还会出现雷达阴影,即雷达波束受目标(如山峰)阻挡时,由于目标背面无雷达反射波而出现暗区。雷达图像的上述特点在目视解译中必须予以充分注意。

此外,在应用解译标志时,还必须注意图像的投影性质。中心投影的图像是按一定比例尺缩小了的地面景物,影像与物体具有相似性。MSS 和 TM 扫描图像是多中心动态投影,其图像具有"全景畸变",随着扫描角 θ 的增大,图像比例尺逐渐缩小,边缘的图像变形十分突出。当应用这种未经几何校正的图像解译时,就不能机械地使用形状和大小的标志。

(4)**遥感图像的认知过程**

遥感图像解译是一个复杂的认知过程,对一个目标的识别,往往需要经历几次反复判读才能得到正确结果。概括来说,遥感图像的认知过程包括了自下向上的信息获取、特征提取与识别证据积累过程和自上向下的特征匹配、提出假设与目标辨识过程。

1)自下向上过程

①图像信息获取:图像判读过程中,人眼感受到遥感图像中颜色、色调、形状和纹理等信息,视网膜的视锥细胞及视杆细胞接受这些信息并转换为神经冲动,由视神经传导到各视觉中枢。在信息传输过程中,图像的颜色、形状和空间位置信息沿着 3 条独立通道在神经系统中传

输,经过大脑皮质的整合,实现图像信息的空间与时间精确的配位,构成图像的知觉。

②特征提取:大脑皮质特定的功能区负责选择性知觉的加工,进行图像特征提取,遥感图像各种目标地物特征信息会转换成各种模式的神经冲动而被记录下来,从而完成各种信息的抽取。试验证明,判读者熟悉的遥感图像,无论从什么方向去辨识目标地物,都可以将它识别,这是因为判读者掌握了图像上不同地物特征的缘故。

③识别证据选取:从多种特征中选取识别证据是一个复杂的认知过程,其中的认知机制有待心理学家阐明。但试验表明,经常阅读汉字的人,熟悉并掌握汉字的全局特征,就会把它作为一个单元来区别,而不再注意它的局部细节特征。碰到潦草手写体汉字,即使少掉一个笔画,一般不会影响到人们的正确阅读。这说明,人类认知过程中存在着一个选取识别证据的过程。当碰到复杂的目标地物时,人类知觉会对多个特征进行选择,区分全局特征和局部特征,并把全局特征作为识别证据来指导图像中目标地物的识别。在识别证据不足时,人类也会利用各种背景知识与专业知识作为证据,指导目标地物的识别。

2)自上向下过程

该过程由下述环节组成。

①特征匹配:指人脑利用记忆存储中的地物类型模式与地物特征匹配的过程。地物类型模式是判读者根据长期解译实践和判读知识学习而获得的。在特征匹配过程中,地物类型模式(地物波谱特性、纹理、形状、大小、空间分布位量等特征构成的地物"样本")与目标地物全局特征进行相似性测量,判别其相容性或不相容性。

②提出假设:根据特征匹配的结果,大脑会根据以往解译实践经验和学习中得到的解译知识,从记忆的模式库中给出相似性最大的一种或几种地物"样本"作为假设,作为目标地物可能归属的类型。应当指出,在特征匹配、提出假设时,应注意视觉表象空间的影响,这是因为遥感图像中地物的认知是在目视解译者内部的视觉表象空间进行定位的,并按照视觉表象空间的坐标来辨认图像。因此,视觉表象空间参照体系对特征匹配具有重要影响。例如,一幅山地TM假彩色图像,一般都是西北坡是阴坡(暗色调),东南坡是阳坡(明亮色调),从不同方向观察,地表起伏状况是不同的。因此,没有经验的解译者会把山脊线作为河谷。在目视解译过程中,观察者必须了解影像中太阳光源的照射方向,并把它同视觉表象空间坐标基轴配准,逆着太阳光源的照射方向观察,才能准确辨识一幅山地 TM 假彩色图像上的地貌类型。

③图像辨识:图像辨识是一个分析、选择、决策的过程。在这个过程中,目视解译者往往受到主观期望心理作用的影响,利用大脑记忆中存储的图像模式来积极地认识大脑给出的不同"假设",主动地把待识别目标地物具有的颜色、形状和空间位置等特征与"假设"的地物类型比较、匹配,选择一种最相似的图像模式作为一个参考系,当记忆中的地物"样本"模式与知觉中的目标地物特征完全匹配时,大脑会释放出连接的信息,指明目标地物归属的地物"样本"类型。

当记忆的模式库中"样本"无法与目标地物特征匹配时,大脑会要求视觉器官提供更多的信息,以便提取更多特征作为证据,进行识别,这是新一轮目标地物识别的过程。遥感图像的解译,往往经历多次自下向上和自上向下的认知过程,每次循环,都会加深对遥感图像的理解与认识。

对于有经验的判读者来说,在遥感图像直接证据不足的情况下,其能够灵活地运用不同层次的背景知识与专业知识作为证据信息,对提出的假设进行推理分析,验证其真伪。对初学判读的人来说,识别"图像上无法识别的地物"最好的办法是到实地进行调查,在此基础上建立这类地物的解译特征,并完成对这类地物的识别。这个过程,可用皮亚杰的"发生认识论"理论来说明。根据"发生认识论"理论,人们认识事物必须依赖原先已经形成的因式。知识的获得是建构并修改认知因式的过程。实践证明:解译专家判读经验越丰富,对判读区域越熟悉,他识别图像上各种地物的能力就越强。因此,遥感图像目视判读必须重现图像解译实践和判读知识的积累,这是提高遥感图像目视判读质量的必经之路。

对遥感图像目视判读认知过程进行分析,有助于指导遥感图像目视解译,也为计算机解译中使用专家系统方法提供认知基础。

9.4.3 遥感图像的计算机分类

(1)基本原理

数字图像上不同像元的灰度数值,反映了不同地物的光谱特性。通过计算机对像元数据进行统计、运算、对比和归纳,将像元分为不同的类群,以实现地物的分类和识别,这种方法称为数字图像的分类或计算机自动识别。

计算机遥感数字图像分类是模式识别技术在遥感领域的具体应用。最常使用的方法是基于图像数据所代表的地物光谱特征的统计模式识别法。统计模式识别的关键是提取待识别模式的一组统计特征值,然后按照一定准则作出决策,从而对数字图像予以识别。

遥感图像分类的主要依据是地物的光谱特征,即地物电磁波辐射的多波段测量值。任何物体都具有它的电磁波特征,但由于光照条件、大气干扰和环境因素等影响,同一物体的电磁波特征值不是固定的,这些测量值有一定的离散性。不过属于同一类型的物体总是具有相近的性质和特征,其特征值的离散符合概率统计规律,即以某一特征值为中心,有规律地分布于多维空间。故运用概率统计理论,通过计算机对大量遥感图像数据的处理分析、对比归纳,识别出各种物体的类别及分布。

分类过程中采用的统计特征变量包括:全局统计特征变量和局部统计特征变量。全局统计特征变量是将整个数字图像作为研究对象,从整个图像中获取或进行变换处理后获取变量,前者如地物的光谱特征,后者如对 TM 的 6 个波段数据进行 K-T 变换(缨帽变换)获得的亮度特征,利用这两个变量就可以对遥感图像进行植被分类。局部统计特征变量是将数字图像分割成不同识别单元,在各个单元内分别抽取的统计特征变量。

统计特征变量可以构成特征空间,多波段遥感图像特征变量可以构成高维特征空间,具有很大的数据量。在很多情况下,利用少量特征就可以进行遥感图像的地学专题分类,因此,需要从遥感图像 n 个特征中选取 k 个特征作为分类依据(这里 $n>k$),把从 n 个特征中选取 k 个更有效特征的过程称为特征提取。特征提取要求所选择的特征相对于其他特征更便于有效地分类,以使图像分类不必在高维特征空间里进行,其变量的选择需要根据经验和反复的实验来确定。为了抽取这些最有效的信息,可以通过变换把高维特征空间所表达的信息内容集中在一到几个变量图像上。主成分变换可以把互相存在相关性的原始多波段遥感图像转换为相互独立的多波段新图像,而使原始遥感图像的绝大部分信息集中在变换后的前几个组分构成的图像上,实现特征空间降维和压缩的目的。

遥感数字图像计算机分类的依据是图像像元的相似度。相似度是两类模式之间的相似程度,在遥感图像分类过程中,常使用距离和相关系数来衡量相似度。分类基本过程如下:

①首先明确遥感图像分类的目的及其需要解决的问题,在此基础上选取适宜的遥感数字图像,图像选取中应考虑图像的空间分辨率、光谱分辨率、成像时间、图像质量等。

②根据研究区域,收集与分析地面参考信息与有关数据。为提高计算机分类的精度,需要对数字图像进行辐射校正和几何校正。

③对图像分类方法进行比较研究,掌握各种分类方法的优缺点,然后根据分类要求和图像数据的特征,选择合适的图像分类方法和算法。根据应用目的及图像数据的特征制订分类系统,确定分类类别。

④找出代表这些类别的统计特征。

⑤对遥感图像中各像元进行分类。包括对每个像元进行分类和对预先分割均匀的区域进行分类。

⑥分类精度检验:采用随机抽样方法,检查分类效果的好坏,或利用分类区域的调查材料、专题图对分类结果进行核查。

⑦对判别分析的结果统一检验。

(2)数学图像分类

遥感数字图像分类在数学上归结为选择恰当的判别函数,或者建立物体数学模式的问题。根据判别函数或模式的建立途径,数字图像分类方法包括监督分类和非监督分类两类。

监督分类方法,首先需要从研究区域选取有代表性的训练场地作为样本。根据已知训练区提供的样本,通过选择特征参数(如像元亮度均位、方差等),建立判别函数,据此对样本像元进行分类,依据样本类别的特征来识别非样本像元的归属类别。

非监督分类方法,是在没有先验类别(训练场地)作为样本的条件下,即事先不知道类别特征,主要根据像元间相似度的大小进行归类合并(将相似度大的像元归为一类)的方法。

1)监督分类

监督分类包括利用训练区样本判别函数的"学习"过程和把待分像元代入判别函数进行判别的过程。监督分类对训练场地的选取具有一定要求:训练场地所包含的样本在种类上要与待分区域的类别一致。训练样本应在各类目标地物面积较大的中心选取,这样才有代表性。如果采用最大似然法,分类要求各变量正态分布,因此训练样本应尽最大努力满足这一要求。

训练样本的数目应能够提供各类足够的信息和克服各种偶然因素的影响。训练样本最少要满足能够建立分类判别函数的要求,所需个数与所采用的分类方法、特征空间的维数、各类的大小与分布有关,如最大似然法的训练样本个数至少要 $n+1$ 个(n 是特征空间的维数),这样才能保证协方差矩阵的非奇异性。

监督分类中常用的具体分类方法包括最小距离法、多级切割法、特征曲线窗口法、最大似然法等。

2)非监督分类

非监督分类的前提是假定遥感影像上同类物体在同样条件下具有相同的光谱信息特征。非监督分类方法不必对影像地物获取先验知识,仅依靠影像上不同类地物光谱信息(或纹理信息)进行特征提取,再统计特征的差别以达到分类的目的,最后对已分出的各个类别的实际属性进行确认。

非监督分类主要采用聚类分析的方法,聚类是把一组像元按照相似性归成若干个类别,即

"物以类聚"。其目的是使得属于同一类别的像元之间的距离尽可能小,而不同类别的像元间的距离尽可能地大。

非监督分类常用的方法包括分级集群法、动态聚类法等。

本章小结

遥感就是不直接接触地收集关于某一特定对象的电磁波信息,从而了解这个对象的性质。遥感视域范围大,探测波段从可见光向两侧延伸,能够周期成像,有利于动态监测和研究的特性,可分为主动和被动遥感、航空与航天遥感,摄影方式和非摄影方式遥感。遥感信息的获取是通过收集、摄影测量、记录地物的电磁波特征来完成的。遥感的电磁波一般分为紫外线、可见光、红外线和微波。在遥感图像的处理系统中介绍了遥感图像进行图像校正和图像增强的方法,介绍了遥感图像处理的特点和处理过程,遥感图像校正与遥感图像增强的过程与方法,遥感图像的解译有人工目视解译和计算机自动解译两种方法,遥感图像的目视解译是依据影像信息来进行的,但解译标志时应区别不同的遥感图像的不同特点,根据直判法、对比法、邻比法等不同方法目视解译。在计算机自动分类中,介绍了数字图像的分类原理、监督分类和非监督分类的相关知识。

思考与习题

1.什么是遥感、遥感技术? 并简述其分类。

2.试述遥感中所使用的红外线的各光谱段的特性。

3.简述遥感图像处理的特点及处理的内容。

4.绘出遥感图像处理过程流程图。

5.简述遥感图像复原及遥感图像退化的原因。

6.简述遥感图像的增强及多光谱图像增强处理的方法。

7.什么是监督分类、非监督分类?

8.目视解译一般包括哪几个步骤? 用于解译的方法有哪些?

10

遥感技术的应用

遥感技术因其探测范围大、获取资料的速度快、周期短、信息量大等优势,已被广泛应用于农业、林业、地质、地理、海洋、水文、气象、测绘、环境保护和军事侦察等诸多领域。

10.1　地质遥感

地质遥感是综合应用现代遥感技术来研究地质规律,进行地质调查和资源勘察的一种方法。它从宏观的角度,着眼于由空中取得的地质信息,即以各种地质体对电磁辐射的反应作为基本依据,结合其他各种地质资料及遥感资料的综合应用,以分析、判断一定地区内的地质构造情况。

10.1.1　地质遥感的基本工作

地质遥感工作的基本内容是:地面及航空遥感试验,发挥适用于地质找矿、地质环境的遥感系统,进行图像、数字数据的处理和地质判释。地质遥感需要应用电子计算机技术、电磁辐射理论、现代光学和电子技术以及数学地质的理论与方法,是促进地质工作现代化的一个重要技术领域。一般包括4个方面的研究内容:

①各种地质体和地质现象的电磁波谱特征。

②地质体和地质现象在遥感图像上的判别特征。

③地质遥感图像的光学及电子光学处理和图像及有关数据的数字处理和分析。

④遥感技术在地质制图、地质矿产资源勘查及环境、工程、灾害地质调查研究中的应用。

10.1.2　遥感地质解译的基本内容

遥感是以电磁波为媒介的探测技术,对遥感目标(如地球)的电磁波辐射特性进行探测和记录,记录的数据通过遥感平台上的数据通信和传输系统传送到地面接收站,通过数据接收和处理系统得到图像和数据磁带。遥感图像相当于一定比例尺缩小了的地面立体模型。它全面、真实地反映了各种地物(包括地质体)的特征及其空间组合关系。遥感图像的地质解译包括对经过图像处理后的图像的地质解释,是指应用遥感原理、地学理论和相关学科知识,以目视方法揭示遥感图像中的地质信息。遥感图像地质解译的基本内容包括:

①岩性和地层解译。解译的标本有色调、地貌、水系、植被与土地利用特点等。

②构造解译。在遥感图像上识别、勾绘和研究各种地质构造形迹的形态、产状、分布规律、组合关系及其成因联系等。

图 10.1　地质遥感

③矿产解译和成矿远景分析。这是一项复杂的综合性解译工作。在大比例尺图像上有时可以直接判别原生矿体露头、铁帽和采矿遗迹等。但大多数情况下是利用多波段遥感图像(尤其是红外航空遥感图像)解译与成矿相关的岩石、地层、构造以及围岩蚀变带等地质体。除目视解译外,还经常运用图像处理技术提取矿产信息。成矿远景分析工作是以成矿理论为指导,在矿产解译基础上,利用计算机将矿产解译成果与地球物理勘探、地球化学勘查资料进行综合处理,从而圈定成矿远景区,提出预测区和勘探靶区,如图 10.1 所示。利用遥感图像解译矿产已成为一种重要的找矿手段。

10.1.3　应用现状

遥感地质应用于矿物岩石的解译得到了普及,但提高有限,标准化程度很低。利用影像单元、影像岩石单元为依据的遥感填图技术,也有规范化的路要走。遥感异常提取技术虽可以在干旱、半干旱区实施大规模快速"扫面",但在其他景观区应用还有许多方法技术问题亟待解决。矿物填图技术已取得较大进展,正在逐步走向实用化,而数字地质信息提取技术才刚刚起步。

遥感技术与其他勘查技术一样,有特定的物理基础,有一定的应用前提。它与常规野外地质调查研究工作的不同之处在于:研究的对象是从空中垂直向下拍摄的地表多波段图像;它只能提供由影像可能提供的那部分地质信息;从图像上是不可能获取必须通过野外实地观察研究、取样化验鉴定才能取得的那部分地质资料。因此遥感技术的应用是有条件的、有限度的,宜用其所长,避其所短。

10.1.4　应用实例

(1)岩性识别

在遥感影像上识别岩石的类型必须首先了解不同岩石的反射光谱差别,以及所引起的影像色调的差异。同时,由于岩石的形成,在内外营力的共同作用下组合成不同形状,这也是识别岩石类型的重要标志。此外,不同岩性上往往会形成不同的植被、水系,这也可作为间接的解译标志。

1)岩石的反射光谱特征

岩石的反射光谱特征与岩石本身的矿物成分和颜色密切相关。由石英等浅色矿物为主组成的岩石具有较高的光谱反射率,在可见光遥感影像上表现为浅色调。铁镁质等深色矿物组成的岩石,总体反射率较低,在影像上表现为深色调。

岩石光谱反射受组成岩石的矿物颗粒大小和表面极度的影响。矿物颗粒较大表面比较平滑的岩石,具有较高的反射率。反之,光谱反射率较低。

岩石表面湿度对反射率也有影响。一般来说,岩石表面较湿时,颜色变深,反射率降低。

岩石表面风化程度的影响,主要决定于风化物的成分、颗粒大小等因素。风化物颗粒细时,覆盖的岩石表面较平滑,若风化物颜色较浅(如 SiO_2、$CaCO_3$ 等),则反射率较高。如果风化物颗粒粗,表面粗糙,则会降低反射率。

在野外,岩石的自然露头往往有土壤和植被覆盖,这些覆盖物对光谱的影响取决于覆盖程度和特点。如果岩石上全部被植物覆盖,遥感影像上显示的均为植被的信息。如果部分覆盖,则遥感影像上显示出综合光谱特征。了解这一综合特征对岩性的解译是很有用的。

2)沉积岩的影像特征及其识别

沉积岩本身没有特殊的反射光谱特征。因此单凭光谱特征及其表现,在遥感影像上是较难将它与岩浆岩、变质岩区分开来的,还必须结合其空间特征及出露条件,如所形成的地貌、水系特点等将其与其他岩类区分开来。

沉积岩最大的特点是具成层性。胶结良好的沉积岩,出露充分时,可在较大范围内呈条带状延伸。在高分辨率的遥感影像上可以显示出岩层的走向和倾向。坚硬的沉积岩,常形成与岩层走向一致的山脊,而松软的沉积岩则形成条带状谷地。

沉积岩由于抗蚀程度的差异和产状的不同,常形成不同的地貌特点。坚硬的沉积岩如石英砂岩等常形成正地形,较松软的泥岩和页岩常形成负地形。水平的坚硬沉积岩常成方山地形(但必须注意与玄武岩方山的区别)、台地地形或长垣状地形。倾斜的,软硬相间的沉积岩,常形成沿走向排列的单面山或背山并与谷地相间排列。在高分辨率的卫星影像上,可以观察到峰林及溶蚀洼地内的石芽、石林、落水洞、盲谷,以及地下河的潜入点和出露点等中小型的喀斯特地貌。在半干燥区和干燥区,化学溶解作用较弱,因而石灰岩成为较强的抗物理风化的岩石,地表缺乏典型的喀斯特地貌,在遥感影像上较难把石灰岩与其他岩石区别开来。化石灰岩地区地下喀斯特现象有不同程度的发育,形成地面水系比较稀少,山地成棱角清晰的岭脊,在有区域地质图的情况下,可以通过反射光谱曲线,以及空间特征、水系等特点与其他岩石区分开来。

在遥感影像上,碎屑岩一般具有较典型的条带状空间特征,边界比较清晰,形成的山岭、谷地也较清晰。砂岩层面平整,厚度稳定,以条纹或条带夹条纹特征为主,一般形成拢岗地形,较坚硬的砂岩形成块状山,且水系较稀。黏土岩和粉砂质页岩,水系比较发育,一般不形成山岭,总体反射率较低,在遥感影像上色调较深。砾石反射率较低,在影像上多呈团块状、斑状等不均匀色调,层理不明显,经风化剥蚀的砾岩,表面粗糙。

沉积岩的解译着重标志性岩层的建立,这种标志性岩层应在一定范围内广泛出露且影像特征明显,界线清楚,易于识别。利用标志性岩层与其他地层的关系,可以间接地判断那些不易直接判别的岩层。

3)岩浆岩的影像特征及其识别

岩浆岩与沉积岩在遥感影像上反映出形状结构上的差别明显。前者多呈团块状和短的脉状。岩浆岩的解译,首先要注意区分酸性岩、中性岩和基性岩。

①酸性岩浆岩以花岗岩为代表。花岗岩在影像上的色调较浅,易与围岩区别开,平面形态常呈"凶"形、椭圆形和多边形,所形成的地形主要有两类,一类是悬崖峭壁山地,一类是馒头状山体和浑圆状丘陵。前者水系受地质构造控制,后者水系多呈树枝状,沟谷源头常见钳状沟头。

②中性岩的色调最深,大多为侵入岩体,容易风化剥蚀成负地形,喷出的基性玄武岩则比较坚硬,经切割侵蚀形成方山和台地。雷州半岛、海南岛等地有大片玄武岩覆盖,台地上水系不发育,遥感影像上,在大片暗色色调背景上呈花斑状色块,周围边界清晰。

4)变质岩的识别

由岩浆岩变质而来的正变质岩和由沉积岩变质而来的负变质岩,都保持了原始岩类的特征。因而遥感影像也分别与原始母岩的特征相似。只是因经受过变质,使得影像特征更为复杂。

石英岩由砂岩变质而成,经过变质作用后,SiO_2矿物更为集中,色调变浅,强度增大,多形成轮廓清晰的岭脊和陡壁。大理岩与石灰岩相似,也可以形成喀斯特地貌。千枚岩和板岩的影像特征与砂岩、页岩相似,易于风化,多成低丘、岗地或负地形,地面水系发育。

片岩、片麻岩等变质岩,其影像特征与岩浆中的侵入岩相似,在高分辨率遥感影像上有时可识别出深色矿物和浅色矿物集中的不同色调条带经扭曲的情况。变质岩的地质时代比较古老,经历了强烈的地壳运动,区域裂隙发育,岩块被分割成棱角明显的块状,地面比较破碎或成鳞片状。沿着这些区域的裂隙发育的水系,交汇、弯处也不大自然,成"之"字形,这一点可作为与岩浆岩区别的标志之一。

(2)地质构造识别

遥感对地质构造的识别有特殊的意义,大型区域性地质构造在地面调查中测点不可能过密,因而不能窥其全貌。而遥感影像从几百米、几千米的空中或几百千米的空间获取的信息,利于从客观上把握区域构造整体特征。当岩石出露条件好时,还可从高分辨遥感影像上量测其产状要素,特别是人迹罕至的地区,更显得重要。

从遥感影像上识别地质构造,主要有两方面的内容:识别构造类型,有条件时测量其产状要素;判断构造运动的性质。

1)水平岩层的识别

在低分辨率的遥感影像上不容易发现水平岩层的产状,这是由于水平岩遭受侵蚀后,往往由较硬的岩层形成保护层,从而形成陡坡,保护了下部较软的岩层。在高分辨率遥感影像上可发现水平岩层经切割形成的地貌,并可见硬岩的陡坡与软岩形成的缓坡呈同心圆状分布,硬岩的陡坡具有较深的阴影,而软岩的色调较浅。

2)倾斜岩层的识别

在低分辨率遥感影像上,可以根据顺向坡(与岩层倾斜方向一致的坡面)坡面较长,逆向坡坡长较短的特性岩层的倾向。

3)褶皱及其类型的识别

在遥感影像上,褶皱的发现及其类型的确定是建立在对特性和岩层产状要素识别的基础上的。在进行影像分析时应注意不同分辨率遥感影像的综合应用,即光在分辨率较低的影像上进行总体识别,确定褶皱的存在,特别是一些规模较大的褶皱的确定,然后对其关键部位采用高分辨率影像进行详细的识别,以确定褶皱的类型。

褶皱构造由一系列的岩层构成,这些岩层的软硬程度有所差别,硬岩成正地形,软岩成谷地,因此在遥感影像上会形成不同的色带。为发现褶皱构造,首先就要确定这些不同色调的平行色带,选择其中在影像上显示最稳定、延续性最好的作为标志层,标志层的色带呈圈闭的圆形、椭圆形、橄榄形、长条形或马蹄形等,是确定褶皱的重要标志。在中低分辨率影像上能反映稍大的褶皱,而在高分辨率遥感影像上,不仅能发现较小规模的褶皱,而且还能确定其岩体层的分部层序是否对称重复以及具体产状要素,这是确定褶皱存在的重要证据,特别是在高分辨率遥感影像上观察标志层在转折端的形态,有助于识别褶皱的存在及褶皱的类别。

4)断层及其类型的识别

在影像上不能直接确定地层的新老,但可以观察到岩层的倾向。当逆向坡(陡坡)向外、顺向坡(缓坡)向内(向轴线倾斜)时是向斜构造;逆向坡(陡坡)朝内(面向褶皱轴),顺向坡(缓坡)朝外时(远离褶皱轴),是背斜构造。当岩层的走向不是很连续时,逆向坡往往会形成地形三角面,这在遥感影像上是比较直观的。

通常,断层在没有疏松沉积物覆盖的情况,在遥感影像上都有明显的特征。

断层是一种线形构造,在遥感影像上表现为线性影像。它基本上有两种表现形式:一是线性的色调异常,即线性的色调与两侧的岩层色调都明显不同;二是两种不同色调的分界面呈线状延伸。

（3）**构造运动分析**

通过对遥感影像的解译,不仅能对岩性和地质构造作出判断,而且还能对一个地区的近代和现代地壳运动特征作出分析,特别是新构造运动主要表现为升降运动,并会引起老断裂的复活和新断裂的产生,同时它也能在地貌、水系等特征上表现出来。

上升运动表现为地壳的抬升或掀升,前者为比较均匀的上升,后者为空间上的不均匀上升。在地貌上表现出山地的抬升及河流的切割,也就是说山地切割的深度与现代地壳上升的幅度成正比。在遥感影像上河流的切割深度是可识别的,从而可以求出地壳相对上升的幅度。地壳的下沉区在地貌上表现为负地形,如许多盆地,相对于周围山地来说都是相对下沉区。两者接触地带往往有断裂的存在。此外,从山地河谷出口处、冲积—洪

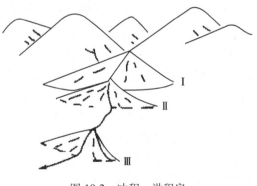

图 10.2　冲积—洪积扇

积扇的分布也能反映升降运动的状况。山地上升,冲积—洪积扇的堆积旺盛,颗粒较粗,表面坡度大,而扇体本身也受后期切割影响,在前端形成新的冲积—洪积扇(图 10.2)。

据此还可以分析出地壳上升运动的节奏性,图 10.2 中的第 Ⅰ 期洪积扇与第 Ⅱ 期呈镶嵌套叠状,表明山地在两次相对上升期之间的时间间隔较短,而第 Ⅱ 期与第 Ⅲ 期之间的时间间隔相对较长。根据洪积扇的规模还可以确定各次上升运动的强度。

此外,洪积扇的偏转、扭曲等变形也反映出地壳掀斜、升降的特征。

10.2　植物遥感

植物调查是遥感的重要应用领域。植被是环境的重要组成因子,也是反映区域生态环境的最好标志之一,同时也是土壤、水文等要素的解译标志。个别植物还是找矿的指示植物。

10.2.1 植物遥感的概述

对植物遥感的研究由来已久。早期的研究主要集中在植物及土地覆盖类型的识别、分类与专题制图等上。随后,则致力于植物专题信息的提取与表达方式上,提出了多种植被指数,并利用植被指数进行植被宏观监测以及生物量估算——包括作物估产、森林蓄积量估算、草场蓄草量估算等。随着定量遥感的逐步深入,植被遥感研究已向更加实用化、定量化方向发展,提出了几十种植被指数模型,研究植被指数与生物物理参数(叶面积指数、叶绿素含量、植被覆盖度、生物量等),植被指数与地表生态环境参数(气温、降水、蒸发量、土壤水分等)的关系,以提高植物遥感的精度,并深入探讨植被在地表物质能量交换中的作用。植被解译的目的是在遥感影像上有效地确定植被的分布、类型、长势等信息,以及对植被的生物量作出估算,因而,它可以为环境监测、生物多样性保护、农业、林业等有关部门提供信息服务。

10.2.2 植物遥感的原理

(1)叶片和植被

植物遥感依赖于对植物叶片和植被冠层光谱特性的认识,因而需要首先了解植物叶片和植被的结构。图 10.3 显示叶片的内部结构。叶片的最上层为上表皮,由较密集的细胞组成,并被半透明的薄膜(阻止水分丢失)覆盖;最下层为下表皮,所含气孔可与外界进行气体、水分交换,这是植物光合作用和植物生长的根本保证;上、下表皮之间为栅栏组织和海绵组织,其中,栅栏组织由长透镜状细胞平行排列而成,又称为叶绿粒,是由叶绿素和其他色素组成;海绵叶肉组织由相互分离的不规则状

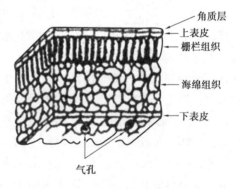

图 10.3 叶片的内部结构

细胞组成,较大的面积可保证光合作用中 O_2 与 CO_2 的充分交换。

植株是由叶、叶柄、茎、枝、花等不同组分组成。从植物遥感——植物与光(辐射)的相互作用出发,植被结构主要指植物叶子的形状(用叶倾角分布 LAD 表示),大小(用叶面积指数 LAI 表示),植被冠层的形状、大小以及几何与外部结构——包括成层现象(涉及多次散射)、覆盖度(涉及空隙率、阴影)等。

植被结构是随着植物的种类、生长阶段、分布方式的变化而变化的。在定量遥感中其大致可分为水平均匀植被(连续植被)和离散植被(不连续植被)两种。两者之间并无严格界线。草地、幼林、生长茂盛的农作物等多属前者,而稀疏林地、果园、灌丛等多属后者。植被结构可通过一组特征参数来描述和表达,如叶面积指数 LAI(定义为单位地表面积上方植物单叶面积的总和)、叶面积体密度 FAVD(定义为某一高度上单位体积内叶面积的总和)、空隙率(或间隙率)、叶倾角分布 LAD(分为均匀型、球面型、倾斜型等)。

植物的光合作用是指植物叶片的叶绿素吸收光能和转换光能的过程。它所利用的仅是太阳光的可见光部分(0.4~0.76 μm),即称为光合有效辐射(PAR),占太阳辐射的47%~50%,其强度随时间、地点、大气条件等变化。植物叶片所吸收的光合有效辐射(APAR)的大小及变化取决于太阳辐射的强度和植物叶片的光合面积。而光合面积不仅与叶面积指数(LAI)有

关,还与叶倾角(LAD)、叶间排列方式、太阳高度角等有关。光合面积与叶绿素浓度结合可以反映作物群体参与光合作用的叶绿素数量。而水、热、气、肥等环境因素直接影响 PAR 向干物质转换的效率。如叶片缺水、气孔减小,将直接影响作为光合作用原料的 CO_2 的吸收。

射入叶片的可见光部分中的蓝光、红光及少部分绿光可被叶绿素所吸收,以用于光合作用。叶子光合作用的过程总是伴随着叶子的呼吸作用进行的。叶子通过其下表皮层的气孔吸入 CO_2,并扩散到叶腔内;在光能的作用下,叶内的二氧化碳(CO_2)与水汽(H_2O)结合,经光合作用过程生成碳水化合物($C_6H_{12}O_6$)和呼出氧气(O_2)。

植物在光合作用过程中将转换和消耗光能。此外,射入植被的光能除了被叶子吸收外,还有部分的反射和透射(部分透射能可达地表)。部分阳光投射到植物体的非光合器官上,因而光合作用的潜力受植物类型、结构、生态环境等多方面因素的影响。

(2)植物的光谱特征

近红外波段在植物遥感中具有非常重要的作用,这是因为近红外区的反射是受叶内复杂的叶腔结构和腔内对近红外辐射的多次散射控制,以及近红外光对叶片有近 50% 的透射和重复反射的原因。随着植物的生长、发育或受病虫害胁迫状态或水分亏缺状态等的不同,植物叶片的叶绿素含量、叶腔的组织结构、水分含量均会发生变化,致使叶片的光谱特性变化。虽然这种变化在可见光和近红外区同步出现,但近红外的反射变化更为明显。这对于植物/非植物的区分、不同植被类型的识别、植物长势的监测等是很有价值的。

植物的发射特征主要表现在热红外和微波谱段。植物在热红外谱段的发射特征,遵循普朗克黑体辐射定律,与植物温度直接相关。植物非黑体而是灰体,因而研究它的热辐射特征必须考虑植物的发射率。植物的发射率是随植物类别、水分含量等的变化而变化的。健康绿色植物的发射率一般为 0.96~0.99,通常取 0.97~0.98;干植物的发射率变幅较大,一般为 0.88~0.94。

植物的微波辐射特征能量较低,受大气干扰较小,也可用黑体辐射定律来描述。植物的微波辐射能量(即微波亮度温度)与植物及土壤的水分含量有关。而植物的雷达后向散射强度(即主动微波辐射)与其介电常数和表面粗糙度有关。它反映了植物水分含量和植物群体的几何结构,同样传达了大量植物的信息。研究表明:JERS-1 的 SJU(L 波段)图像可以穿透植被,而得到植物生长环境的信息;ERS-1 的 SAR(C 波段)图像可以直接监测植被,并含有土壤和地形信息(Genya S,1996);Palosm(1998)研究了多波段(L、C、P),多极化的 SAR 数据与农田观测的叶面积之间关系,指出可以用多波段雷达数据估算作物叶面积指数(LAI)。可见,植物的发射特征(热红外和微波)和微波散射特征信息是光学反射遥感数据的补充,也是植物遥感的理论基础。

Boochs(1990)指出,植被对电磁波的响应,即植被的光谱反射或发射特性是由其化学和形态学特征决定的。而这种特征与植被的发育、健康状况以及生长条件密切相关。因此,可以采用多波段遥感数据来揭示植物活动的信息,进行植物状态监测等。

单叶的光谱行为对植被冠层光谱特性是很重要的,但并不能完全解释植被冠层的光谱反射。植被冠层是由许多离散的叶子组成,这些叶子的大小、形状、方位、覆盖范围是变化的。

自然状态下的植被冠层(如一片森林或作物)是由多重叶层组成,上层叶的阴影挡住了下层叶,整个冠层的反射是由叶的多次反射和阴影的共同作用而成,而阴影所占的比例受光照角度、叶的形状、大小、倾角等的影响。一般说来,因阴影的影响,往往冠层的反射低于单叶的实验室监测的反射值,但在近红外谱段冠层的反射更强。这是由于植物叶子透射 50%~60%的近红外辐射能,透射到下层的近红外辐射能被下层叶反射,并透过上层叶,导致冠层红外反射的增强,如图 10.4 所示。

在植物冠层,多层叶子提供了多次透射、反射的机会。因此,在冠部近红外反射随叶子层数的增加而增加(图 10.5)。试验证明,约 8 层叶的近红外反射率达最大值。

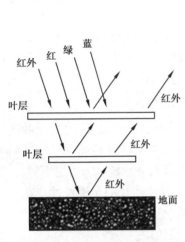

图 10.4　植被冠层的多次反射

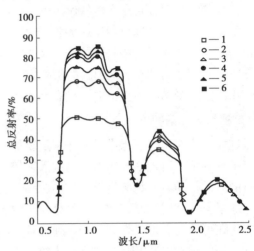

图 10.5　多层棉叶的总反射率

植物冠层的波谱特性,除了受植物冠层本身组分——叶子的光学特性的控制,还受植物冠层的形状结构、辐照及观测方向等的影响。因此,植被的波谱特性与覆盖度、生物量密切相关。植被覆盖度从 0(裸地)→近 100(几乎全覆盖),光谱特征从裸地光谱到植物光谱占主导地位,生物量也逐渐增加。原则上,生物量可以通过比较近红外区(0.8~1.1 μm)与绿光区(0.4 μm)的反射率求得。

所谓"红边"是指红光区外叶绿素吸收减少部位(约<0.7 μm)到近红外高反射率(>0.7 μm),健康植物的光谱响应陡然增加(亮度增加约 10 倍)的这一窄条带区。Collins (1978)研究作物不同生长期内的高光谱扫描数据时发现,作物快成熟时,其叶绿素吸收边(即红边)向长波方向移动,即"红移"。这种"红移"现象除了作物外,其他植物也有,且红移量随植物类型的变化而变化,因而可以通过对作物红边移动的观察来评价作物间的差异以及某一特定作物成熟期的开始。Collins 还认为选择在 0.745 μm 和 0.78 μm 很窄的波段,可观察这一特定期的"红移"现象。"红移"出现的原因虽很复杂,但其重要原因是由于作物成熟叶绿素 a 大量增加(即叶黄素代替叶绿素)所致。Horler 等(1983)通过实验研究认为红边(0.68~0.80 μm)可以作为植物受压抑(胁迫状态)的光谱指示波段区。

(3)植被指数的种类

由于植被光谱受植被本身、土壤背景、环境条件、大气状况、仪器定标等内外因素的影响,因此植被指数往往具有明显的地域性和时效性。20 余年来,国内外学者已研究发展了几十种不同的植被指数模型,大致可归纳为下述几类。

1)比值植被指数

由于可见光红波段(R)与近红外波段(NIR)对绿色植物的光谱响应十分不同,且具倒转关系。两者简单的数值比能充分表达两反射率之间的差异。

　　对于绿色植物叶绿素引起的红光吸收和叶肉组织引起的近红外强反射,使其 R 与 NIR 值有较大的差异,RVI(比值植被指数)值高。而对于无植被的地面,包括裸土、人工特征物、水体以及枯死或受胁迫植被,因不显示这种特殊的光谱响应,则 RVI 值低。因此,比值植被指数能增强植被与土壤背景之间的辐射差异。土壤一般有接近于 1 的比值,而植被则会表现出高于 2 的比值。可见,比值植被指数可提供植被反射的重要信息,是植被长势、丰度的度量方法之一。同理,可见光绿波段(叶绿素引起的反射)与红波段之比 G/R,也是有效的。比值植被指数可从多种遥感系统中得到,但主要用于 Landsat 的 MSS、TM 和气象卫星的 AVHRR。

　　RVI 是绿色植物的一个灵敏的指示参数。研究表明,它与叶面积指数(LAI)、叶干生物量(DM)、叶绿素含量相关性高,被广泛用于估算和监测绿色植物生物量。在植被高密度覆盖的情况下,它对植被十分敏感,与生物量的相关性最好。但当植被覆盖度小于 50% 时,其分辨能力显著下降。此外,RVI 对大气状况很敏感,大气效应大大降低了它对植被检测的灵敏度,尤其是当 RVI 值高时。因此,最好运用经大气纠正的数据,或将两波段的灰度值(DN)转换成反射率(ρ)后再计算 RVI,以消除大气对两波段不同非线性衰减的影响。

　　2)归一化植被指数

　　归一化植被指数(NDVI)被定义为近红外波段与可见光红波段数值之差和这两个波段数值之和的比值。

　　NDVI 是简单比值 RVI 经非线性的归一化处理所得。在植被遥感中,NDVI 的应用最为广泛。它是植被生长状态及植被覆盖度的最佳指示因子,与植被分布密度呈线性相关。因此又被认为是反映生物量和植被监测的指标。

　　经归一化处理的 AVHRR 的 NDVI,部分消除了太阳高度角、卫星扫描角及大气程辐射的影响,特别适用于全球或各大陆等大尺度的植被动态监测。这是因为,对于陆地表面主要覆盖而言,云、水、雪在可见光波段比近红外波段有较高的反射率,因而其 NDVI 值为负值(≤0);岩石、裸土在两波段有相似的反射作用,因 ρ 其 NDVI 值近于 0;而在有植被覆盖的情况下,NDVI 为正值(>0),并随着植被覆盖度的增大,其 NDVI 值也就越大。可见,几种典型的地面覆盖类型在大尺度 NDVI 图像上区分鲜明,植被可得到有效的突出。

　　NDVI 的一个缺陷在于,对土壤背景的变化较为敏感。实验证明,当植被覆盖度小于 15% 时,植被的 NDVI 值高于裸土的 NDVI 值,植被可以被检测出来,但因植被覆盖度很低,如干旱、半干旱地区,其 NDVI 很难指示区域的植物生物量,而对观测与照明却反应敏感;当植被覆盖度由 25% 向 80% 增加时,其 NDVI 值随植物量的增加呈线性迅速增加;当植被覆盖度大于 80% 时,其 NDVI 值增加延缓而呈现饱和状态,对植被检测灵敏度下降。

　　实验表明,作物生长初期 NDVI 将过高估计植被覆盖度,而在作物生长的结束季节,NDVI 值偏低。因此,NDVI 更适用于植被发育中期或中等覆盖度的植被检测。

　　3)差值植被指数

　　差值植被指数(DVI)又称为环境植被指数(EVI),被定义为近红外波段与可见光红波段数值之差。

　　差值植被指数的应用远不如 RVI、NDVI。它对土壤背景的变化极为敏感,有利于对植被生态环境的监测。另外,当植被覆盖浓密(≥80%)时,它对植被的灵敏度下降,适用于植被发育早—中期,或低—中覆盖度的植被检测。

上述的 NDVI、DVI 等植被指数均较大程度地受土壤背景的影响,且这种影响是相当复杂的,它随波长、土壤特征(含水量、有机质含量、表面粗糙度等)及植被覆盖度、作物排列方向等的变化而变化。

对于植被指数的主要组成波段——红光和近红外光而言,叶子对红光的作用主要是吸收,而透射、反射均很小,作为背景的土壤则红光的反射较强,因此在植被非完全覆盖的情况下,冠层的红光反射辐射中,土壤背景的影响较大,且随着覆盖度的变化而变化;但近红外波段的情况完全不同,叶子对近红外光的反射、透射均较高(约各占 50%),吸收极少,而土壤对近红外光的反射明显小于叶的反射。因此在植被非完全覆盖的情况下,冠层的近红外反射辐射中,叶层的多次反射及与土壤的相互作用是复杂的,土壤背景的影响仍较大。

4)缨帽变换中的绿度植被指数

为了排除或减弱土壤背景值对植物光谱或植被指数的影响,除了前述出现一些调整、修正土壤亮度的植被指数(如 SAVI、TSAVI、MSAVI 等)外,还广泛采用了光谱数值的缨帽变换技术(Tasseled Cap,TC 变换)。该技术是由 K. J. Kauth 和 G. S. Thomas 首先提出,故又称为 K-T 变换。

缨帽变换是指在多维光谱空间中,通过线性变换、多维空间的旋转,将植物、土壤信息投影到多维空间的一个平面上,在这个平面上使植被生长状况的时间轨迹(光谱图形)和土壤亮度轴相互垂直。也就是说,通过坐标变换使植被与土壤特征分离。植被生长过程的光谱图形呈所谓的"缨帽"图形;而土壤光谱则构成一条土壤亮度线,有关土壤特征(含水量、有机质含量、粒度大小、土壤矿物成分、土壤表面粗糙度等)和光谱变化都沿土壤亮度线方向产生。

缨帽变换是一种通用的植被指数,可以被用于 Landsat MMS 或 Landsat TM 数据。对于 Landsat MMS 数据,缨帽变换将原始数据进行正交变换,变成四维空间(包括土壤亮度指数 SBI、绿色植被指数 GVI、黄色成分(stuff)指数 YVI,以及与大气影响密切相关的 non-such 指数(NSI)。对于 Landsat TM 数据来说,缨帽植被指数由 3 个因子组成——"亮度""绿度"与"第三"(Third)。其中的亮度和绿度相当于 MSS 缨帽的 SBI 和 GVI,第三种分量与土壤特征有关,其包括水分状况。

5)垂直植被指数

垂直植被指数(PVI)是在 R、NIR 二维数据中对 GVI 的模拟,两者物理意义相似。在 R、NIR 的二维坐标系内,土壤的光谱响应表现为一条斜线——土壤亮度线。土壤在 R 与 NIR 波段均显示较高的光谱响应,随着土壤特性的变化,其亮度值沿土壤线上下移动。而植被一般在红波段响应低,而在近红外波段光谱响应高。因此在二维坐标系内植被多位于土壤线的左上方。

10.2.3 植被遥感的应用

(1)大面积农作物的遥感估产

研究作物冠层反向光谱特征与冠层状态参数之间的关系,是用 MSS、TM 和 NOAA 等卫星遥感信息进行作物估产的基础。已有研究表明,可见光和近红外波段反射率组成的植被指数随作物冠层状态参数变化而呈现出有规律变化。大面积农作物的遥感估产主要包括 3 方面内容,即农作物的识别与种植面积估算、长势监测和估产模式的建立。

可以根据作物的色调、图形结构等差异最大的物候期(时相)的遥感影像和特定的地理位置等的特征,将其与其他植被区分开来。大面积的农作物除了具备与一般植被相似的光谱特征外,大都分布在地面较为平坦的平原、盆地、河谷内,少量分布在山坡、丘陵的顶部。由于耕作的需要,田块通常具有规则的几何形状(山区零星小块耕地除外)。在农作物估产时,除了使用空间分辨率较低的卫星遥感影像,如 NOM 的 AVEER、我国的 FY-1 影像外,并结合使用 Landsat、CBERS 等中等分辨率的影像,做出农作物的分布图。还必须应用较高分辨率的 SPOT 影像及高分辨率的遥感影像(如 IKONOS 和航空遥感影像等)对农作物分布图进行抽样检验,修正农作物分布图,从而求出农作物的播种面积。

利用高时相分辨率的卫星影像(如 NOAA、FY-1、FY-2 等)对作物生长的全过程进行动态观测。对作物的播种、返青、拔节、封行、抽穗、灌浆等不同阶段的苗情、长势制作分片分级图,并与往年同样苗情的产量进行比较、拟合,并对可能的单产作出预估。在这些阶段中,如发生病虫害或其他灾害,使作物受到损伤,也能及时地从卫星影像上发现,及时地对预估的产量作出修正。

监测作物长势水平的有效方法是利用卫星多光谱通道影像的反射值得到植被指数(VI)。常用的植被指数有比值植被指数(RVI)、归一化植被指数(NDVI)、差值植被指数(DVI)和垂直植被指数(PVI)等。

建立农作物估产模式。用选定的植物灌浆期植被指数与某一作物的单产进行回归分析,得到回归方程。如果作物返黄成熟期没有发生灾害或天气突变等影响作物产量的事件,那么,估产方程作为模型被确定。

(2)植被动态变化制图

应用遥感影像进行植被的分类制图,尤其是大范围的植被制图,是一种非常有效而且节约大量人力、物力的工作,已被广泛采用。在我国内蒙古草场资源遥感调查,"三北"防护林遥感调查水土流失遥感调查、洪湖水生植被调查、洞庭湖芦苇资源的调查、天山博斯腾湖水生植物调查、新疆塔里木河流域胡杨林调查、华东地区植被类型制图、南方山地综合调查等许多研究中,都充分利用了遥感影像,其制图精度超过了传统方法。此外,在湖北的神农架地区以及湖北、四川部分地区的大熊猫栖息地的调查中,利用遥感影像把大熊猫的主要食用植物箭竹与其他植物区别开来,从而对圈定大熊猫的栖息地起到了重要的作用。

随着全球生态环境的恶化,植物遥感既可以了解局部地区植物状况和类型,又可以围绕全球生态环境而进行大尺度(洲际或全球)植被的动态监测及植被与气候环境的关系研究。在全球土地覆盖类型研究中,考虑到南北半球的差异,即南半球的 1 月份约相当于北半球的 7 月份,因而在数据采集上,将南半球数据移动 6 个月。经数据预处理后,对全球的 NDVI 作集群分类,分出 13 种土地覆盖类型——热带雨林、热带大草原、落叶林、常绿阔叶林、季雨林、热带草原和草原、草原、地中海灌木、常绿针叶林、阔叶林地、灌木和仅有旱生植被的干草原(半干旱)、苔原冻土冰区、沙漠,作全球土地覆盖类型图,并作 13 种类别 NDVI 的季节变化曲线,以进行全球土地覆盖类型的动态监测。

我国不少学者也用 NOAA/FY-1 的 NDVI,作全国植被或土地覆盖类型图,进行全国植被生态环境动态监测,以反映植被或土地覆盖的年、季、月动态变化及地域气候界线。由于用 3 条轨道的 NOAA/AVHRR 数据方可覆盖全国,而气象卫星轨道每天东移 6°,3 条轨道的时间约 6 小时,因此多轨拼接存在着一系列的技术问题,如太阳高度角的纠正,目标反射辐射值的归一化处理,投影变换等。一般先计算每天的 NDVI 值,将每个像元 10 天中 NDVI 最大值作为该像元的"旬"NDVI值,再由一个月中的上、中、下旬NDVI生成每月的全国植被指数图,以反映植被及生态环境的动态变化。

(3)城市绿化调查与生态环境评价

改善城市的生态环境,提高城市绿化水平是我国城市生态建设的重要问题。近20年来,我国应用高分辨率遥感影像进行城市绿化调查已取得了显著成效。我国的几个主要特大城市都进行过这方面的工作,北京市8301工程,上海市的三轮遥感综合调查,广州市、天津市、桂林市都应用航空遥感影像,做出了城市绿地分布、绿地类型等图件,进行定量研究。上海市在第二轮航空遥感综合调查中,通过遥感影像解译与野外实测相结合找出遥感影像特征与植株高度、胸径的关系,提出"三维绿化指数"或"绿量"指标,以代替原先的"绿化覆盖率"指标来评价城市绿化水平。研究指出,相同面积的草地、灌木和乔木具有相同的"绿化覆盖率",但具有不同的"绿量",其中,乔木具有最高的"绿量",而草地的绿量最小,同样面积的乔木制氧和净化空气的效率为草地的4~5倍。要提高城市绿化水平,不仅要提高绿化覆盖率,而更重要的是要提高"三维绿化指数",也就是说要提高绿化的质量,这对改善城市生态建设和管理的理论和实践都有重要指导意义。

10.3　农业遥感

农业遥感是指利用遥感技术进行农业资源调查,土地利用现状分析,农业病虫害监测,农作物估产等农业应用的综合技术,可通过获取农作物影像数据,包括其农作物生长情况、预报预测农作物病虫害。

10.3.1　农业遥感基本原理与主要内容

(1)基本原理

农业遥感基本原理:遥感影像的红波段和近红外波段的反射率及其组合与作物的叶面积指数、太阳光合有效辐射、生物量具有较好的相关性。通过卫星传感器记录的地球表面信息,可辨别作物类型,建立不同条件下的产量预报模型,集成农学知识和遥感观测数据,实现作物产量的遥感监测预报。人们可从遥感集市下载获取影像数据,通过各大终端产品定期获取专题信息产品监测与服务报告,同时又避免使用手工方法收集数据费时费力且具有某种破坏性的缺陷。

(2)主要内容

农业遥感是将遥感技术与农学各学科及其技术结合起来,为农业发展服务的一门综合性很强的技术。主要包括利用遥感技术进行土地资源的调查、土地利用现状的调查与分析、农作物长势的监测与分析、病虫害的预测以及农作物的估产等,是当前遥感应用的最大用户之一。

利用遥感技术可监测农作物种植面积、农作物长势信息,快速监测和评估农业干旱和病虫害等灾害信息,估算全球范围、全国和区域范围的农作物产量,为粮食供应数量分析与预测预警提供信息。

遥感卫星能够快速准确地获取地面信息,结合地理信息系统(GIS)和全球定位系统

（GPS）等其他技术,可以实现农情信息收集和分析的定时、定量、定位,客观性强,不受人为干扰,方便农事决策,使发展精准农业成为可能。

农业遥感精细监测的主要内容包括下述内容。

①多级尺度作物种植面积遥感精准估算产品。

②多尺度作物单产遥感估算产品。

③耕地质量遥感评估和粮食增产潜力分析产品。

④农业干旱遥感监测评估产品。

⑤粮食生产风险评估产品。

⑥植被标准产品集。

10.3.2　农业遥感的主要应用

（1）农业资源调查及动态监测

①1980 年 6 月—1983 年 12 月,在全国农业区划办公室的组织下,会同国家测绘局、林业部、农牧渔业部及有关的 46 个单位 298 名科技人员,利用 MSS 卫片进行了全国土地资源概查。第一次利用美国陆地卫星 MSS 数据进行了全国范围内 15 个地类的土地利用现状调查,并按 1∶50 万比例尺成图,宏观地反映了我国土地资源的基本状况,填补了我国土地资源不清的空白。

②土壤侵蚀遥感调查。20 世纪 80 年代中期,我国主要利用美国陆地卫星资料进行了土壤侵蚀分区、分类、分级制图。各区制图比例尺不小于 1∶50 万,全国拼图后缩成 1∶100 万,1∶200 万,1∶250 万成果图,并制成 1∶400 万土壤侵蚀区划图。

③中国北方草原草畜动态平衡监测研究。1989—1993 年,在国家航天局的资助下,全国农业区划办公室组织有关单位,利用遥感技术建立了我国北方草原草畜动态平衡监测业务化运行系统。

④全国耕地变化遥感监测。1993—1996 年,全国农业资源区划办公室组织有关技术单位,利用美国陆地卫星图像连续 4 年开展了全国耕地变化遥感监测工作,其结果引起了中央有关部门的高度重视,为合理利用每寸土地,保护农业耕地提供了辅助决策依据。

⑤"八五"期间,全国农业资源区划办公室和中国科学院资源环境局组织开展了"国家资源环境遥感宏观调查与动态研究",在 1992—1995 年的 3 年时间里完成了全国资源环境调查,建立了一个完整的资源环境数据库,与过去开展一项单项专题的全国资源环境调查需 5～10 年的时间相比,是一个很大的进步。在项目实施中,全部采用了 20 世纪 90 年代接收的最新陆地卫星 TM 图像作为主要的信息源,在大兴安岭、秦岭、横断山脉一线以东选用 1∶25 万比例尺,此线以西采用 1∶50 万比例尺进行遥感图像判读、制图及数据库建立工作。

⑥我国北方四省十年土地开发综合评价。1997—1998 年,全国农业资源区划办公室组织有关单位,利用美国陆地卫星 TM 图像,对黑龙江、内蒙古、甘肃和新疆等四省区,监测了近十年(1986—1996)来的土地开发利用状况,并结合有关资料进行了综合评价。结果显示,我国北方地区土地利用类型变化幅度较大,土地利用结构不合理;草地退化严重;土地荒漠化趋势加剧,农业生态环境变坏的趋势日益严重;耕地开垦有一定的盲目性,新开垦的耕地基础设施不足。这一结果得到了中央领导的重视,为严格禁止毁林开荒、毁草种粮提供了政策依据。

⑦草地遥感监测和预警系统建设。该项目由农业部遥感应用中心于 2000 年设立并开展

工作。该项目是利用遥感技术、地理信息系统和全球定位系统等现代空间信息技术手段,建立技术先进、快速准确的中国草地退化和草畜动态平衡遥感监测系统。

（2）农作物估产

1989—1995年,先后进行了黄淮海平原遥感小麦估产,京津冀地区小麦遥感估产、华北六省冬小麦遥感估产、黑龙江省大豆及春小麦遥感估产、南方稻区水稻估产、棉花估产等研究。自1996年起,黄淮海平原冬小麦长势监测及产量估测转为业务化试验运行阶段,这一工作的开展为全国农作物长势监测和估产积累了经验和技术基础。1999年,在农业部发展计划司的直接领导和组织下,成立了农业部农业遥感应用中心。1999年以来,农业部遥感应用中心开展了全国冬小麦估产的业务化运行工作,并取得了较好的效果,实现了全国冬小麦估产的业务化运行目标,并正在开展全国性玉米、水稻、棉花等大宗农作物遥感估产的业务化运行工作。

（3）灾害遥感监测和损失评估

开展了北方地区土地沙漠化监测、黄淮海平原盐碱地调查及监测、北方冬小麦旱情监测等。草原火灾、雪灾等监测系统已投入运行。从1995年开始,开展了利用NOAA卫星等资料进行黄淮海平原地区旱灾监测的业务化运行工作,经过几年的努力,1999年在全国农业资源区划办公室的领导和组织下,旱灾监测也由仅监测黄淮海平原地区扩展到全国冬小麦主产区。

从农业部门的实际应用来看,随着社会主义市场经济体制的建立,及时掌握农业资源状况和演变趋势,提出合理可持续利用的科学对策,是实现资源和生产力要素的优化配置,保证国民经济持续、稳定、协调发展的重要手段;及时掌握主要农作物的播种面积、长势和产量,对于国家制订合理的农产品贸易政策有重要意义。农业部门在未来对遥感技术将有多方面的要求,例如:要求在有云、雨、雪天都能获得遥感信息,实现全天候遥感探测;由于农作物、农事活动、生物等多在小尺度空间生存活动,因此要求空间分辨率较高;农事活动、特别是农作物和牧草的生长和发育随时间变化较快,因此要求遥感的时间分辨率高,也就是说,要求经常获得遥感信息(至少1周或半个月获得一次信息);农业活动是在一定空间进行的,要求定点、定位、定量,以满足精准农业比如精准灌溉、精准施肥、精准播种、精准防治病虫害等的需要,从而进一步充分发挥遥感技术的作用。在农业资源动态监测方面,将要求针对全国范围内的基本资源与生态环境状况,建立空间型信息系统,形成较短,如每年动态更新一次的能力,对国家资源热点问题,如耕地动态变化等每年提供一次专题报告和相应的资源环境辅助决策信息。在农作物长势监测和产量预报方面,将向着高精度、短周期、低成本方向进一步深入。

在灾害监测与评估方面将建成综合监测与评估业务化运行系统,使之具备定期发布灾情、随时监测评估洪涝灾害和重大自然灾害的应急反应能力。随着高中低轨道结合、大小微型卫星协同、高低精度分辨率互补的全球对地观测网的形成,地理信息产业的进一步成熟和空间定位精度的提高,遥感技术将在农业资源环境调查和动态监测、土地退化、节水农业、精准农业、农业可持续发展、全国主要农作物及牧草的遥感长势监测与估产、重大自然灾害监测和损失评估、遥感对象的识别和信息提取等方面应用更加广泛。

10.4　高光谱遥感

高光谱遥感技术是集探测器技术、精密光学机械、微弱信号检测、计算机技术、信息处理技术于一体的综合性技术。在成像过程中,它利用成像光谱仪以纳米级的光谱分辨率,以几十或几百个波段同时对地表地物像,能够获得地物的连续光谱信息,实现了地物空间信息、辐射信息、光谱信息的同步获取,因而在相关领域具有巨大的应用价值和广阔的发展前景。

10.4.1 高光谱遥感的概念

高光谱遥感是高光谱分辨率遥感(Hypers Pectral Remote Sensing)的简称。它是在电磁波谱的可见光、近红外、中红外和热红外波段范围内,获取许多非常窄的光谱连续的影像数据的技术,其成像光谱仪可以收集到上百个非常窄的光谱波段信息。

10.4.2 高光谱遥感数据的特点

同其他常用的遥感手段相比 ,成像光谱仪获得的数据具有下述特点。

①多波段、波段宽度窄、光谱分辨率高,波段宽度<10 nm ,波段数较多光谱遥感(由几个离散的波段组成)大大增多,在可见光和近红外波段可达几十到几百个。如 AVIRIS 在 0.4~214 波段范围内提供了 224 个波段。研究表明,许多地物的吸收特征在吸收峰深度 1/2 处的宽度为 20~40 nm。这是传统的多光谱等遥感技术所不能分辨的(多光谱遥感波段宽度为 100~200 nm),而高光谱遥感甚至光谱分辨率更高的超光谱遥感却能对地物的吸收光谱特征进行很好的识别,这使得过去以定性、半定量的遥感向定量遥感发展的进程被大大加快。另外,在成像高光谱遥感中,以波长为横轴,灰度值为纵轴建立坐标系,可以使高光谱图像中的每一个像元在各通道的灰度值都能产生一条完整、连续的光谱曲线,即所谓的“谱像合一”,它是高光谱成像技术的一大特点。

②由于波段众多,波段窄且连续,相邻波段具有很高的相关性,使得高光数据量巨大(一次获取数据可达千兆 GB 级)、相性大,尤其在相邻的通道间,具有很大的数据冗余。

③光谱分辨率高。成像光谱仪采样的间隔小,一般为 10 nm 左右。精细的光谱分辨率反映了地物光谱的细微特征,使得在光谱域内进行遥感定量分析和研究地物的化学分析成为可能。

④空间分辨率较高。相对于 MSS（80 m）、TM（30 m）和 SPOT/ HRV 的多波段图像（20 m）,目前实用成像光谱仪有着较高的空间分辨率,加之其高光谱分辨率的特性,使得该种类型的传感器具有广阔的应用前景。

10.4.3 高光谱遥感技术的应用

(1)高光谱遥感在地质中的应用

1)矿物成分识别

高光谱矿物精细识别包括对矿物亚类的识别、矿物组成成分探测、矿物丰度信息提取等矿物微观信息的探测。研究矿物光谱的精细特征与矿物微观信息之间的关系,不仅可以增加矿物识别的种类,还将直接反演地质生成环境。同时,通过高光谱矿物精细识别可将具有地质指示意义的特征物质条件有机地联系起来,更好地促进高光谱技术在基础地质、矿产资源评价与矿山污染监测等领域的深入应用。

2)基于高光谱的地质成因环境探测

在高光谱分辨率下,能够容易检测矿物光谱随某些特定元素(比如 Al,Ca 等)含量的增加而发生漂移的现象,并可能以此特征光谱作为变量来表征矿物中化合物的含量。在地质作用过程中,矿物组成元素发生类质同象置换,如白云母类 Al 与(Fe、Mg)置换,生成钠云母、白云母、多硅白云母及富 Al 或 Al 白云母。绿泥石和黑云母类发生 Fe^{2+} 与 Mg 置换、赤铁矿和褐铁矿中 Al 与 Fe^{3+} 置换、碱性长石中 Na 与 K 置换、斜长石中 Ca 与 Na 置换等,造成矿物中某一组成元素失衡。这些表现在光谱特征的细微变化上,对这些细微特征的"捕捉"可以进行相应的识别。

3)蚀变矿物及矿化带的探测

高光谱遥感被广泛应用于矿产资源的勘查中,其主要是通过蚀变带和蚀变矿物的识别,并结合相似的地质资料,找寻潜在的矿产。各类蚀变矿物往往有很重要的地质指示作用,对它们的识别和探测有重大的地质意义。

4)基于高光谱的成矿预测

通过对矿物识别、地质成因等相关信息的提取与组合关系的分析,能够探讨矿床成生过程中的物源、动力过程等,直接判断可能存在的矿化或矿床信息。这样,在其他知识的辅助下,可以实现对矿化与成矿远景区以及靶区的圈定。基于矿物特征谱带参量地质反演模型,通过对光谱最大吸收深度位置的探测来大致地识别岩性分布。

中国国土资源航空物探遥感中心和中科院遥感应用研究所在分析了岩矿光谱特征在高光谱地质应用各个环节中的作用和影响之后,采用 HyMap 对新疆东天山地区进行高光谱图像数据获取。通过辐射校正、几何校正等图像预处理和 MNF 变换增强不同岩类分布的信息,基于色调的影像光谱和标准库光谱,区分出花岗岩、花岗闪长岩、闪长岩、辉绿玢岩、基性火山岩、火山碎屑岩、正常沉积岩等岩体地层岩性单位。

高光谱最大的优势在于利用有限细分的光谱波段再现像元对应地物目标的光谱曲线。在参考光谱与像元光谱组成的二维空间中,基于整个谱形特征的相似性概率的大小,能有效地避免岩石矿物光谱漂移或光谱变异造成的单个光谱特征的不匹配,并能综合利用弱的光谱信息。在对光谱数据库中岩石矿物光谱特征分析总结的基础上,结合矿物端元选择,利用光谱匹配等方法识别出绿泥石、绿帘石、云母类、白云母、高岭石、盐碱化、方解石等矿物。其中,绿泥石与绿帘石分布在研究区的中部,与地层的分布趋势相一致,可能为区域蚀变所致;云母类主要分布在地层及一些花岗岩体中;碳酸盐岩呈条带状或线状沿构造带近东西向展布;蒙脱石分布在一些白板地;盐碱化分布在一些干枯的小河沟中。

在上述矿物识别中,无论是光谱角度制图技术还是光谱匹配和混合光谱分解,都存在对非端元矿物信息的分割。因此阈值的选择是面临的一个重要问题,这不仅关系到所识别矿物的可靠度,也关系到矿物分布范围大小的界定。同时由于是分航带提取不同航带之间并非精确的大气校正使同一地物的光谱特征存在差异,尽管最大限度地降低或减弱了图像边缘的光谱特征畸变,但所提取的矿物空间展布特征的一致性仍受到制约,增加了制图的困难。

(2)高光谱遥感在植被研究中的应用

在植被中的应用是高光谱的另一个重要的应用。通过遥感确定植物叶子植冠的化学成分来监测大气和环境变化引起的植物功能的变化。植被中非光合作用组分以前用宽带光谱无法测量,现在用高光谱对植被组分中非光合作用组分进行测量和分离则较易实现。

另外,分辨率遥感数据在大比例尺度内进行森林生态系统分类,通过植被物理、化学参数实现对植物生化成分(如 N、P、K、淀粉、水分、纤维素、木质素等含量)及其物理特征物理量的估测等。其中常用的如下所述。

1)植物的"红边"效应

它是位于红光低谷及红光过渡到近红外区域拐点,通过其位置和斜率的特征来体现。"红边"是植物光谱曲线最典型的特征,能很好地描述植物的健康及色素状态。当植物患病时叶绿素减少,"红边"会向蓝光方向移动。植物缺水等原因造成叶片枯黄,"红边"会向近红外方向移动。当植物覆盖度增大时,"红边"的斜率会变陡。

2)植被指数

植物叶面积指数(LAI)是植被研究中非常重要的参数,它是估计植物光合作用、叶子凋落、固氮等过程的重要参数,是植物生长模型中的一个非常关键的变量,可用来模拟植物的生长过程,估算植物的生产能力及干物质量。归一化植被指数(NDVI)是应用很广泛的植被指数,它是植物的生长状态及其空间分布密度的最佳指示因子,此外还有如光合有效辐射APAR等。

(3)高光谱遥感在海洋中的应用

海洋遥感是 20 世纪后期海洋科学取得重大进展的关键技术之一,其主要目的是了解海洋、研究海洋、开发利用和保护海洋资源,因而具有十分重要的战略意义。随着科学技术的发展,高光谱遥感已成为当前海洋遥感前沿领域。由于中分辨率成像光谱仪具有光谱覆盖范围广、分辨率高和波段多等许多优点,因此已成为海洋水色、水温的有效探测工具。它不仅可用于海水中叶绿素浓度、悬浮泥沙含量、某些污染物和表层水温探测,也可用于海冰、海岸带等的探测。

由于海洋光谱特性是海洋遥感的一项重要研究内容,各国在发射海洋遥感卫星前后都开展了海洋波谱特性研究,其中包括大量的海洋光谱特性测量研究。在早期的海洋遥感应用中,所使用的传感器波段少,已满足不了现代定量遥感应用研究的需要。随着中分辨率成像光谱仪的应用,不仅促进了高维数据分析方法的研究,也将促进海洋高光谱特性研究的发展,可以更准确地了解海洋光谱结构,识别海水中不同物质成分的光谱特征,掌握近岸水域光学参数的分布、变化规律,为海洋遥感应用和海洋光学遥感器评价提供可靠依据。

(4)高光谱遥感在大气和环境研究中的应用

大气中的分子和粒子成分在太阳反射光谱中有强烈反应,这些成分包括水汽、二氧化碳、氧气、臭氧、云和气溶胶等。其中水汽是主要的吸收成分,有大量的方法用于分析水汽。这些方法通常都是估算 940 nm 水汽吸收强度与大气中总水柱丰度的关系。在国内,刘金涛等人提出了一套高光谱分辨率激光雷达系统,用于同时测量大气风和气溶胶的光学性质,该系统可以分离大气气溶胶和分子散射,可以直接反射出大气的后向散射比和气溶胶的后相散射系数,同时采用双边缘监测技术,可以获得高精度的大气风速信息。

对于冬季覆盖北半球面积 30% 以上的冰雪,通过成像光谱的模拟试验,特别是 110~113 μm光谱范围的波段,可以获得对冰雪粒径大小的识别。

(5)高光谱遥感在军事上的应用

高光谱影像由于其具有的丰富的地面信息,从一开始就被应用于军事领域,并在实际应用中表明这种光谱成像技术在军事上具有很高的应用价值,因而军用卫星上采用这种遥感器的趋势正在快速增长。在军事侦察、识别伪装方面,它能够根据目标与伪装材料不同的光谱特性,利用成像光谱仪可以从伪装的物体中自动发现目标;在调查武器生产方面,超光谱成像仪不但可探测目标的光谱特性、存在状况,甚至可分析其物质成分,从而可采集工厂产生的烟雾,直接识别其物质成分,判定工厂生产的武器,特别是攻击性武器。在海军作战方面,目前美国海军设计的超光谱成像仪,可在 $0.4 \sim 2.5 \ \mu m$ 光谱范围内提供 210 个成像光谱数据,可获得近海环境目标的动态特性,例如海水的透明度、海洋深度、海洋大气能见度、海流潮汐、海底类型、生物发光、海滩特征、水下危险物、油泄漏、大气中水汽总量和次见度卷云等成像数据,这对海军近海作战具有十分重大的意义。

(6)高光谱遥感在其他领域中的应用

高光谱影像由于其具有丰富的地面信息,其应用领域正在迅速拓展。在实际应用中,远远不只局限于高光谱影像的若干主要应用领域。在其他方面诸如自然灾害监测、农业应用、林业遥感、宇宙和天文学等领域也有广阔的应用前景。随着科学技术的不断进步,高光谱的应用领域将会进一步拓宽 ,在各个领域的影响也会进一步增大。

本章小结

遥感作为一门日趋成熟的科学技术,在国家中长期科技发展规划中的地位已突显出来,近年国家特别强调以产业需求为导向,以行业应用的标准化规范化技术流程建立为重点,全面推进遥感技术的发展,国家的重视、社会的需求给遥感工作者带来了前所未有的发展机遇,遥感技术必将在未来的社会发展中起到越来越广泛的作用。

思考与习题

1.遥感技术在测绘中的应用包括哪几个方面?

2.试说明在测绘领域 3S 如何综合应用。

3.如何利用遥感技术调查水资源?

4.遥感被用于煤炭工业,取得了哪些应用效果?

参考文献

[1] 张祖勋,张剑清.数字摄影测量学[M].武汉:武汉大学出版社,2010.

[2] 梅安新,等.遥感导论[M].北京:高等教育出版社,2001.

[3] 刘广社.摄影测量学[M].郑州:黄河水利出版社,2006.

[4] 孙家抦.遥感原理与应用[M].武汉:武汉大学出版社,2013.

[5] 赵红,等.摄影测量与遥感技术[M].武汉:武汉理工大学出版社,2016.

[6] 刘广社.摄影测量与遥感[M].武汉:武汉大学出版社,2013.

[7] 王佩军,徐亚明.摄影测量学[M].武汉:武汉大学出版社,2009.

[8] 邹晓军.摄影测量基础[M].郑州:黄河水利出版社,2012.

[9] 张剑清,潘励,王树根.摄影测量学[M].武汉:武汉大学出版社,2003.

[10] 米志强. 摄影测量与遥感[M].北京:煤炭工业出版社,2008.

[11] 李玲,黎晶晶. 摄影测量与遥感基础[M].北京:机械工业出版社,2014.

[12] 耿则勋,张宝明,范大昭.数字摄影测量学[M].北京:测绘出版社,2010.

[13] 张保明,龚志辉,郭海涛.摄影测量学[M].北京:测绘出版社,2008.

[14] 国家测绘局人事司,国家测绘局职业技能鉴定指导中心.摄影测量:技师版[M].北京:测绘出版社,2009.

[15] 许妙忠. 4D 产品的生产和应用系列讲座(一)数字地面模型的生产和应用[J]. 测绘信息与工程,2001(2):35-39.

[16] 许妙忠. 4D 产品的生产和应用系列讲座(二)数字正射影像的生产和应用[J]. 测绘信息与工程,2001(4):37-40.

[17] 许妙忠. 4D 产品的生产和应用系列讲座(三) 数字栅格地图的生产和应用[J]. 测绘信息与工程,2002(1):23-25.

[18] 许妙忠. 4D 产品的生产和应用(四)数字线划地图的生产和应用[J]. 测绘信息与工程,2002(2):26-27.

[19] 陈洪,陈宜金,游代安,等.基于扫描矢量化地图数据生产的数据质量控制[J].北京测绘,2004(1):32-36.

[20] 董廷旭,张雪梅,张新合,等.数字栅格地图生产与质量控制研究[J].绵阳师范学院学报,2008,27(5):98-102.

[21] 周树奎,刘高潮,周鹏,等.如何从数字线划图制作数字栅格地图[J].地理空间信息,2005

(5):53-54.

[22] 张晓东,金淑英.高精度数字栅格地图的制作方法[J].测绘信息与工程,2005(6):14-15.

[23] 邹修明.栅格地图矢量化关键技术研究[D].南京:南京理工大学,2002.

[24] 马春艳.基于JX-4C全数字摄影测量系统的数字线划地图的绘制[J].矿山测量,2007
(2):24-25,69.

[25] 罗青斌.数字线划地图转化为数字栅格地图的方法介绍[J].江西测绘,2007(4):33-34.

[26] 何艳飞.1:5万DLG质量检查系统及其关键问题的研究[D].成都:西南交通大学,2008.

[27] 李正品.全数字近景摄影测量在大比例尺地形测绘中的应用[D].昆明:昆明理工大
学,2006.

[28] 郭春喜,韩买侠.数字高程模型(DEM)和数字线划图(DLG)的坐标转换方法[J].测绘通
报,2013(1):57-59.

[29] 刘博宇,高秋华.数字线划图的精度评定与分析[J].测绘与空间地理信息,2012(9):
213-214.

[30] 冉花.数字线划地图的生产工艺方法研究[D].西安:长安大学,2013.

[31] 刘淑慧.无人机正射影像图的制作[D].抚州:东华理工大学,2013.

[32] 李中洲.基于立体像对的正射影像制作关键技术研究[D].青岛:中国石油大学(华
东),2012.

[33] 张书煌,吕良寿,王苏京.全数字摄影测量与4D技术探讨[J].遥感信息,2000(4):68-73.

[34] 黄晶晶.数字高程模型TIN和等高线建模[D].长沙:中南大学,2007.

[35] 亢孟军.数字高程模型不规则四边形网建模方法研究[D].武汉:武汉大学,2011.

[36] 陈敬周.数字高程模型的生成与应用[D].太原:太原理工大学,2007.

[37] 梅安新,彭望.遥感导论[M].北京:高等教育出版社,2001.

[38] 尹占娥.现代遥感导论[M].北京:科学出版社,2016.

[39] 李小文.遥感原理与应用[M].北京:科学出版社,2015.

[40] 方德庆.遥感地质学[M].北京:石油工业出版社,2013.

[41] 贾海峰.环境遥感原理与应用[M].北京:中国科技大学出版社,2006.

[42] 刘良云.植被定量遥感原理与应用[M].北京:科学出版社,2004.

[43] 张良培,张立福.高光谱遥感[M].北京:测绘出版社,2011.